Raumsonde
Rosetta

Diedrich Möhlmann · Stephan Ulamec

Raumsonde Rosetta

Die abenteuerliche Reise zum unbekannten Kometen

KOSMOS

INHALT

Einführung	6

1 | Kometen, Boten aus der Urzeit | 10

1.1 Mystische Vorstellungen und Missbrauch	11
1.2 Erste wissenschaftliche Erkenntnisse	13
1.3 Beobachtung und Dokumentation	15
1.4 Kometen aus heutiger Sicht	18

2 | Eigenschaften von Kometen | 20

2.1 Erscheinungsbild und Aufbau	21
2.2 Kometenbahnen	33
2.3 Die Benennung von Kometen	44

3 | Besondere Kometen | 46

3.1 Der „Wissenschaftskomet" Halley	47
3.2 Der Crash-Komet Shoemaker-Levy 9	51
3.3 Der Jahrhundertkomet Hale-Bopp	59
3.4 Die Jupiterfamilie der Kometen	61
3.5 ROSETTAS Zielkomet Churyumov-Gerasimenko	64

4 | Asteroiden, Relikte großer Kollisionen | 66

4.1 Entdeckung, Benennung und Herkunft	67
4.2 Asteroidenbahnen und -gruppen	70
4.3 Rendezvous mit Asteroiden	73

5 | Die Halley-Missionen und andere 76

5.1 Die „Halley-Armada" 77
5.2 Die Geschichte der Vega-Sonden 80
5.3 Die Giotto-Mission 85
5.4 Kometensimulationsexperimente 89
5.5 Weitere Kometenmissionen 91

6 | Eine Kometenmission mit Lander 102

6.1 Eine Landeeinheit für Rosetta 103
6.2 Die Entwicklung von Philae 108
6.3 Fertigstellung und Startvorbereitungen 112

7 | Rosetta und ihr Lander Philae 116

7.1 Der Kometenorbiter Rosetta 117
7.2 Der Aufbau des Landers Philae 123
7.3 Das Abstiegs- und Landeszenario 127
7.4 Wissenschaft auf Philae 129
7.5 Der Betrieb von Rosetta und Philae 134

8 | Rosettas lange Reise 136

8.1 Start und Inbetriebnahme 137
8.2 Die Swing-bys 139
8.3 Die Asteroiden-Vorbeiflüge 141
8.4 Rosetta auf der Zielgeraden 143

Danksagung 151
Papiermodelle des Rosetta-Landers Philae 152
Literatur/Internet 154
Register 155
Bildnachweis 158

EINFÜHRUNG

Rosetta ist eine der technisch und wissenschaftlich anspruchsvollsten Raumfahrtmissionen, die in Europa je realisiert wurden. Geplant ist, dass die Sonde einen Kometen umkreisen und einen Lander auf dem Kometenkern absetzen soll. Rosetta und ihr Lander Philae werden den Kometen auf seinem Weg um die Sonne begleiten und dabei seine Veränderung durch das Ansteigen der Kometenaktivität in bisher unerreichter Genauigkeit untersuchen. Der technische Höhepunkt dieser Forschungsmission wird die erste weiche Landung einer Sonde auf einem Kometenkern sein.

Ein internationales Langzeitprojekt

Zum Zeitpunkt der Drucklegung dieses Buches befinden sich Rosetta und Philae noch im Anflug auf ihren Zielkometen 67P/Churyumov-Gerasimenko. Am 20. Januar 2014 ist die Sonde aus einer zweieinhalbjährigen Phase des „Winterschlafs", einer fast völligen Inaktivität, wieder erfolgreich erwacht. Bis Mai 2014 erfolgt die Annäherung von Rosetta an den Kometen. Im August 2014 soll die Kartierung seiner Oberfläche beginnen. Der Lander, so das sehr ambitionierte Vorhaben, wird im November 2014 von dem im Umlauf um den Kometenkern verbleibenden Rosetta-Orbiter gezielt abgestoßen. Da der Kometenkern nur eine geringe Schwerkraft besitzt, ist eine der größten Herausforderungen, dass Philae nach der Landung nicht gleich wieder abprallt und auf Nimmerwiedersehen im All verschwindet. Denn der auf der Erde hundert Kilogramm schwere Lander ist dort leicht wie auf der Erde ein Blatt Papier.

Die Rosetta-Mission ist aber nicht nur in technischer und wissenschaftlicher Hinsicht eine enorme Herausforderung, sondern auch in Bezug auf die Organisation. Sie ist eine internationale, von vielen west- und osteuropäischen Ländern und Institutionen getragene Forschungsmission mit großem Koordinierungsbedarf. Darüber hinaus handelt es sich um eine Langzeitmission, da die Sonde ihr Ziel erst nach einem Jahrzehnt Flugzeit erreicht und während des Fluges zu überwachen und betreuen ist. Der Prozess von den ersten Entscheidungen bis zur Landung von Philae hat rund 25 Jahre in Anspruch genommen und dabei Hunderte Wissenschaftler, Techniker und Manager in mehreren europäischen Ländern über viele Jahre hinweg beschäftigt. So kommt es auch, dass viele der schon in der Entwicklungszeit des Projekts ein wenig „älteren" maßgeblichen Wissenschaftler, Entwickler und Erbauer der Sonde heute gar nicht mehr aktiv sind. Und viele jüngere Kollegen haben sich erst in der Flugphase mit den Instrumenten, der Software, den spezifischen Gegebenheiten und wissenschaftlichen Fragestellungen vertraut machen und sie weiterentwickeln können. Während der ganzen Zeit musste außerdem der Kontakt zu allen an den Experimenten Beteiligten sowie die Finanzierung des Projekts aufrechterhalten werden.

Das vorliegende Buch beschreibt den spannenden Weg von der Planung bis zur Realisierung dieser komplexen Weltraummission. Dabei wird sowohl auf den wissenschaftlichen Kontext eingegangen, insbesondere auf die Erforschung von Kometen, als auch auf die großen organisatorischen und technischen Leistungen, die für das Gelingen eines solchen Projekts erbracht werden mussten. Bei einem solchen Aufwand ist natürlich die Frage berechtigt, wozu ein so riesiges Projekt überhaupt dient. Die Triebkraft dafür ist letztlich wohl im menschlichen Bestreben zu suchen, mehr über die eigene Herkunft zu erfahren und damit vielleicht auch Hinweise auf die eigene Zukunft zu bekommen. Denn Kometen spielen in unserer kosmischen Geschichte eine große Rolle. Die Rosetta-Mission, in die insgesamt etwa eine Milliarde Euro investiert worden ist, rechtfertigt diesen finanziellen, organisatorischen und technischen Aufwand durch ihre ehrgeizige wissenschaftliche Zielsetzung.

Durch Einschläge von Kometen könnte ein Groß-
teil des irdischen Wassers auf die Erde gelangt
sein.

Der wissenschaftliche Hintergrund

Es gehört heute zum Allgemeinwissen, dass unsere Erde gemeinsam mit dem gesamten Sonnensystem vor rund 4,6 Milliarden Jahren aus
einer interstellaren Gas- und Staubwolke entstanden ist. Die schweren Elemente in den
Staubpartikeln entstanden in Supernovae und
anderen „Explosionen" von Sternen früherer Ge-
nerationen. Sie sammelten sich in Partikeln dieser anfangs kalten Wolke an und wurden dort
zumeist von Eis ummantelt. Beispielsweise
stammen das Eisen und Kupfer in unserem Blut
ebenso von dort wie das lebensnotwendige Wasser und letztlich unser ganzer Planet, der während seiner Entstehung und Entwicklung auch
häufig mit Kometen kollidiert ist und somit
auch aus ihrem Material mit aufgebaut wurde.
Kometen sind in der Frühzeit des Sonnensystems entstanden und halten sich in sehr großer
Anzahl hauptsächlich in seinen Außenbezirken
auf. Dort kommt nur noch sehr wenig Sonnenenergie an, alles ist „tiefgefroren". Diese Brocken
sind daher nahezu unveränderte Überbleibsel
aus der Entstehungszeit unseres Planetensystems und aus diesem besonderen Umstand resultiert das außerordentlich große wissenschaftliche Interesse an ihnen.

Hinzu kommt die immer noch unbeantwor-
tete Frage nach der Entstehung des Lebens. Bildete sich das Leben auf der Erde autark oder wurde
diese Entwicklung von außen, zum Beispiel
durch einschlagende Kometen unterstützt? Gibt
es auf Kometen vielleicht präbiologisch relevante organische Verbindungen? Oder bestehen Kometen „nur" aus Wassereis, dem Eis anderer Verbindungen und aus „einfachem" Staub? Können
wir also durch sie mehr über unsere Vergangenheit, die Entstehung des Planetensystems und
vielleicht auch des Lebens lernen?

Die Namensgebung

Um Antworten auf diese und ähnlich gelagerte
Fragen zu erhalten, wurde das „Rosetta-Projekt"
von der europäischen Raumfahrtagentur ESA
(European Space Agency) ins Leben gerufen. Der
Name „Rosetta" wurde dabei in Anspielung auf
den Stein von Rosetta gewählt. Mit den Inschrif-
ten auf diesem Stein, die in drei Schriftsprachen
(Altgriechisch, Demotisch und in Hieroglyphen)
abgefasst waren, konnten erstmals die Hierogly-

Anhand der Inschrift auf dem Stein von Rosetta,
die in drei verschiedenen Sprachen abgefasst ist,
gelang es dem Franzosen Jean-François Champollion schließlich, die Hieroglyphen zu entziffern.

Der ROSETTA-Lander PHILAE soll auf der Oberfläche des Kometen 67P/Churyumov-Gerasimenko landen. Er wurde unter der Federführung des Deutschen Zentrums für Luft- und Raumfahrt (DLR) sowie der Max-Planck-Gesellschaft (MPG) gebaut.

phen entziffert werden. Nachdem der Schwede Johan David Åkerblad und der Engländer Thomas Young erste Zugänge zu den Texten gefunden hatten, gelang es 1822 letztlich dem Franzosen Jean-François Champollion, die Hieroglyphen vollständig zu entziffern. Eine wichtige Hilfestellung waren dabei auch die auf einem Obelisken auf der Nil-Insel Philae gefundenen „Königskartuschen" von Ptolemäus und Kleopatra. So bezeichnet man die im alten Ägypten übliche ovale Kontur, die einen Königsnamen umgibt. Champollion fand schließlich heraus, dass die Hieroglyphen nicht – wie vorher vermutet – eine mystische Bildersprache, sondern ein Schriftzeichensystem sind, in dem grafische Zeichen einzelne Sprachausdrücke wiedergeben. Das war symbolisch gesprochen ein Dammbruch, denn damit wurden plötzlich auch viele weitere in Hieroglyphen abgefasste Texte zugänglich, und ein Tor zur Erforschung der ägyptischen Geschichte war weit aufgestoßen worden. In Analogie zum Stein von Rosetta soll die ROSETTA-Mission dazu beitragen, unsere kosmische Vergangenheit zu entschlüsseln. Der Lander PHILAE trägt dabei den Namen des gleichnamigen Obelisken.

Der größte deutsche Beitrag

Die deutsche Weltraumforschung hat sich bei der ROSETTA-Mission besonders stark für ein leistungsfähiges Lander-Experiment eingesetzt und die Grundlagen dafür geschaffen, dass es letztlich zur Realisierung des Kometenlanders PHILAE kam. Die beiden Autoren haben die Entwicklung von ROSETTA und vor allem von PHILAE im Deutschen Zentrum für Luft- und Raumfahrt (DLR) von Beginn an führend mit gestaltet. Dieses Buch zeichnet daher aus erster Hand die nicht immer geradlinigen und teilweise schwierigen Entwicklungen sowie die vielen erfreulichen, aber auch unangenehmen und hinderlichen Begebenheiten nach, die letztlich aber zum erfolgreichen Bau und Flug von ROSETTA und PHILAE führten.

1 KOMETEN, BOTEN AUS DER URZEIT

1.1 Mystische Vorstellungen und Missbrauch

1.2 Erste wissenschaftliche Erkenntnisse

1.3 Beobachtung und Dokumentation

1.4 Kometen aus heutiger Sicht

Schon oft haben Kometen in der Geschichte der Menschheit spektakuläre Erscheinungen am Himmel geboten und wurden früher – dem Zeitgeist und Wissen entsprechend – als Schicksalsboten oder göttliche Zeichen gedeutet. Aber auch in der moderneren Wissenschaftsgeschichte spielten sie eine wichtige Rolle, insbesondere bei der sich im 18. Jahrhundert stürmisch entwickelnden „Himmelsmechanik". Helle Kometen am Himmel faszinieren uns bis heute und ziehen durch die Medien die Aufmerksamkeit einer breiten Öffentlichkeit auf sich.

1.1 | Mystische Vorstellungen und Missbrauch

1.1 | Der Halley'sche Komet wurde auch auf dem berühmten Teppich von Bayeux verewigt. Staunend betrachten die Menschen darauf den Kometen, der damals eine sehr auffällige Erscheinung war.

Kometen sind bereits früh in unserer Geschichte bekannt gewesen, vor allem natürlich den Menschen, die den nächtlichen Sternhimmel regelmäßig beobachteten. Ihr oftmals imposantes Erscheinungsbild dürfte die Betrachter stark beeindruckt haben. Erste Überlieferungen von Kometenbeobachtungen sind aus den alten Hochkulturen bekannt, zum Beispiel aus dem Jahr 1095 v. Chr. aus dem chinesischen Raum. Auch der uns als „Halley'scher Komet" bekannte Komet wurde dort bereits in den Jahren 467, 240, 164 und 87 v. Chr. gesichtet und beim „Amt für Himmelsbeobachtungen" am Kaiserlichen Hof schriftlich verzeichnet.

Der Halley'sche Komet spielte auch in unserer europäischen Geschichte eine Rolle. Sein Erscheinen im Jahr 66 n. Chr. wurde später beispielsweise als Ankündigung der Tempelzerstörung von Jerusalem im Jahr 70 gedeutet. Im April des Jahres 1066 stand der Komet erneut gut sichtbar 15 Tage lang am Nachthimmel. Wilhelm der Eroberer interpretierte dies geschickt und wirksam als „gutes himmlisches Zeichen" für seine geplante Invasion Englands. Die folgenden Schlachten, die am 14. Oktober mit der Schlacht von Hastings endeten, sind auf dem berühmten Teppich von Bayeux in 58 Einzelszenen auf einer Länge von 68,38 Metern dargestellt. Eine Szene zeigt den damals so auffälligen Kometen, von dem wir heute wissen, dass es der Halley'sche Komet war. Dieser Teppich wird seit 1982 in Frankreich in dem eigens dafür errichteten „Centre Guillaume le Conquérant" in Bayeux in der Normandie ausgestellt. Eine Kopie des Werkes befindet sich in Reading in England, das auf halber Strecke zwischen London und Oxford liegt.

Auch der Satiriker Mark Twain hatte eine Deutung für das Erscheinen des Kometen Halley parat: Er bezeichnete ihn ironisch als seinen „Geburtshelfer", da er in seinem Geburtsjahr 1835 wieder am Himmel stand. Auch damals noch wurde der Komet mit mehreren Kriegen in Mittel- und Südamerika sowie in Afrika in Zusammenhang gebracht. Twain prognostizierte wegen seines engen Bezugs zu diesem Kometen das Jahr der nächsten Wiederkehr (1910) sogar als sein eigenes Todesjahr – und sollte tatsächlich recht behalten.

1.2 | Darstellung des „Schrecklichen und Wunderbaren" Kometen von 1577 über Prag. Dieser außerordentlich helle Komet wurde auch von dem berühmten dänischen Astronomen Tycho Brahe beobachtet und vermessen.

Meist wurden Kometen also als Vorboten von Unheil und kommendem Schrecken interpretiert, als Anzeichen für das Ende von Königen oder Königreichen oder als Ankündigung von Hungersnöten und Seuchen. Was sollten so unregelmäßig auftauchende Himmelserscheinungen wie Kometen im Weltverständnis früherer Menschen auch sonst darstellen? Mussten sie nicht etwas sein, das Unordnung, Regellosigkeit und Störungen der göttlichen Weltordnung hervorrief und damit – religiös interpretiert – so etwas wie das „Prinzip des Bösen" oder das Teuflische symbolisierte? Man kann daher durchaus nachvollziehen, dass bis in die Zeit der Aufklärung hinein sehr helle Kometen mit ihren oft imposanten Erscheinungsbildern als göttliche Zuchtruten, Bußezeichen oder Ankündigungen strafender Seuchen, Kriege oder anderer Katastrophen interpretiert wurden.

Natürlich konnten Kometen so auch ein wirksames „politisches" Werkzeug sein, entweder der jeweiligen Machthaber oder der an Veränderungen Interessierten. Auch die Astrologie konnte sich mit ihren unwissenschaftlichen Vorhersagen oder durch gezielte Deutung von Kometen lange der Gunst der Mächtigen erfreuen. Interessanterweise wurden Kometenerscheinungen manchmal aber auch positiv, zum Beispiel als Symbole für gute Ernten oder neue Könige gesehen.

Wir sollten nicht allzu erhaben über diese Ansichten urteilen, die aus heutiger Sicht sicherlich unwissenschaftlich und nicht fundiert sind. Kritisches Stirnrunzeln ist jedoch angebracht, wenn auch heute noch, und zwar mehr denn je, über mystische oder esoterische Vorstellungen spekuliert wird oder pseudowissenschaftliche Katastrophenprognosen im Sinne einer Kometenfurcht oder gar einer göttlichen oder teuflischen Rolle von Kometen verbreitet werden. So missbrauchten noch im Jahr 1910 unseriöse Propheten und eine willige Sensationspresse die Wiederkehr des Kometen Halley zu Weltuntergangsankündigungen. Die irdische Atmosphäre, so wurde verkündet, werde mit Blausäure vergiftet, wenn die Erde am 19. März 1910 durch den Schweif des Kometen hindurchwandere. Schließlich hatte man darin Blausäuremoleküle spektroskopisch nachgewiesen. Dass deren Konzentration aber irrelevant gering war, spielte keine Rolle, wollte man sich doch mit vermeintlichen Sensationen in den Vordergrund spielen und damit Aufmerksamkeit und Geld „verdienen". Und selbst beim Erscheinen des großen Kometen Hale-Bopp im Jahr 1997 noch trieb eine mystische Vorstellung zahlreiche Menschen in den Tod: Sie töteten sich selbst, einige gar, um ihre Seelen zu einem Raumschiff zu schicken, das angeblich dem Kometen folgen sollte.

1.2 | Erste wissenschaftliche Erkenntnisse

Trotz der vielen, natürlich oft machtpolitisch missbrauchten Interpretationen von hellen Kometen als Symbole für Katastrophen hatte man bereits in den frühen Hochkulturen der Menschheit erkannt, dass es zwei ganz unterschiedliche Gruppen von Himmelserscheinungen gibt.

Kosmos und Chaos

Die eine Gruppe bildeten die offenbar regelmäßig wiederkehrenden und sozusagen „ewigen" Phänomene wie die Phasen des Mondes, der tägliche und jährliche Sonnengang, die damit ver-

bunden regelmäßig erscheinenden und anscheinend unveränderlichen Sternbilder, die sich langsam und regelmäßig bewegenden Planeten und auch die – nach zwar komplizierten Regeln, aber eben doch irgendwie „geregelt" – wiederkehrenden Finsternisse von Sonne und Mond. Die andere Gruppe bestand aus den so völlig regellos auftauchenden Kometen mit ihrem teils bizarren und keinem Formenideal entsprechenden Aussehen oder auch Meteoren, Sternschnuppen also, mit ihrem offenbar zufälligen Auftreten. Diese „regellosen" Erscheinungen wurden daher zunächst gar nicht als Himmelserscheinungen betrachtet wie Mond und Sterne, sondern als atmosphärische Phänomene und damit dem eigentlichen Himmel gar nicht zugehörig.

Wenn wir mit einem „Gott" die Regelung der Abläufe in unserer Welt verknüpfen, dann vermittelten die regelmäßigen Phänomene am Himmel den Menschen das Bild einer in „göttlicher Harmonie" geordneten Welt. Dieses Bild, sich sozusagen dadurch selbst bestätigend, verhalf durchaus auch zu praktischen Regeln. So erlaubten die die Zeitabläufe ordnenden Sonnen- oder Mondkalender beispielsweise die Vorhersage jährlich wiederkehrender Überflutungen und waren wichtig für die Navigation bei der Schifffahrt. Das aus dem Griechischen stammende Wort „Kosmos" gibt gerade diesen Sachverhalt wieder, bedeutet es doch so viel wie „geordnete Welt", und dies im Gegensatz zum „Chaos" als dem Zustand der Unordnung und Regellosigkeit.

Die vermutete Existenz von Ordnungen oder „Gesetzen" – oder auch von Göttern –, die hinter den Naturphänomenen wirken, war übrigens von ganz eminenter weltanschaulicher und philosophischer Bedeutung. Letztlich ist die Annahme des Wirkens nur weniger grundlegender universeller Ordnungsprinzipien auch heute noch eine philosophische Grundlage unserer Naturwissenschaften, die unsere Welt sehr erfolgreich erforschen. Dabei ist es in der Tat erstaunlich, dass unsere doch offenbar so komplizierte Welt und ihre Prozesse vielfach recht gut auf das Wirken weniger, mathematisch einfach formulierbarer Grundprinzipien zurückgeführt werden kann. Dies ist wohl das eigentliche Mysterium unseres Kosmos und der menschlichen Erkenntnisfähigkeit, denn unsere Welt könnte rein von den denkbaren Möglichkeiten her ja auch ganz anders aufgebaut sein und funktionieren. Vermutlich beruht unsere Logik aber wohl hauptsächlich auf unserer Erfahrungswelt, denn in Quantendimensionen ist sie nicht mehr so leicht anzuwenden und bekommt ganz neue Aspekte.

Die neue Himmelsmechanik

Die räumliche Zuordnung der Kometen war über viele Jahrhunderte völlig unklar. Aristoteles sah sie als warme, trockene Ausdünstungen der Atmosphäre an. Kometen gehörten in seinem Weltsystem kugelförmiger Schalen den „sublunaren" Sphären an. Sie waren als atmosphärische Bestandteile der Erde näher als der Mond. Das Voranschreiten des naturwissenschaftlichen Verständnisses der Kometen ist eng verknüpft mit der sich vom 17. Jahrhundert an schnell entwickelnden astronomischen Messtechnik. Ein erstes und entscheidendes Ergebnis war hierbei die Bestimmung der Bahnen einiger Kometen und die daraus resultierende Überprüfbarkeit der sich entwickelnden Himmelsmechanik. So sprach Giovanni Alfonso Borelli bereits 1664 die Vermutung aus, dass sich der Komet vom Dezember 1664 auf einer Parabelbahn bewegen müsse. Tycho Brahe hatte vorher durch Winkelmessungen an dem hellen Kometen des Jahres 1577 (vgl. Abb. 1.2) nachweisen können, dass dieser mit einer Entfernung von rund 230 Erdradien – also dem Vierfachen des Abstands zwischen Erde und Mond – mithin nicht den „sublunaren", sondern den „translunaren Sphären" angehören müsse. Eine Ironie der Geschichte ist freilich, dass Johannes Kepler, der die Ellipsenform der Planetenbahnen erkannte, vermutete, dass sich Kometen auf Geraden bewegen müssten. Dies zeigt deutlich, dass Kometen und Planeten auch zu dieser Zeit noch als etwas völlig Unterschiedliches und nicht auf ähnliche Weise dem Sonnensystem Zugehöriges angesehen wurden.

Die erste Bahnbestimmung eines Kometen gelang 1680/81 Pastor Dörffel aus Plauen, der die Bahn des „Großen Kometen von 1680" durch

Probieren und Intuition als Parabel identifizierte. Dabei konnte er zeigen, dass jener Komet und der von 1681 in Wirklichkeit ein und derselbe waren. Dieser erschien einmal vor und einmal nach seinem „Periheldurchgang" – also dem Durchgang durch den sonnennächsten Punkt seiner Bahn – zuerst auf der einen (morgendlichen) und dann auf der anderen (abendlichen) Seite neben der Sonne. Eine vollständige und physikalisch fundierte Bahnbestimmung wurde um dieselbe Zeit von Isaac Newton versucht, aber erst 1705 erfolgreich von Edmond Halley durchgeführt. In seinem Hauptwerk *Principia* (1687) stellte Newton auf der Basis seiner Gravitationstheorie dar, dass sich der Komet auf einer Parabel mit der Sonne im Brennpunkt bewege, wobei er mit 0,006 AE (AE = Astronomische Einheit, die mittlere Entfernung zwischen Erde und Sonne, etwa 150 Millionen Kilometer) bemerkenswert dicht an der Sonne vorbeigezogen sein musste (vgl. Abb. 1.3). Später haben vor allem Olbers, Bessel und Gauß das Problem der Bahnbestimmung von Kometen anhand der beobachteten Positionen am Himmel im Prinzip gelöst und für die Astronomie zunehmend praktisch handhabbar gemacht. Auch sie stützten sich dabei auf die von Newton entwickelte Mechanik und Bewegungslehre.

Dass der Komet von 1682 tatsächlich im Jahr 1758 wiederkehrte – wie 1705 von Halley berechnet und vorhergesagt –, war dabei ein ganz wesentliches und zwingendes Argument für die Richtigkeit der damals noch neuen und teilweise umstrittenen Newton'schen Theorien. Der Halley'sche Komet verdankt seinen Namen eben dieser Bestätigung der Halley'schen Bahnberechnungen. Darüber hinaus konnte er nun auch mit früheren Kometenerscheinungen identifiziert werden. Komet Halley spielte dann im Jahr 1986 noch einmal eine bemerkenswerte Rolle in der Wissenschaftsgeschichte allein dadurch, dass er der erste Kometenkern war, der mit Raumsonden angeflogen wurde, um seine Eigenschaften aus direkter Nähe zu beobachten und zu vermessen (vgl. Kapitel 3 und 5).

Mit der im Rahmen der Newton'schen Gesetze gefundenen Beschreibbarkeit waren die Kometen – zumindest die auf elliptischen Bahnen –

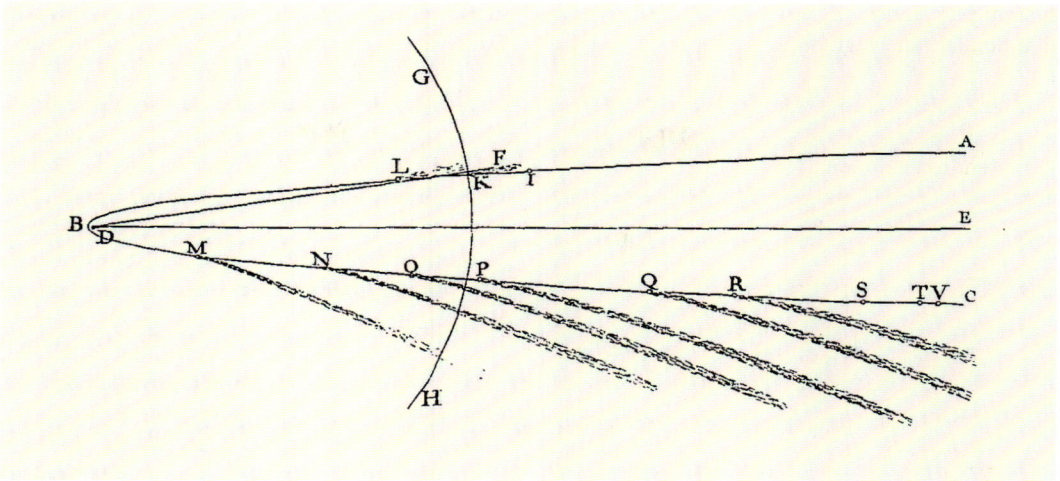

1.3 Die Bahn des Großen Kometen von 1680, gezeichnet von Isaac Newton. Newton vermutete, dass sich der Komet auf einer parabelförmigen Bahn um die Sonne bewegte.

in das Sonnensystem „eingeordnet". Sie gehörten ganz offenbar „irgendwie" dazu. Herausfordernd und merkwürdig blieben freilich noch für lange Zeit manche ihrer Eigenschaften wie die zum Teil sehr weit aus den bekannten Teilen des Planetensystems herausführenden Bahnen und die nahezu „isotrope" (also richtungsunabhängige) Bahnverteilung. Damit ist die Tatsache gemeint, dass Kometen aus allen Richtungen in das innere Planetensystem kommen (vgl. Abb. 2.13), weshalb letztlich auch die Frage nach ihrer Herkunft lange unbeantwortet blieb.

Die Spektralanalyse

Nicht unerwähnt bleiben darf auch die von Bunsen und Kirchhoff in der zweiten Hälfte des 19. Jahrhunderts begründete Spektralanalyse, denn sie trug ganz wesentlich zum weiteren Verständnis der Kometeneigenschaften bei. So konnte man erstmals verlässliche Informationen über die in der Gasumgebung von Kometen vorhandenen Elemente und Verbindungen erhalten. In den 1970er-Jahren gelang dann mit den verfeinerten Messtechniken der modernen und hochauflösenden Spektroskopie der sehr wesentliche Nachweis, dass Wassereis in Kometen den

Hauptanteil der volatilen – also bei Erwärmung leicht flüchtigen – Verbindungen stellt, gefolgt von den Molekülen Kohlenmonoxid (CO) und Kohlendioxid (CO_2).

Übrigens war es noch bis zum Vorbeiflug der verschiedenen Raumsonden am Kometen Halley im Jahr 1986 umstritten, ob ein Komet einen festen Kern mit einer Gas- und Staubumgebung hat oder ob er aus einer nur sehr locker gebundenen Ansammlung gegenseitig verschiebbarer kleiner Partikel besteht, wie es beim sogenannten Sandbank-Modell vermutet wurde. In diesen und weiteren Eigenschaften, so mutmaßte man, könnten sich Kometen stark von Planeten und Asteroiden unterscheiden.

1.3 | Beobachtung und Dokumentation

Die Helligkeit besonders spektakulärer Kometen kann so groß werden, dass sie sogar am Taghimmel sichtbar sind. Am Nachthimmel bieten solche Kometen als auffällig strahlende Objekte imposante Erscheinungen. Wegen der Länge mancher Schweife, die wie bei dem Großen Ko-

1.4 | Das Fresko des Malers Giotto di Bondone, das den Kometen Halley als Stern von Bethlehem darstellt. Auf Giotto geht der Name der ersten europäischen Kometensonde zurück.

dem Mittelmeerraum im vierten Jahrhundert vor unserer Zeitrechnung wegen der zunehmend systematischer erfolgenden Dokumentation beständig angestiegen. Aus dem europäischen Mittelalter liegen zum Teil bebilderte Berichte über bemerkenswerte Kometen und die von ihnen verursachte Aufregung unter den Menschen vor. Der Halley'sche Komet gehört, zumindest in den letzten zweitausend Jahren, zu den besonders auffälligen Kometen. Sein Erscheinen im Jahr 1301 hatte auch den Florentiner Maler Giotto di Bondone dazu inspiriert, den Stern von Bethlehem in einem Bild aus den Jahren 1303/1304 bemerkenswert realistisch und eindrucksvoll (wenngleich historisch vermutlich falsch) als feurigen Kometen darzustellen (vgl. Abb. 1.4). Dies veranlasste die europäische Raumfahrtorganisation ESA später dazu, der Mission zu diesem Kometen während seines Wiedererscheinens im Jahr 1986 den Namen des Malers Giotto zu verleihen.

Fernrohr und Fotografie

Die zunehmend systematischer erfolgenden Beobachtungen und die mit der Einführung des Fernrohrs sprunghaft verbesserte astronomische Beobachtungstechnik haben in Europa vom 17. Jahrhundert an zu einem starken Anstieg von Kometenentdeckungen geführt. Diese Entwicklung erhielt im 19. Jahrhundert einen weiteren Aufschwung, da durch den Einsatz der Fotografie auch deutlich schwächere Objekte gefunden werden konnten. Der erste mit einem Fernrohr entdeckte Komet war der von Gottfried Kirch gefundene Große Komet von 1680, dessen Bahn Newton mit seiner Gravitationstheorie zu bestimmen versuchte (vgl. Abb. 1.3). Die ersten systematischen Kometenentdeckungen sind von 1760 bis ungefähr 1840 nur mit wenigen Namen verbunden. Vor allem die Franzosen Messier, Méchain, Gambart und Pons sind hier zu nennen. Pons alleine war der Entdecker oder Mitentdecker aller 36 zwischen 1800 und 1839 entdeckten Kometen. Die erste fotografische Aufnahme eines Kometen ist umstritten. Sie soll vom Kometen Donati im Jahr 1858 gemacht worden

meten von 1843 mit über 250 Millionen Kilometern die Entfernung Sonne – Mars überschreiten und damit große Teile des Nachthimmels überspannen können, sind sie extrem beeindruckend. Im 19. Jahrhundert gab es einige derartige Erscheinungen. Leider hat sich diese Reihe nicht so eindrucksvoll fortgesetzt – im 20. Jahrhundert zeigten sich bis auf die Kometen Halley im Mai 1910, Hyakutake im März 1996 und Hale-Bopp im Frühjahr 1997 keine besonders imposanten Kometen. Vielleicht wird ja das 21. Jahrhundert in dieser Hinsicht wieder interessanter werden. Einen erfreulichen Anfang machte hier schon der die Sonne „streifende" Komet ISON im November 2013, bevor er bei seinem nahen Sonnenvorbeiflug am 28. November 2013 infolge von Gezeitenkräften und der enormen Aufheizung zerbarst und sich auflöste (vgl. auch Abschnitt 2.2, Kometengruppen, und Abschnitt 3.2).

Frühe Berichte

Die Anzahl der Berichte über diese merkwürdigen Himmelserscheinungen ist seit den ersten Aufzeichnungen im chinesischen Raum und sein, der mit einer imposanten und fächerartigen Komastruktur aufwartete (vgl. Abb. 1.5). Die erste fotografische Entdeckung war vermutlich die des Kometen Barnard 3 im Jahr 1892.

Seither ist die Zahl der Entdecker stark angestiegen, insbesondere durch die zunehmende Beteiligung amerikanischer Astronomen wie Swift, Barnard und Brooks und neuerdings auch verstärkt durch japanische Astronomen. Hinzu kommen immer mehr Entdeckungen von den auf Kometenjagd spezialisierten Amateurastronomen aus vielen Ländern. Diese finden hier auch heute noch ein hervorragendes – und wegen der Namensgebung „ewigen Ruhm" versprechendes – Arbeitsfeld mit einer durchaus wissenschaftlichen Bedeutung (vgl. Abschnitt 2.3).

Die dominierende Präsenz von Beobachtern und Observatorien auf der Nordhalbkugel der Erde, von der aus ja grundsätzlich nur ein Teil der Himmelssphäre sichtbar ist, zeigt auch einen Einfluss auf die Statistik der entdeckten Kometenbahnen. Weitere Auswahleffekte, die diese Statistik beeinflussen, sind beispielsweise die Helligkeit und Periheldistanz, also die minimale Entfernung zur Sonne. Langperiodische Kometen sind im Vergleich zu ihren Umlaufzeiten nur relativ kurze Zeit beobachtbar und auch nur dann, wenn sie der Sonne ausreichend nahekommen, um eine Koma und einen Schweif zu entwickeln. Die Statistik ist hier naturgemäß nicht vollständig. Die meisten Objekte in den mittleren und äußeren Teilen des Sonnensystems sind gegenwärtig noch gar nicht bekannt, sie werden gewiss verstärkt in den kommenden Jahren gesucht und untersucht werden. Vielleicht ergeben sich daraus ganz neue Einsichten

1.5 Der Komet Donati auf einer Zeichnung des Direktors der Wiener Sternwarte Edmund Weiß vom 5. Oktober 1858. Rechts sieht man den Großen Wagen, direkt neben dem Kometenkopf den hellen Stern Arktur im Rinderhirten.

1.6 | Auf dieser Aufnahme des Sonnensatelliten SOHO nähert sich ein Komet von „links unten" der Sonne, die durch eine Scheibe abgedeckt ist. Man sieht von ihr nur die Korona und besonders helle Regionen des Sonnenwinds.

in die Struktur und „Bevölkerung" des äußeren Planetensystems.

Satelliten und Raumsonden

Mit den verbesserten Beobachtungsmöglichkeiten durch Satelliten und Weltraumsonden stieg die Erfassung neuer Kometen noch einmal sprunghaft an. So wurden nun insbesondere auch solche Kometen erfassbar, die sich erst sehr nahe an der Sonne zeigen und von der Erde aus wegen der überstrahlenden Sonnenhelligkeit infolge des atmosphärischen Streulichts schlecht

---

Sublimation

Als Sublimation bezeichnet man den direkten Phasenübergang eines Stoffs vom festen in den gasförmigen Zustand, ohne dass er sich vorher verflüssigt.

---

oder gar nicht sichtbar sind. Das visuelle Auffinden von Kometen spielt aber trotz der erfolgreichen und mit aufwendigen Techniken durchgeführten Durchmusterungen von der Erde und vom Weltraum aus immer noch eine nicht zu vernachlässigende Rolle. Dies gilt sogar für Objekte, die erst in der Nähe der Sonne erkennbar werden. Viele von ihnen wurden von Amateurastronomen auf Satellitenbildern entdeckt, wobei oft zuerst die von der Sonne wegweisenden Enden der Schweife vor dem hellen Hintergrund sichtbar werden.

1.4 | Kometen aus heutiger Sicht

Mit der Himmelsmechanik kam ein erstes Verständnis für die Erscheinungsweisen und Bahnen von Kometen auf. Später lernte man auch immer mehr über die astronomischen Eigenschaften des Naturphänomens „Komet" sowie über die Erfassung, Charakteristika und Herkunft von Kometen. Dieses wachsende wissenschaftliche Verständnis unserer kosmischen Umgebung führte zusammen mit der sich entwickelnden Physik und Weltraumforschung letztlich zu dem heute noch gültigen Bild, dass Kometen relativ kleine, nur kilometergroße, feste und wassereishaltige Körper sind, die die letzten, kaum veränderten Relikte aus der Entstehungsphase unseres Sonnen- und Planetensystems darstellen. Sie kommen ursprünglich aus sehr sonnenfernen Gebieten, von wo sie ab und zu „nach innen" gestreut und so bei uns sichtbar werden. Ein besonderes Interesse gilt den Kometen heute, seit man verstanden hat, dass sie einst Wasser und vielleicht auch präbiologische organische Substanzen auf die sich entwickelnde Erde gebracht haben.

Der physikalische Basisprozess des „Aktivwerdens" eines Kometen während der Annäherung an die Sonne ist eine Folge der Erwärmung seiner Oberfläche. Die aus großen Entfernungen und den äußeren Teilen des Sonnensystems kommenden Kometenkerne sind „tiefgekühlt".

1.7 Der Komet McNaught erschien im Januar 2007 auf der Südhalbkugel der Erde mit einem gewaltigen, breit gefächerten Staubschweif. Das Foto wurde vom Paranal-Observatorium der Europäischen Südsternwarte (ESO) aus aufgenommen und zeigt den Kometen über dem Pazifischen Ozean.

Die Temperaturerhöhung führt zu einer Freisetzung von zu Eis gefrorenen Gasen am Kometenkern, zum Beispiel von „Trockeneis" (CO_2) und von Wasserdampf aus Wassereis, das einer der Hauptbestandteile von Kometenkernen ist. Dieser Übergang aus dem Eis (feste Phase) direkt in den Gaszustand wird als „Sublimation" bezeichnet (vgl. Kasten links). Die freigesetzten Gase strömen dabei mit Geschwindigkeiten von mehreren Hundert Metern pro Sekunde vom Kometenkern weg in den freien Weltraum. Dabei reißen sie offenbar auch im Kern vorhandene Staubpartikel mit. Die so entstehende dynamische Umgebung aus Gas und Staub bezeichnet man als Koma, die weiter nach außen bewegten Teilchen bilden den Kometenschweif.

Die Staubpartikel sind übrigens von einem besonderen wissenschaftlichen Interesse, da sie möglicherweise die wirklich ursprünglichen interstellaren „Körner" darstellen. Vermutlich entstand das Sonnensystem dadurch, dass sich diese (von unterschiedlichen Eissorten ummantelten) Partikel bei sanften Zusammenstößen zusammenlagerten und so immer größere Körper bildeten. Man nennt diesen Vorgang Akkretion (vgl. auch Kasten S. 69).

Es ist die mit Gas und Staub gefüllte, expandierende großräumige Umgebung eines Kometenkerns, die zu dem oft imposanten und manchmal auch recht dynamischen Erscheinungsbild eines Kometen beiträgt. Da das Sonnenlicht am Staub reflektiert wird, wird diese Kometenumgebung überhaupt erst sichtbar. Dabei ist zu beachten, dass sich solche Strukturen durchaus über Entfernungen von mehr als einer Astronomischen Einheit ausdehnen und somit die größten zusammenhängenden, sichtbaren Strukturen im Sonnensystem bilden können. Übrigens hat dieses Erscheinungsbild eines strukturierten und langgezogenen Schweifs auch zu dem Wort „Komet" geführt: „Kometes" bedeutet im Griechischen so viel wie „der Haarige" oder „die Behaarten". Das eingedeutschte Wort „Haarstern" für einen Kometen hat hier seinen Ursprung.

Die Entdeckung „neuer", also bisher nicht bekannter Kometen, und insbesondere solcher, die später zu einer spektakulären Erscheinung werden könnten, ist auch heutzutage immer wieder ein Ereignis, das nicht nur die Fachwelt bewegt, sondern auch interessierte Laien und Amateurastronomen, bei besonders auffälligen Exemplaren sogar die breite Öffentlichkeit.

2 EIGENSCHAFTEN VON KOMETEN

2.1 Erscheinungsbild und Aufbau

2.2 Kometenbahnen

2.3 Die Benennung von Kometen

Das Erscheinungsbild eines hellen Kometen in Sonnennähe ist in erster Linie geprägt durch seinen Schweif sowie seine Atmosphäre aus Gas und Staub, die Koma. Bei genauerer Untersuchung lassen sich aber oft noch weitere Details unterscheiden, wie im Abschnitt 2.1 erläutert wird. Im Unterschied zu den meisten anderen Körpern des Sonnensystems bewegen sich Kometen zum Teil auf stark geneigten und extrem elliptischen Bahnen um die Sonne. Diese besonderen Bahneigenschaften werden im Abschnitt 2.2 näher betrachtet, während im Abschnitt 2.3 die Systematik und Geschichte der Kometenbenennung dargestellt wird.

2.1 | Erscheinungsbild und Aufbau

2.1 | Der Komet ISON vor einem Hintergrund aus Sternen und Galaxien, aufgenommen vom HUBBLE-Weltraumteleskop im April 2013. Der helle, sternartige Pseudonukleus im Kopf des Kometen ist gut zu erkennen.

Ein Komet zeigt in Sonnennähe um seinen Kern herum ein helles punktartiges „Zentrum" im diffusen Umfeld, das auch „Kondensation" genannt wird. Dies ist aber nicht der wirkliche Kometenkern, sondern die leuchtende, oberflächennahe Gas- und Staubumgebung des sehr viel kleineren wirklichen Kerns. Die umgebende Koma wirkt darüber hinaus wie ein Schleier. Zusammen mit dem Kern bildet sie den Kometenkopf. Weiterhin können einer oder mehrere zum Teil deutlich strukturierte Schweife auftreten, die sich stets in den von der Sonne weggerichteten Teil des Weltraums ausdehnen. Der Grund dafür ist, dass die Schweifpartikel durch den Strahlungsdruck des Sonnenlichts beziehungsweise den Sonnenwind eine Kraft erfahren, die sie von der Sonne „wegbläst". Der Sonnenwind besteht aus geladenen Teilchen, die permanent von der Sonne abströmen (vgl. auch Kasten S. 24).

Die Kometenaktivität wird angetrieben durch die Annäherung an die Sonne und die damit erfolgende Erwärmung, wodurch verschiedene Eise leicht flüchtiger Verbindungen sublimieren. Die Gase, deren Hauptbestandteil Wasserdampf ist, verlassen mit dem mitgerissenen Staub die Kometenoberfläche und führen zu dem beschriebenen Erscheinungsbild. Dabei entweicht das Gas jedoch nicht an der gesamten sonnenzugewandten Seite des Kometen, sondern nur an lokal eng begrenzten Stellen. Viele Kometen zeigen darüber hinaus auf ihren Bahnen plötzliche Helligkeitsausbrüche, die vielfach sogar von der Erde aus beobachtet werden können.

Der astronomische Kometenkern

Die helle „Kondensation" in der Koma eines Kometen wirkt oft wie ein sternartiger Punkt in einem verwaschenen Umfeld und wird von astronomischen Beobachtern als „Kern" oder Pseudonukleus bezeichnet. Um Missverständnissen vorzubeugen, sei noch einmal darauf hingewiesen, dass dieser „astronomische Kern" nicht der reale Kern eines Kometen ist. Der astronomische Kern ist eine den wirklichen Kometenkern umgebende helle Wolke aus Staubpartikeln, die mit dem herausströmenden Gas zusammen aus der Oberfläche gerissen werden. Die dann mit astro-

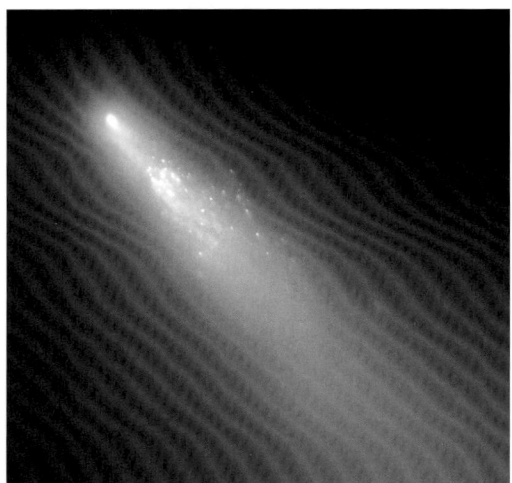

2.2 | In den Jahren 1995 bis 2006 konnte das Auseinanderbrechen des Kometen Schwassmann-Wachmann 3 verfolgt werden. Im Frühjahr 2006 zeigten sich auf Aufnahmen des HUBBLE-Weltraumteleskops zahlreiche Kernfragmente und es kam zu starken Helligkeitsausbrüchen.

nomischen Methoden nachweisbaren – weil das Sonnenlicht reflektierenden – Staubpartikel sind somit offenbar neben den gefrorenen Volatilen, also hauptsächlich Wasser- und Trockeneis, ein ganz wesentlicher Bestandteil von Kometenkernen. Zusätzlich zu diesen kleinen Staubpartikeln werden ab und zu auch größere Teile beobachtet, die vermutlich vom Kern abgeplatzte Bruchstücke sind. Kometenkerne haben offenbar die Tendenz, durch die Erwärmung bei Annäherung an die Sonne infolge von „Erosionsprozessen" zu zerfallen.

Der in der Gas- und Staubhülle verborgene, eigentliche und – wie wir heute wissen – erstaunlich dunkle Kometenkern ist wegen der hellen Staubumgebung und wegen seiner geringen relativen Größe bisher astronomischen Beobachtungen von der Erde aus verborgen geblieben. Die ersten Bilder, die Kern- und Oberflächenstrukturen eines Kometen zeigten, wurden aus direkter Nähe zum Kometen Halley durch die VEGA-2-Sonde am 9. März 1986 und dann in besserer Qualität durch die GIOTTO-Sonde am 14. März 1986 gewonnen (siehe Abb. 5.4 und 5.7).

Ein astronomischer Kometenkern ist offenbar nicht notwendigerweise ein statisches oder nur sehr langsam veränderliches Phänomen. Aus vielen Beobachtungen ist bekannt, dass minutenlange oder auch länger andauernde Aufhellungen (bis hin zu Tagen) oder gar sogenannte „Ausbrüche" auftreten, die auf das plötzliche und wohl explosionsartige Freisetzen größerer Mengen an Gas und Staub hindeuten, wodurch Material aus dem Kometenkern in seiner Umgebung und im Schweif verteilt wird (vgl. Abschnitt *Helligkeitsausbrüche*). Dabei können sich auch größere Stücke, etwa in Metergröße, vom Kometenkern abtrennen. Diese werden zeitweilig als kleine „Nebenkerne" sichtbar, wenn sie an ihren frischen Oberflächen genügend erwärmt sind und ausreichend Gas und Staub freisetzen, um dann mit ihrer aufgehellten Umgebung erkennbar zu werden.

Ein ganz besonderes Phänomen stellen Teilungen von Kernen dar, die bereits bei vielen Kometen beobachtet wurden. Hierbei teilt sich ein Kometenkern zumeist ohne direkt erkennbaren äußeren Einfluss in zwei oder auch mehrere Komponenten auf. Demnach sind Kometenkerne – zumindest in Sonnennähe, wo wir sie beobachten können – keine „ewig" stabilen Körper. Sie unterliegen Entwicklungs- und Zerfallsprozessen. Hinzu kommen übrigens noch „gewaltsame" Teilungen unter dem Einfluss der Gezeitenkräfte der Sonne oder der großen Planeten. Diese können bei nahen Vorübergängen sogar für ein „Zerreißen" sorgen, wenn ein Komet ihnen mit ihren vergleichsweise sehr großen Massen zu nahe kommt.

Das letzte spektakuläre Beispiel einer derartigen Teilung war der Komet Shoemaker-Levy 9 (vgl. Kapitel 3.2), der durch die Gezeitenkräfte bei einem nahen Vorbeiflug an Jupiter letztlich in mehr als zwanzig Einzelteile zerlegt wurde. Allerdings sind die bei solchen Annäherungen auftretenden und in ihrer Stärke einfach zu berechnenden (Gezeiten-)Kräfte nicht sehr groß, und so kann man aus dem Zerbrechen von Kometen ableiten, dass ihre Kerne in sich nicht sehr stark gebunden sind – ungefähr so locker wie trockener Schnee. Möglich ist auch, dass im Fall nicht homogen aufgebauter, sondern aus großen Bausteinen bestehender Kerne zwischen den einzelnen größeren Blöcken nur schwache Bindungszonen existieren.

Die Koma

Die Koma eines Kometen ist die diffus leuchtende Gas- und Staubhülle, die den Kern umgibt. Sie kann eine große Ausdehnung erreichen. Beim Großen Kometen von 1811 übertraf ihr Durchmesser mit über einer Million Kilometern sogar den der Sonne. Typisch sind Abmessungen von einigen Hunderttausend Kilometern. Die Koma ist von besonderem physikalischen und chemischen Interesse, da durch ihre spektroskopische Untersuchung die Existenz vieler dort vorhandener Atome und Moleküle nachgewiesen werden kann. Und weil diese Bestandteile ja direkt aus dem „ausgasenden" Kometenkern stammen, erhält man so schon von der Erde aus erste Erkenntnisse über die Zusammensetzung von Kometenkernen. Denn die über Sublimation entwichenen Gase lassen auch Rückschlüsse auf die im Kern vorhandenen Eise zu, zumindest auf die leicht flüchtigen (volatilen).

Die Koma ist nahezu kugelförmig (vgl. Abb. 2.3). Der Grund dafür ist, dass die von der erwärmten Tagseite des Kometen abströmenden zahlreichen Gasmoleküle in der Nähe des Kerns noch häufig aneinanderstoßen und so in alle Richtungen gestreut und „isotropisiert" werden. Das Wort „isotrop" besagt, dass sich der Gasstrom dann in alle Richtungen gleichberechtigt ausbreitet (vgl. Kasten S. 28).

Die Gase in der Koma werden durch die kurzwellige elektromagnetische Sonnenstrahlung ganz oder teilweise ionisiert und nehmen dann Plasmaeigenschaften an. Deswegen kann das mit dem Sonnenwind heranströmende Magnetfeld mit dem Plasma der Koma wechselwirken und so zu einer Reihe bemerkenswerter plasmaphysikalischer Effekte führen. Diese Wechselwirkung mit dem Sonnenwind führt auch dazu, dass ein Teil des Plasmas in dessen Strömungsrichtung mitgenommen wird und so den „Plasmaschweif" (oder Ionenschweif) des Kometen formt (s. folgenden Abschnitt und Abb. 2.4).

2.3 | Die Koma von 17P/Holmes wurde im November 2007 kurzzeitig zum größten Objekt im Sonnensystem. Zuvor hatte der Komet seine Helligkeit plötzlich um das 500.000-fache gesteigert. Der grünliche Schimmer auf dieser Aufnahme eines Amateurastronomen ist auf ionisiertes Gas zurückzuführen.

Durch die Koma hindurch strömen auch die vom expandierenden Gas mitgerissenen und auf diese Art beschleunigten kleinen Staubteilchen mit Partikelradien im Mikrometerbereich und größer. Diese bilden dann unter dem Einfluss des von der Sonne radial wegweisenden Lichtdrucks und der zur Sonne gerichteten Gravitation den von unserem Tagesgestirn stets wegweisenden, leicht gekrümmten „Staubschweif" (vgl. Abb. 2.4). Größere Teilchen mit volatilen Einschlüssen, die die Kometenoberfläche mit dem Gasstrom verlassen, können unter dem Einfluss des wärmenden Sonnenlichts in der Koma weiter zerfallen und ausgasen. Sie können damit einen wesentlichen zusätzlichen Gaseintrag in die Koma einbringen.

Es wurde bereits erwähnt, dass es vor allem der Staub ist, der die Phänomene in der Kometenkoma visuell erfassbar macht, denn die dünnen Gase sind auch in der Nähe des Kerns „optisch dünn", also durchsichtig und somit nicht

Spektroskopie

Die Methoden der Spektroskopie erlauben die qualitative und quantitative Untersuchung von Gasen. Dabei lässt sich aus den Spektrallinien der Gase auf ihre chemische Zusammensetzung und weitere physikalische Parameter schließen.

direkt sichtbar. Die Gase können jedoch mit spektroskopischen Mitteln nachgewiesen werden, da sie – angeregt durch die Sonnenstrahlung – Licht mit für sie charakteristischen Frequenzen fluoreszenzartig reemittieren können. Umgekehrt entsteht bei Gasen vor dem Hintergrund eines Sterns ein Absorptionsspektrum, in dem die element- oder molekülspezifischen Linien „fehlen" und die Gase so nachweisbar machen. Mit der Spektralanalyse der Komagase wurde es möglich, der chemischen Zusammensetzung von Kometen zumindest ein wenig auf die Spur zu kommen. So konnten Karl Wurm und Polidore Swings 1943 zeigen, dass die beobachteten kometaren Radikale (sehr reaktionsfreudige Moleküle) und Ionen nicht stabil sein können und dass sie über fotochemische Prozesse aus stabileren Molekülen, den sogenannten Muttermolekülen, resultieren müssen. Entsprechend wurde aus der beobachteten Existenz von CO^+, CN, CH, CO_2^+, N_2^+ und NH gefolgert, dass CO, C_2N_2, CH_4, CO_2, N_2 und NH_3 als Gase aus ihren jeweiligen Eisen sublimieren. In den 1970er-Jahren wurde zweifelsfrei gezeigt, dass Wasserdampf den Hauptteil der ausströmenden Gase darstellt. Die größte Schwierigkeit dabei war, dass die spektroskopischen Messungen durch die unvermeidbare Präsenz von Wasserdampf in der irdischen Atmosphäre „verunreinigt" wurden und die irdischen Wasserdampf-Spektrallinien diejenigen kometaren Ursprungs so überdeckten.

Die Staubanreicherung in der Koma (insbesondere bei Helligkeitsausbrüchen – vgl. übernächsten Abschnitt) führt zum Eindruck eines scheinbar recht großen Kometen. Es ist nun nicht mehr der kleine Kern, der das Sonnenlicht reflektiert, sondern die wesentlich größere Staubumgebung des Kerns. Dieser scheinbar vergrößernde Effekt hat übrigens dazu geführt, dass man bis ins letzte Jahrhundert hinein irrtümlich annahm, dass Kometenkerne recht große Körper mit Radien im Bereich von hundert Kilometern und mehr seien. Heute wissen wir, dass ihre Größen zumeist nur im Bereich von Kilometern bis zu einigen zehn Kilometern liegen. Dies war übrigens eines der ersten und überraschenden Ergebnisse der Raumsondenmissionen zum Kometen Halley im Jahr 1986.

Die Kometenschweife

Der imposante Eindruck, den helle Kometen auf Menschen machen, ist vor allem auf ihre langen und zum Teil auch farbigen Schweife zurückzuführen. Diese Kometenschweife können sich manchmal über weite Teile des Himmels erstrecken, und ihre wahre Ausdehnung kann in einzelnen Fällen mit über 250 Millionen Kilometern die Entfernung zwischen der Sonne und dem Mars übertreffen. Kometenschweife bestehen dabei aus zwei grundsätzlich unterschiedlichen Komponenten:

Zum einen ist dies der Plasmaschweif, der sich aus den ionisierten Gasen (dem Plasma) der Koma bildet (vgl. Abb. 2.4). Der vorbeiströmende Sonnenwind nimmt das Plasma über die Wechselwirkung mit seinem Magnetfeld mit, so dass sich der Schweif wie eine Rauchfahne im Wind in Sonnenwindrichtung hinter der Koma ausbil-

Sonnenwind

Der Sonnenwind ist ein in alle Richtungen abströmender, permanenter Fluss geladener Teilchen von der Sonne. Er besteht im Wesentlichen aus Elektronen, Protonen und Alphateilchen (Heliumkernen). Im Sonnenwind „eingefroren" werden Magnetfelder mitbewegt.

det. Er ist folglich nicht exakt radial von der Sonne weggerichtet, sondern zeigt in Richtung der lokalen Sonnenwindgeschwindigkeit.

Beobachtungen, die Cuno Hoffmeister im Jahr 1943 im thüringischen Sonneberg durchführte, wiesen auf eine Abweichung des Plasmaschweifs von der antisolaren Richtung von ungefähr sechs Grad hin. Diese „Aberration" des Plasmaschweifs hat übrigens Ludwig Biermann im Jahr 1951 zu der Folgerung geführt, dass es so etwas wie einen von der Sonne wegströmenden Materiefluss geben müsse. Dies geschah noch vor der Entdeckung des Sonnenwinds mit Hilfe von Raumsonden. Plasmaschweife von Kometen werden auch gegenwärtig noch als passive Indikatoren zur Zustandserfassung des Sonnenwinds in nicht von Satelliten oder Raumsonden durchflogenen Gebieten genutzt, geben sie doch Auskunft über die Richtung und Veränderungen in der Magnetfeldstruktur des Sonnenwinds auch außerhalb der Ekliptik.

Zum Zweiten ist es der oft auch farbige Staubschweif, der aus Staubteilchen mit Durchmessern im Mikrometerbereich besteht und der mit seiner Ausdehnung und seinen Strukturen zumeist der am stärksten beeindruckende Teil eines Kometen ist. Das an den Staubteilchen reflektierte Sonnenlicht macht diese ausgedehnte Partikelansammlung erst sichtbar. Die kleinen Staubpartikel stammen aus dem Kometenkern, von dem sie sich, durch das herausströmende Gas mitgerissen, entfernen konnten. Sie bewegen sich dann unter dem Einfluss der Schwerkraft der Sonne und des von ihr wegweisenden solaren Lichtdrucks, der vom Impuls der auftreffenden Photonen des Sonnenlichts verursacht wird. So bildet sich der ebenfalls von der Sonne wegweisende, leicht gekrümmte Staubschweif aus (vgl. Abb. 2.4).

Da die resultierende Beschleunigung der Staubteilchen von ihrer Oberfläche und ihrer Masse abhängt und da diese Werte in einem weiten Bereich variieren können, sind die Bahnen der Teilchen recht verschieden. So ist der Staubschweif ein breit gefächertes und ausgedehntes Gebilde. Weitere Strukturen können sich ergeben, wenn es zu einem bestimmten Zeitpunkt eine besonders starke Staubemission gab und

2.4 | Der Komet Hale-Bopp bot im Frühjahr 1997 eine beeindruckende Erscheinung. Hell leuchtet auf dieser Aufnahme mit einer Schmidt-Kamera der Johannes-Kepler-Sternwarte, Linz, der diffuse, gelbliche Staubschweif, während der sehr viel schwächere Plasmaschweif blau hervortritt.

damit verbunden eine Staubansammlung entstanden ist, oder auch dadurch, dass bestimmte Gruppen von Partikelgrößen, die sich ja jeweils auf gleichen Bahnen bewegen, in ihrer Häufigkeit dominieren (vgl. Abb. 1.7 und 2.16).

Helligkeitsausbrüche (Bursts)

Helligkeitsausbrüche (engl. „bursts" oder auch „outbursts") treten bei Kometen häufig auf und stellen ein recht komplexes Phänomen dar. Dabei steigt die Kometenhelligkeit und -aktivität zeitweise stark an, was sich auch durch eine vermehrte Emission von Wasserdampf oder anderer volatiler Verbindungen wie Hydroxyl (OH) oder Kohlenstoffmonosulfid (CS) bemerkbar macht. Mit dem Gasausbruch korreliert ist zudem eine verstärkte Freisetzung von Staub, die eine expandierende Staubwolke um den Kern erzeugt. Sie ist verantwortlich für die anwachsende Größe und Helligkeit des Kometen, da die

2.5 Der Komet 17P/Holmes wurde im Oktober 2007 plötzlich so hell, dass er mit bloßem Auge als gelblicher „Stern" zu erkennen war. Vorübergehend wurde er sogar zum dritthellsten Objekt im Sternbild Perseus und ist auf dieser Amateuraufnahme rot eingekreist.

Staubteilchen das Sonnenlicht reflektieren. Die Koma kann sich dabei so stark aufhellen, dass es scheint, als handle es sich um einen wesentlich größeren Kometen. Wie Nikolaus Richter 1948 gezeigt hat, könnte die große Zahl von Kometenentdeckungen, die durch nachfolgende Beobachtungen nicht mehr bestätigt werden konnte, zum Teil mit diesen kurzfristigen Aufhellungen zusammenhängen. Diese Kometen konnten später, als sie wohl wieder deutlich lichtschwächer waren, nicht mehr aufgefunden werden.

Die Dauer solcher Phasen erhöhter Aktivität kann ebenfalls recht unterschiedlich sein. Sie liegt zumeist zwischen einigen Stunden für den Anstieg und einigen Tagen oder Wochen für das Abklingen. Statistische Untersuchungen haben ergeben, dass die meisten Bursts in Entfernungen von bis zu zwei Astronomischen Einheiten um die Sonne herum auftreten. Allerdings kann die schlechtere Beobachtbarkeit von Kometen

außerhalb von 2 AE dieses Ergebnis verfälschen. Das Verhalten des Kometen Schwassmann-Wachmann 1 könnte ein Hinweis darauf sein. Dieser Komet, der sich auf einer nahezu kreisförmigen Bahn bei 6 AE knapp außerhalb der Jupiterbahn bewegt, ist bekannt für seine häufigen Ausbrüche. Seine Helligkeit ändert sich dann um einen Faktor hundert oder mehr. Der enorme Helligkeitsanstieg erfolgt dabei während weniger Stunden, der Abfall zur normalen Aktivität dauert dagegen wesentlich länger, bis hin zu Wochen oder Monaten. Ein Beobachter hat bei einem solchen Ausbruch den Eindruck, als würde der sternartige Kern anfangs stark expandieren. Später wird der Komet diffus, zeigt einige Strukturen und scheint sich langsam aufzulösen. Die gemessenen Expansionsgeschwindigkeiten in der Koma liegen dabei im Bereich von hundert bis zweihundert Metern pro Sekunde. Spektrale Untersuchungen haben darüber hinaus ergeben, dass die Partikelgrößen in der expandierenden Staubkoma bei 0,1 bis 1 Millimeter liegen.

Als mögliche Ursachen für diese Ausbrüche werden gegenwärtig noch sehr unterschiedliche Szenarien diskutiert, ohne dass man bislang zu einem abschließenden Urteil gelangt wäre. Es erscheint aber durchaus plausibel, dass hier nicht nur *ein* Prozess zum Tragen kommt, sondern dass je nach Geschichte und Struktur eines Kometen unterschiedliche Prozesse oder auch Kombinationen von Prozessen zu Ausbrüchen führen können.

Auch der Komet Halley zeigte bei seinem „Rückflug" ins äußere Sonnensystem einen solchen Ausbruch, und zwar, als er sich im Februar 1991, also fünf Jahre nach seinem Periheldurchgang 1986, schon wieder in einer Entfernung von ungefähr 14,3 AE zur Sonne befand. Er war also mit rund 2,1 Milliarden Kilometern bereits weiter entfernt als Saturn! Seine Oberflächentemperatur lag zu diesem Zeitpunkt bei etwa 70 Kelvin. Der Kometenkern mit seiner eigentlich schrumpfenden Koma war plötzlich wieder hell geworden und von einer Koma mit stark reflektierendem Staub umgeben. Die frei gewordene Staubmenge betrug gemäß David W. Hughes (1991) größenordnungsmäßig zehn Millionen

Tonnen! Gegenwärtig ist es noch völlig unverstanden, wie die dafür notwendige Energie am oder im Kern freigesetzt werden konnte. Möglicherweise kam es zu einem – sehr seltenen – Zusammenstoß mit einem kleineren Körper.

Dieser Ausbruch ist übrigens bisher der einzige, der in so großer Sonnenentfernung beobachtet wurde. Die meisten registrierten Ausbrüche stehen im Zusammenhang mit der Aktivität des Kometen, und dies sowohl mit der Aktivitätszunahme während der Sonnenannäherung als auch mit dem späteren Abkühlen beim Rückflug in das äußere Sonnensystem. Mechanische und temperaturbedingte Spannungen können zum Beispiel Risse im oberen Kometenmaterial hervorrufen, die dann zum explosionsartigen Freisetzen bisher abgeschlossener „Gasblasen" führen können. Mit dem Eindringen der Wärme in tiefere Schichten kann sich dies auch noch eine geraume Zeit nach dem Periheldurchgang fortsetzen, während die Oberfläche schon wieder abkühlt. Andere Erklärungsansätze gehen von einzelnen „eingebetteten" Blasen oder Höhlen im Kometenkern aus mit einem hohen Anteil an volatilen Verbindungen wie zum Beispiel Trockeneis (CO_2-Eis). Wenn die in den Kern eindringende Wärme diese tieferen Gebiete erst später erreicht, kann dies zu einem starken Spannungsaufbau und einem plötzlichen und explosionsartigen Ausbruch der leicht flüchtigen Verbindungen führen und damit zu einem „burstartigen" Phänomen.

In ähnlicher Weise wurden auch exotherme (also Energie freisetzende) Prozesse und Phasenumwandlungen als mögliche Ursachen in die Betrachtungen einbezogen. Eine prominente, aber noch nicht allgemein akzeptierte und derzeit kontrovers diskutierte Rolle spielen dabei Modelle, die einen Phasenübergang von amorphem Wassereis in kristallines Eis als Ursache in Betracht ziehen (s. Kasten oben). Zwar könnten kleine Staubpartikel bei ihrer Entstehung tatsächlich von solch amorphem Wassereis ummantelt gewesen sein, es bleibt allerdings fraglich, ob das Eis die mechanisch erschütternden Zusammenstöße beim Zusammenwachsen des Staubs zu kleinen Körpern und Kometen überlebt hätte. Denn amorphes Wassereis kristalli-

Amorphes und kristallines Eis

In amorphen Mineralien bilden die Atome ein lokal unregelmäßiges Muster, während sie in Kristallen geordnete Strukturen zeigen.

siert schon bei leichten Erschütterungen mit entsprechender Wärmeentwicklung. Stöße sollten mithin schon während des Wachstums der Kometenkerne immer wieder schubartig zu auskristallisiertem Wassereis geführt haben.

Andererseits ist es aber auch möglich, dass bei der Sublimation von Wassereis an der Kometenoberfläche ein Teil des freigesetzten Wasserdampfs wieder nach innen wandert. Die KOSI-Experimente, Laborexperimente zur Simulation von kometaren Prozessen, haben dies experimentell belegt (vgl. Abschnitt 5.4). So könnte sich der nach innen ausbreitende Wasserdampf dort als amorphes Eis ablagern und später möglicherweise explosiv kristallisieren. Dies konnte experimentell allerdings noch nicht bestätigt werden. Ein solcher Prozess könnte nach genügender Bildung von amorphem Eis auch immer wieder auftreten.

Von Fred Whipple, dem Begründer der modernen Kometenforschung, wurde 1984 die Möglichkeit einer Kollision in die Diskussion eingebracht, um die starken Ausbrüche des Kometen Holmes in den Jahren 1892/1893 zu erklären. Dieser hatte damals seine Helligkeit um den Faktor tausend gesteigert. Demgemäß sollte ein Zusammenstoß des Kerns mit einem bisher unsichtbar gebliebenen kleinen Körper erfolgt sein, der so eine Fläche frischen Materials hatte freilegen und damit die verstärkte Aktivität hatte auslösen können.

Entsprechend kann man übrigens auch davon ausgehen, dass Ausbrüche mit dem Abbrechen einzelner, auch größerer Brocken oder Teile eines Kometen einhergehen können. Denkbar ist auch, dass Fliehkräfte durch die Rotation des Kometen eine Auflösung unterstützen können. Dies gilt gleich in zweifacher Weise. Zum einen kann die Rotation des Kometenkerns durch seit-

Isotropie

Isotropie heißt Richtungsunabhängigkeit. Ist eine Eigenschaft unabhängig von der Richtung, bezeichnet man sie als isotrop.

lich abstrahlende Jets (s. nächsten Abschnitt) so beschleunigt worden sein, dass die resultierenden Fliehkräfte an einzelnen Teilen des unregelmäßig geformten Kometenkerns derart angreifen, dass sie zu deren Abtrennung beitragen. Dies könnte besonders wirksam sein, wenn die Kontaktgebiete bereits durch Aktivitätsprozesse in Sonnennähe erodiert worden sind. Andererseits ist es auch möglich, dass ruckartige Veränderungen im Rotationszustand – verursacht durch Zusammenstöße oder auch durch den Übergang von einer aktivitätsbedingten, temporär instabilen Rotationsphase in einen stabilen Zustand – zu veränderten Fliehkräften und damit zu einem Zerfall oder Abtrennen einzelner Teile führen können. Auch hier könnten davon insbesondere solche Teile betroffen sein, die von Anfang an nur locker angelagert oder schwach gebunden gewesen sind und deren geschwächte Bindung an den Kern bereits durch Ausgasung erodiert worden ist.

Jets

Außer einer allgemeinen Aufhellung können auch einzelne fokussierte Ausströmungen oder „Strahlströme", sogenannte Jets auftreten. Form und Struktur dieser Jets hängen neben den Charakteristika des jeweiligen Ausbruchs auch von der Rotation des Kerns ab. Es ist leicht nachvollziehbar, dass Jets aus schnell rotierenden Kernen deutlich stärker spiralartig gebogen sind als solche aus langsam rotierenden Kernen. So werden mit der Untersuchung von Jets auch Aussagen zur Rotation von Kometenkernen möglich.

Die Jets oder Strahlströme, also die stark fokussiert ausströmenden Gas-Staub-Gemische, sind eine interessante und optisch oft recht an-

sprechende Erscheinung der Kometenaktivität. Primär strömt hierbei Gas als Folge der Sublimation der Eise leicht flüchtiger Verbindungen aus. Die Strömungsgeschwindigkeit ist temperaturabhängig. Dabei reißt das Gas kleine Staubpartikel mit, deren Größe zumeist im Mikrometerbereich liegt. Die Staubpartikel sorgen mit der Reflexion des Sonnenlichts für die Sichtbarkeit dieser Ausströmung. Die Ursache für die eng begrenzte Strahlbildung der ausströmenden Gase wurde im letzten Jahrzehnt intensiv diskutiert. Naheliegend ist die Annahme, dass sich diese Bündelung als Folge einer Ausströmung durch eine fokussierende Öffnung ergibt. Solche Öffnungen wie Spalten oder Löcher sind in porösen Körpern zu erwarten. Jedoch ist nicht klar, wie die Wärme in die tieferen Bereiche solcher Öffnungen gelangen und so zur Sublimation der Eise, der Freisetzung der Gase und schließlich zur Bildung eines Jets führen kann.

Ein alternativer Erklärungsansatz für Jets zieht aerodynamische beziehungsweise hydrodynamische Prozesse zur Fokussierung der Gasausströmungen von der Oberfläche in die kometennahe Umgebung in Betracht. Dabei ist zu berücksichtigen, dass über Entfernungen, die groß gegenüber der freien Weglänge der Gasmoleküle sind, ein stoßbedingter Impulsaustausch zwischen den Molekülen erfolgt. Die Moleküle fliegen also infolge häufiger Stöße anfangs praktisch in alle Richtungen, die Expansion erfolgt somit in den gesamten Raum hinein. Diese „Isotropisierung" ist ja auch die Ursache dafür, dass eine Kometenkoma zumindest ungefähr kugelförmig ist und sich nicht nur vor der ausgasenden Tagseite oder der umströmten Rückseite ausbildet. Nimmt man nun aber zwei direkt benachbarte und vergleichbar stark ausströmende Gebiete an, so führt die Expansion im Grenzgebiet zwischen den beiden Ausströmungen dazu, dass die Molekülströme gegenseitig aufeinanderdrücken und damit zu einer Verstärkung dort führen, wo sie zusammentreffen, ohne sich zu durchdringen. Damit entwickelt sich ein eng begrenzter Bereich erhöhter Dichte, der infolge der Reflexion des Lichts am mitfliegenden Staub das Bild eines Jets erzeugt. Neigungen, Krümmungen und Variationen in der Struktur sind auch

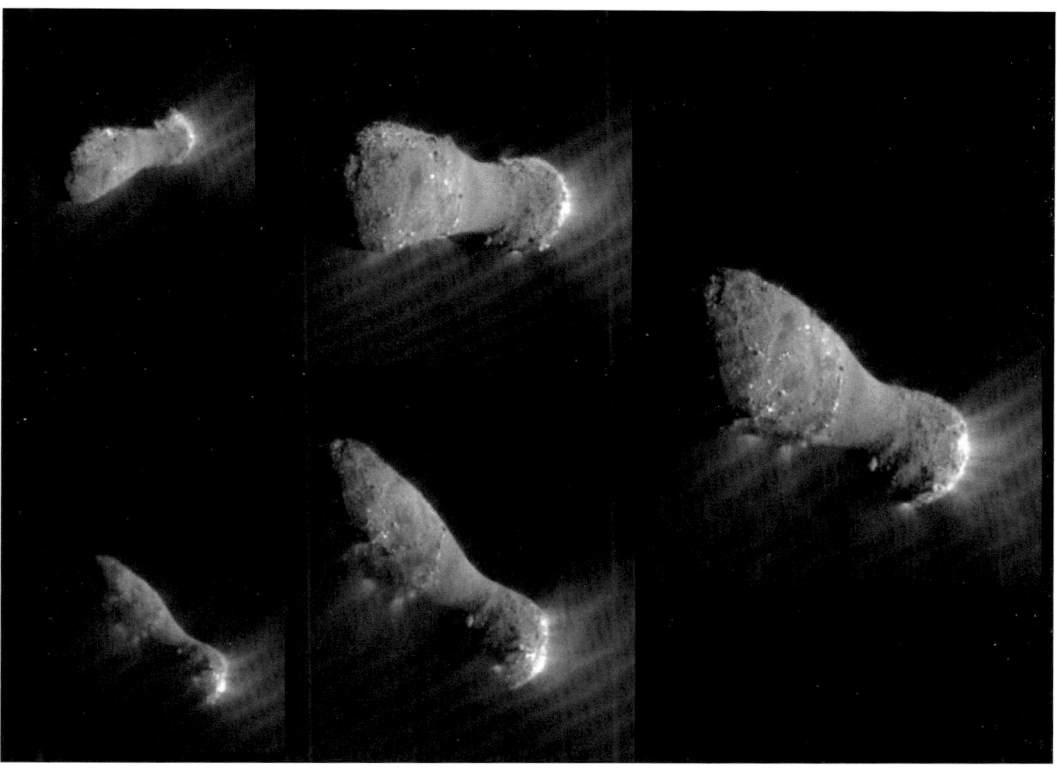

2.6 | Der Kern des Kometen Hartley 2 zeigte im Jahr 2010 während der Passage der DEEP-IMPACT-Raumsonde im Rahmen der (erweiterten) EPOXI-Mission mehrere jetförmige Ausströmungen.

möglich, wenn man berücksichtigt, dass beide Quellen nicht gleich stark sein müssen und vielleicht sogar eine unterschiedliche zeitabhängige Aktivität oder auch verschiedene Neigungen oder Orientierungen aufweisen.

Die kernnahe Umgebung

Die kleinen Staubpartikel im Kometenkern werden durch Zusammenstöße mit den ausströmenden Gasmolekülen beschleunigt, man spricht von einer Reibung zwischen Staub und Gas oder auch von einer Gas-Staub-Wechselwirkung. Diese Reibungskraft, die vom Gas auf den Staub wirkt, kann, wenn sie die Gravitationskraft des Kometenkerns übersteigt, dazu führen, dass der Staub den Kern verlässt, sich in die Koma bewegt und schließlich zur Bildung des Staubschweifs

beiträgt. Es ist plausibel, dass der Prozess einer starken, reibungsbedingten Beschleunigung des Staubs nur bei relativ kleinen Partikeln wirksam ist, da bei größeren Körpern die Schwerkraft des Kometenkerns so stark wirkt, dass die Reibungskraft nicht mehr ausreicht, um wirksam gegen die Schwerkraft zu beschleunigen. Je nach Masse des Kometen liegt die Grenze für den Teilchenradius zwischen einigen Zentimetern und Dezimetern. Das bedeutet, dass Teilchen mit größeren Radien die Kometenumgebung nicht dauerhaft verlassen können. Diejenigen Teilchen aber, die nur wenig unter dieser kritischen Größe liegen, können nur gering durch das Gas beschleunigt werden. Sie werden sich auf ballistischen Bahnen in der Umgebung eines aktiven Gebiets bewegen und letztlich auf die Kometenoberfläche zurückfallen. Dort werden sie verteilt und abgelagert und formen diese so auf Dauer mit.

Insbesondere ältere Kometen sollten also nach vielen Sonnenvorübergängen eine stark staubbedeckte Oberfläche haben, und vielleicht spielt diese immer weiter zunehmende Oberflächenbedeckung durch zurückfallende Staubpartikel auch eine Rolle bei der Abnahme der Aktivität von Kometen im Lauf ihrer Entwicklung. Denkbar ist sogar, dass so mancher wie ein Asteroid erscheinende kleine Körper im Sonnensystem gar kein Asteroid, sondern ein „erloschener" Komet ist, der an seinem eigenen Staubmantel „erstickt" ist. Die Aktivität solcher Körper könnte dann zum Beispiel durch einen Zusammenstoß, der die Staubschicht zum Teil entfernt, wieder erweckt werden.

Möglich ist auch, dass manche der Teilchen auf zumindest zeitweilig stabile Bahnen um den Kometenkern gebracht und so zu temporären natürlichen Satelliten des Kometenkerns werden. Diese noch weitgehend unbekannte Partikelpopulation in der Nähe von Kometenkernen kann durchaus zu einer Gefahr für vorbeifliegende Weltraumsonden werden. Dass diese physikalisch begründeten Überlegungen zur Teilchenumgebung von Kometenkernen durchaus realistisch sind, zeigen Radarbeobachtungen an Kometen, mit denen die Existenz von Teilchenwolken um Kometenkerne belegt wurde. Dabei handelte es sich, wie zu erwarten, um relativ große Teilchen im Zentimeterbereich und nicht um feinen Staub.

Die lokal begrenzte Aktivität

Der Prozess, der die Aktivität eines Kometen antreibt, ist – wie bereits erwähnt – die Sublimation verschiedener Eise leichtflüchtiger Verbindungen als Folge der Erwärmung bei der Annäherung an die Sonne. Diese Gase verlassen mit dem mitgerissenen Staub die Oberfläche und führen zu dem bekannten Erscheinungsbild. In den Kometenmodellen, die vor den Vorbeiflügen der Vega- und Giotto-Sonden am Kometen Halley entwickelt worden waren, ging man im Rahmen des inzwischen allgemein anerkannten Modells von Fred Whipple davon aus, dass diese Sublimation mehr oder weniger

gleichmäßig auf der ausreichend erwärmten Tagseite des Kometen stattfände. Es sollte also mindestens von der gesamten Tagseite ein Gas- und Staubabfluss erfolgen.

Es ist eines der Schlüsselergebnisse der Weltraumexperimente am Kometen Halley, dass die Ausgasung jedoch nur an einigen eng begrenzten Stellen der Oberfläche erfolgt, den nunmehr sogenannten „aktiven Gebieten". Dies zeigt sich sowohl auf den Abbildungen dieses Kometenkerns (vgl. Abb. 5.4 und 5.7), der deutlich eng begrenzte und fast punktartige helle aktive Gebiete zeigt, als auch aus der ungefähren Übereinstimmung der gemessenen Gasflüsse mit den bei bekannter Sublimationsrate und Größe der aktiven Gebiete berechneten Flüssen. Inzwischen wissen wir, dass kometare Aktivität nicht nur beim Kometen Halley ein lokales Phänomen ist, sondern sich offenbar generell bei Kometen auf lokal begrenzte Gebiete beschränkt (s. Tab. rechte Seite oben).

Bei der Bestimmung der in der Tabelle rechts angegebenen Werte, die den relativen Anteil der aktiven Gebiete an der Gesamtoberfläche des Kometen darstellen, wurde angenommen, dass die Sublimation von Wassereis die dominierende Ursache der Ausgasung ist. Ihre temperaturabhängige Effektivität (die Anzahl ausgasender Moleküle pro Flächeneinheit und Zeit) kann relativ einfach berechnet werden. Aus Beobachtungsdaten kann der reale Gasfluss aus dem Kometenkern bestimmt und damit auf die wirklich aktive, also die real sublimierende Gesamtfläche geschlossen werden.

Übrigens ist es dabei gegenwärtig noch unklar, ob die Sublimation als „freie Sublimation" direkt an der Oberfläche erfolgt, ob also an der Oberfläche eines aktiven Gebiets Eise offen zutage treten. Eventuell, und das ist sehr wahrscheinlich, dringt das freigesetzte Gas auch in tieferliegende Gebiete unterhalb der Oberfläche ein, die erst später wegen der „langsamen" Wärmeleitung von der thermischen Energie erreicht werden. Im letztgenannten Fall müsste das Gas die darüberliegenden porösen oder rissigen Schichten durchströmen und einen inneren Gasdruck aufbauen, der der Sublimation entgegenwirkt. Möglicherweise erzwingt dieser Gas-

Komet	Aktiver Oberflächenanteil [%]	Komet	Aktiver Oberflächenanteil [%]
P/Kopff	30	P/Machholz	1–6
P/Wirtanen	25	P/Tempel 2	0,15–5
P/Giacobini-Zinner	24	IRAS-Araki-Alcock	0,2–1
Sugano-Saigusa-Fujikawa	>>20	P/Churyumov-Gerasimenko	1,4
P/Halley	10	P/Swift-Tuttle	≤1
P/Crommelin	9	P/Tempel 1	≤1
P/Encke	0,5–10	P/Arend-Rigaux	<<1
P/Schwassmann-Wachmann 3	6?	P/Grigg-Skjellerup	0,8
P/Pons-Winnecke	3–7	P/Neujmin 1	0,1–0,3

Anteil der aktiven Kometenoberfläche an der Gesamtoberfläche in Prozent; periodischen Kometen ist ein „P/" vorangestellt.

druck, verstärkt durch sich aufbauende thermische Spannungen, das Entstehen von Rissen und führt so zu einem verstärkten Gasausfluss – zumindest an einigen Stellen. Der lokale Charakter der Aktivität könnte im Rahmen dieses Bildes erklärbar sein, wenn es nur wenige Stellen an der Oberfläche gibt, unter denen sich aus einem größeren Einzugsgebiet Gasflüsse angesammelt haben, die zu einem kleinen Gebiet als Gasquellgebiet führen. Das Phänomen der kometaren Aktivität ist aber gegenwärtig in seinen einzelnen Prozessen noch keineswegs abschließend verstanden.

Der größte Teil einer Kometenoberfläche ist jedoch offenbar von einer bemerkenswert dunklen und zumindest zeitweilig stabilen, passiven Schicht bedeckt. Durch sie hindurch erfolgt praktisch keine oder nur eine relativ geringe Ausgasung, entweder weil keine ausreichenden Mengen volatiler Verbindungen (mehr) vorhanden sind oder weil diese Oberflächenschicht kein oder nur sehr wenig Gas durchlässt. Dieses Ergebnis hat natürlich dazu geführt, dass sich die Untersuchungen zur Modellierung von Kometenoberflächen verstärkt auf tieferliegende Gebiete richteten. Diese können offenbar eine entscheidendere Rolle beim Phänomen „Komet"

spielen als bisher vermutet. So erfolgte die Untersuchung von Oberflächeneigenschaften daraufhin auch im Zuge von Laborexperimenten zur „Kometensimulation" auf der Erde (vgl. Abschnitt 5.4). Auf diese Weise konnte beispielsweise der schon beim Thema Bursts erwähnte „Einwärtstransport" von Gasen bestätigt werden.

Wasser – Hauptursache der Aktivität

Mit den Methoden der hochauflösenden Spektroskopie gelang es 1958 schließlich, die Spektrallinien einiger kometarer Moleküle und Atome von denen der irdischen Atmosphäre zu trennen, die das Licht notwendigerweise vor dem Erreichen des Teleskops durchquert. So wurde beispielsweise auch das Kohlenstoffisotop ^{13}C in Kometen nachgewiesen. Ludwig Biermann und Eleonore Trefftz konnten 1964 zeigen, dass diese neuen Beobachtungen auf große Produktionsraten von Sauerstoff und Wasserstoff bei aktiven Kometen hinwiesen, wobei man die Fotodissoziation der Muttermoleküle – also die Auftrennung von Molekülen durch das Sonnenlicht – als Anregungsmechanismus vermutete. Die Raten müssten bei rund 10^{30} Molekülen pro

2.7 | Die Wasserstoffwolke, die den Kometen Hale-Bopp bei seiner Annäherung an die Sonne umgab, war 70-mal größer als die Sonne selbst (gelber Punkt rechts unten). Die Ultraviolettaufnahme stammt vom Sonnenobservatorium SOHO. Auf dem kleinen Bild in der Mitte ist der sichtbare Teil des Kometen maßstabsgerecht dargestellt.

Sekunde liegen, also bei mehreren Tonnen pro Sekunde. Bestätigt wurde dies durch UV-Messungen der Satelliten OAO-2 (Orbiting Astronomical Observatory-2) und OGO-5 (Orbiting Geophysical Observatory-5), die große Halos neutralen Wasserstoffs um die Kometen Tago-Sato-Kosaka und Bennett mit Ausdehnungen von über 15 Millionen Kilometern nachwiesen. Wo aber kommen diese Mengen an Wasserstoff und Sauerstoff her?

In den 1970er-Jahren konnten insbesondere französische und deutsche Wissenschaftler zeigen, dass Wasserdampf die gesuchte Quelle sein muss. Bestätigt wurde dies später durch Messungen des Satelliten COPERNICUS und Beobachtungen am Halley'schen Kometen im Jahr 1986. Weitere Nachweise gelangen ab der Mitte der 1970er-Jahre auch mit radioastronomischen Methoden. Damit war endlich zweifelsfrei belegt, dass die Sublimation von Wassereis die Hauptursache der kometaren Aktivität in Sonnennähe ist. Andere, im Vergleich zu Wassereis noch

schneller sublimierende Substanzen sollten in analoger Weise die Ausgasung von Kometen bereits in größerer Sonnenentfernung ermöglichen, verstärken oder gar dominieren können. Die große Produktionsrate von Wassermolekülen war überdies ein Hinweis darauf, dass Wassereis in aktiven Kometenregionen in relativ großen Mengen vorhanden sein muss und nicht bloß in unbedeutenden Spuren oder auch nur ähnlich häufig wie viele der anderen chemischen Verbindungen.

Beim Kometen Halley ergab die bemerkenswert hohe Produktionsrate von Wasserdampf mit der aus Laborexperimenten bekannten Sublimationsrate von Wassereis eine effektiv ausgasende Fläche in der Größenordnung von hundert Quadratkilometern. Da man die Größe des Kometenkerns zunächst als zu klein einschätzte, hätte nahezu die gesamte tagseitige Oberfläche ausgasen müssen. Seit den VEGA- und GIOTTO-Beobachtungen des Kometen Halley wissen wir aber, dass es tatsächlich nur rund 20 Prozent der tagseitigen Kometenoberfläche sind, die stark ausgasen. Zumindest in diesen Gebieten ist Wassereis der Hauptbestandteil der volatilen kometaren Materie.

Um falschen Vorstellungen vorzubeugen, sei an dieser Stelle aber betont, dass Wassereis zwar bei den Volatilen in Kometen dominiert, dass Kometen – was ihre Masse betrifft – aber zum großen Teil aus sogenannten „refraktären" Substanzen bestehen können, also aus Elementen und Verbindungen, die auch in Sonnennähe nicht ausgasen. Aus den Beobachtungen des Halley'schen Kometen wurde beispielsweise abgeleitet, dass dieser Komet (zumeist refraktären) Staub und Gas im Massenverhältnis 2:1 emittiert.

Refraktäres Material

Die refraktären (nicht ausgasenden) Bestandteile eines Kometen haben eine hohe thermische und mechanische Beständigkeit und bleiben auch in der Nähe der Sonne unverändert.

2.2 | Kometenbahnen

Schon frühere Beobachter wunderten sich darüber, dass sich Kometen auf allen möglichen Bahnen durch das Planetensystem und möglicherweise sogar auch darüber hinaus bewegen. Sie scheinen damit eine bemerkenswerte Sonderrolle zu spielen, denn die Bahnparameter aller anderen Körper im Sonnensystem – beispielsweise die Bahnneigung, die Exzentrizität und selbst der Abstand zur Sonne – rangieren innerhalb recht enger Bereiche. Vor allem die Planeten bewegen sich auf nahezu kreisförmigen Bahnen, deren Neigungen gegenüber der Ebene der Ekliptik gering sind. Dies weist auf eine gemeinsame Entstehungsgeschichte aus einer flachen, „präplanetaren" Scheibe um die frühe Sonne hin. Ausnahmen hierzu bilden nur einige Bahnen von Asteroiden, die infolge von gravitativen Störungen durch den nahen und massereichen Jupiter „gestreut" wurden. Kometen hingegen bewegen sich auf den verschiedensten Bahnen durch das Sonnensystem, die auch stark geneigt und

> ### Die Ekliptik
>
> Die Ekliptik ist die scheinbare Bahn, auf der sich die Sonne im Lauf eines Jahres vor dem Hintergrund des Fixsternhimmels bewegt. Die Erdbahn definiert die Ebene der Ekliptik.

extrem elliptisch sein können. Diese außergewöhnlichen Bahnparameter von Kometenkernen deuten auf eine andere Entwicklungsgeschichte hin als die der anderen Körper. So versuchen die Astronomen auch aus der Untersuchung dieser besonderen Bahneigenschaften etwas über die Entstehung und Entwicklung von Kometen und das frühe Planetensystem zu erfahren. Die Tatsache, dass Kometen aus allen Richtungen kommen, wird dabei zumeist als Hinweis darauf verstanden, dass Streuprozesse an den großen Planeten diese Bahnverteilungen „in alle Richtungen" verursacht haben.

2.8 | Kometenbahnen sind oft lang gestreckt und zur Ebene der Planeten geneigt.

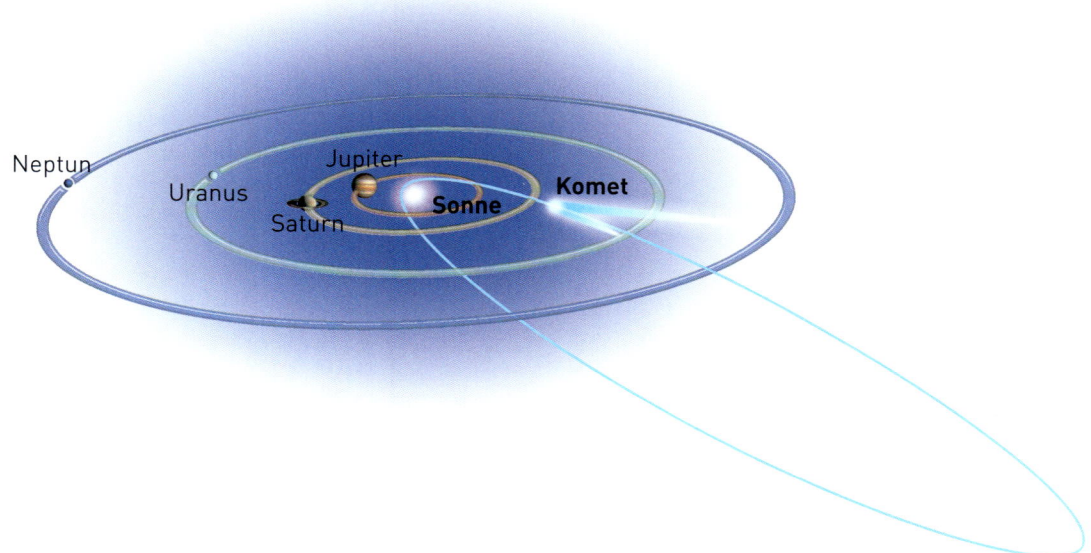

Die Erfassung der Bahnen

Bis Ende 1994 gab es gemäß der 1995er-Ausgabe des *Catalogue Of Cometary Orbits* von Brian Marsden und Gareth Williams insgesamt 1444 verzeichnete Berichte über verschiedene Kometenerscheinungen, denen 1472 Bahnen zugeordnet wurden. Diese merkwürdige Differenz zwischen der Anzahl von Kometen und Bahnen resultiert daraus, dass insbesondere aus älteren Beschreibungen zum Teil nur recht ungenaue Bahnbestimmungen möglich waren und einige Bahnen daher mehrfach mit verbesserter Genauigkeit angegeben wurden. In manchen Fällen wurden sogar unterschiedliche Bahnen für ein und dasselbe Objekt abgeleitet. Die 1472 Bahnen setzen sich zusammen aus 788 Bahnzuordnungen für 762 Kometen, die bisher nur einmal erschienen waren, und 684 Bahnen für 682 Erscheinungen von 116 periodischen Kometen.

Der Fortschritt bei der Entdeckung und Katalogisierung von Kometen lässt sich leicht erkennen, wenn man diese Zahlen mit den Angaben der im Jahr 2008 erschienenen 17. Ausgabe des *Catalogue Of Cometary Orbits* des „Minor Planet Center" vergleicht. Darin liegen bereits 3815 komplette Bahnangaben vor, die anhand von 3708 zum Teil wiederholten Erscheinungen von 2844 verschiedenen Kometen berechnet wurden. Die Anzahl der beobachteten Kometenerscheinungen hatte sich demgemäß in 13 Jahren also fast verdreifacht.

Genauere Bahnberechnungen lagen mit dem 1995er-*Catalogue Of Cometary Orbits* nur von 878 Kometen vor. Dabei haben 184 Körper (rund 20 Prozent) Umlaufzeiten unter 200 Jahren und gelten daher per definitionem als kurzperiodische Kometen (vgl. auch Abschnitt *Die Bahnelemente von Kometen*). Als langperiodisch werden im 1995er-Katalog die anderen 694 Kometen mit Umlaufzeiten von über 200 Jahren gekennzeichnet. Von diesen werden für 347 Körper (etwa 40 Prozent) parabolische Bahnen angenommen, also solche, die sie letztlich aus dem Sonnensystem herausführen werden. Inwieweit hier wirklich parabolische und nicht doch nur sehr stark exzentrische elliptische Bahnen vorliegen, ist unsicher, da die den Berechnungen zugrunde lie-

Exzentrizität

Die Exzentrizität gibt die Abweichung eines Kegelschnitts von der Kreisform an. Dabei entspricht die lineare Exzentrizität dem Abstand des Kurvenmittelpunkts vom Brennpunkt. Die numerische Exzentrizität ist der Quotient aus der linearen Exzentrizität und der Länge der großen Halbachse. Die numerische Exzentrizität eines Kreises beträgt 0, die einer Parabel ist 1. Die Werte für eine Ellipse liegen zwischen 0 und 1, während die einer Hyperbel größer als 1 sind.

genden Daten zum Teil ungenau sind und mitunter die gravitativen Störungen durch massereiche Planeten nicht mit einbezogen wurden. Von den verbleibenden ebenfalls 347 Kometen bewegen sich gemäß dem 1995er-Katalog 210 Körper (rund 25 Prozent) auf eindeutig elliptischen Bahnen und 137 Objekte (etwa 15 Prozent) auf hyperbolischen Bahnen, die sie ganz klar irgendwann aus dem Sonnensystem herausführen werden.

Es ist an dieser Stelle allerdings anzumerken, dass in den letzteren Fällen die zum Teil gar nicht sehr exakt bestimmte Exzentrizität immer sehr nahe bei 1 liegt (Parabelform). Die nur kleinen Abweichungen im Prozent- beziehungsweise Promillebereich führen zu der Annahme, dass es zumindest ursprünglich eine dynamische Kopplung an das Sonnensystem gegeben hat. Es ist bisher auch kein einziges Objekt bekannt geworden, das mit einer deutlichen „Überschussgeschwindigkeit" von außen kommend und damit auf einer klar hyperbolischen Bahn befindlich das innere Sonnensystem durchflogen oder besser „durchrast" hat. Die 137 Objekte könnten aber zum Beispiel infolge ihrer Wechselwirkungen mit den großen Planeten auf hyperbolische Bahnen gebracht worden sein. So könnten sie an den Rand des Sonnensystems gestreut oder in den interstellaren Raum bewegt werden. Es muss sich also bei Kometen auf nahezu hyperbolischen Bahnen keineswegs notwendigerweise um wirkliche „interstellare Wanderer" handeln.

Trotzdem ist es möglich, dass auch Kometen aus anderen Planetensystemen bei uns eintreffen und so die einzigen größeren Boten anderer Sonnensysteme sind. Derartiges ist bereits von interstellaren Staubströmen bekannt, deren Bahnen unser Sonnensystem kreuzen. Nimmt man eine nur kleine Entweichgeschwindigkeit aus einem anderen Planetensystem in der Größenordnung von wenigen Metern pro Sekunde an, so bedeutet dies, dass ein solcher Komet von einem benachbarten Stern unser Sonnensystem nach einer Flugdauer von einigen Hundert Millionen bis zu einer Milliarde Jahren erreichen könnte. Kometen, die sich auf deutlich hyperbolischen Bahnen bewegen, offenbar von außen in das Sonnensystem gelangt sind und ihren Ursprung daher in einem anderen Sonnensystem haben müssen, wären natürlich von besonderem Interesse. Leider ist jedoch bis heute kein Komet bekannt, dessen Bahn diesen Schluss zweifelsfrei zulässt.

Die Bahnellipse

Die Bahnbewegung eines Körpers gilt in der Physik als zu einem Zeitpunkt bekannt, wenn Ort und Geschwindigkeit des Körpers genau zu diesem Zeitpunkt bekannt sind. Im dreidimensionalen Raum benötigt man dafür sechs Zahlen: drei für den Ort und drei für die Geschwindigkeit. Dementsprechend sind im Rahmen des sogenannten Zweikörperproblems, also der mathematisch-physikalischen Beschreibung der gravitativen Wechselwirkung zweier ausdehnungsloser „Punktmassen" (vgl. folgenden Abschnitt) für die Angabe der Bahnen beider Körper zwölf Angaben erforderlich (zweimal drei für den Ort und zweimal drei für die Geschwindigkeit).

Setzt man nun, wie im Fall der Berechnung von Kometenbahnen um die Sonne, die Sonne wegen des großen Masseunterschieds und damit in guter Näherung fest in den Brennpunkt der resultierenden Bahnellipse, so reduziert sich die Zahl der notwendigen „Bahnelemente". Man bezeichnet dies als Keplerproblem, in dem nun nur

Die Bahnelemente

Die Bahn eines astronomischen Objekts, das sich gemäß den Kepler'schen Gesetzen im Schwerefeld der Sonne bewegt, ist mit sechs Parametern (den Bahnelementen) eindeutig festgelegt.

noch die Bewegung eines der beiden Körper zu beschreiben ist.

Zur eindeutigen Beschreibung der Bahnellipse sind zwei Parameter notwendig. Man verwendet zumeist die beiden Halbachsen a und b oder auch die Kombination aus großer Halbachse a und dem sogenannten „Halbparameter" p oder die große Halbachse a und die numerische Exzentrizität e (vgl. Abb. 2.9).

Drei weitere Angaben sind nötig, um die Bahnellipse des Himmelskörpers mit der Ebene der Ekliptik, also der Bahnebene der Erde zu verknüpfen. Dies ist in Abbildung 2.10 auf Seite 36 dargestellt. Der Winkel i stellt dabei die Neigung der Bahnebene zur Ekliptik dar. Der Perihelwinkel ω, der vom aufsteigenden Knoten (dem Schnittpunkt der nach Norden aufsteigenden

2.9 | Die zur Beschreibung einer Ellipse häufig verwendeten Parameter sind die große und die kleine Halbachse (a und b), der Halbparameter p und die numerische Exzentrizität e. Sie ist der Quotient aus der linearen Exzentrizität ae und der großen Halbachse a.

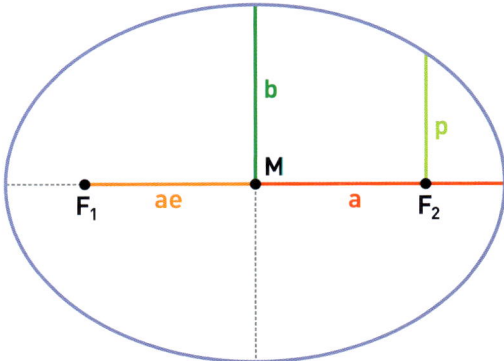

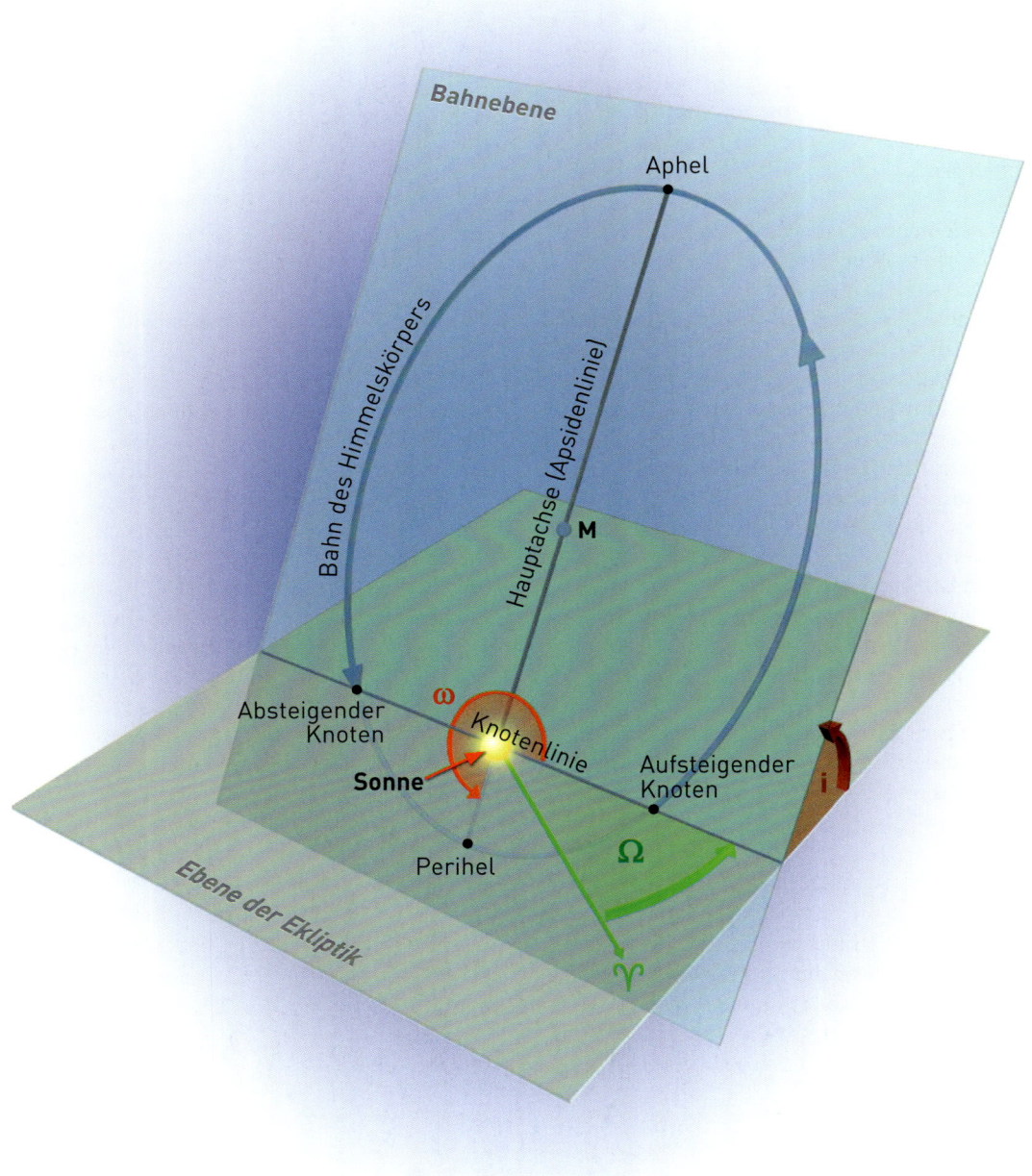

2.10 | Die Bahnebene eines Himmelskörpers wird, bezogen auf die Ebene der Ekliptik, mit den drei Bahnelementen Neigungswinkel i, Perihelwinkel ω und Knotenwinkel Ω beschrieben. Das Symbol ♈ bezeichnet den Frühlingspunkt.

Bahnbewegung mit der Ekliptik) in Richtung der Bahnbewegung bis zum Perihel gezählt wird, ist die zweite Angabe. Als dritte Zahl wird der „Knotenwinkel" Ω verwendet, der in der Ekliptik vom Frühlingspunkt (Υ) aus, also dem Ort, in dem die Sonne zum astronomischen Frühlingsanfang steht, zur Verbindungslinie von aufsteigendem und absteigendem Knoten (der Knotenlinie) gemessen wird.

Die letzte notwendige Angabe oder das letzte Bahnelement muss sich nun, um den betrachteten Körper auf seiner Bahn zu fixieren, auf die Ortsangabe zu einem Zeitpunkt auf seiner Bahn beziehen. Hier ist es üblich, die „Periheldurchgangszeit" T zu verwenden, also zum Beispiel den letzten Zeitpunkt der größten Annäherung an die Sonne oder bei neu entdeckten Körpern, die erst im Anflug auf die Sonne sind, den bevorstehenden Zeitpunkt. Mit der beim Zweikörperproblem erwähnten „Keplergleichung" (vgl. folgenden Abschnitt) kann dann der jeweilige Ort auf der Bahn zu einem beliebigen anderen Zeitpunkt berechnet werden.

Anstelle der genannten Bahnelemente a, p, i, ω, Ω und T werden übrigens in der Literatur auch gleichwertige Ausdrücke verwendet, die beispielsweise a, p oder auch T durch daraus berechenbare Größen ersetzen. Das können zum Beispiel der Perihelabstand q = p/(1+e) oder der Aphelabstand Q = p/(1-e) sein.

Das Zweikörperproblem

Im vorigen Abschnitt wurden die Bahnelemente einer Umlaufbahn um die Sonne beschrieben. Wir wollen hier noch einmal ausführlicher auf das Zweikörperproblem eingehen und uns die Frage stellen, wieso sich als Bahnform eine Ellipse ergibt. Seit Newton wissen wir, dass sich die Körper im Sonnensystem auf Bahnen bewegen, die durch die Wirkungen ihrer Schwerkraft bestimmt sind. Dabei ist die von einem Körper ausgehende Schwerkraft proportional zu seiner Masse und umgekehrt proportional zum Quadrat der Entfernung von ihm. Demnach dominiert die vergleichsweise sehr massereiche Sonne mit 2 x 10^{30} Kilogramm die Bewegung der

Körper im Planetensystem, falls sich diese nicht gerade sehr nahe sind wie zum Beispiel Monde ihren Planeten (mit Massen im Bereich von rund 10^{24} bis 2 x 10^{27} Kilogramm). In den meisten Fällen ist daher das Modell eines Zweikörpersystems aus Sonne und dem jeweiligen Planeten, Kometen oder Asteroiden ausreichend für eine näherungsweise Berechnung der Bahnen dieser beiden Körper um ihren gemeinsamen Schwerpunkt (der typischerweise innerhalb der Sonnenkugel liegt). Analoges gilt natürlich auch für die Beschreibung der Bahnen von Monden um ihre Planeten.

Da die Entfernungen der Körper sehr groß im Vergleich zu ihren Radien sind, werden sie näherungsweise als „Punktmassen" beschrieben. Das heißt, dass der Einfluss der endlichen Größe dieser Körper (der zum Beispiel zu Gezeitenkräften führt) bei der Berechnung der gravitativen Wechselwirkung vernachlässigt wird. Die solchermaßen vereinfachte Aufgabe der Bahnbestimmung zweier Körper bezeichnet man als „Zweikörperproblem".

Für die Berechnung der Bahn sind nun die Orte und die Geschwindigkeiten der beiden Körper mit jeweils drei Raumkoordinaten zu bestimmen. Damit sind insgesamt zwölf Angaben für die vollständige Beschreibung eines solchen Systems zu dem jeweils gefragten Zeitpunkt nötig. Die Lösung des Zweikörperproblems vereinfacht sich nun ganz entscheidend dadurch, dass in diesem Fall „Erhaltungssätze" gelten. Sie berücksichtigen, dass einige Größen wie zum Beispiel die Energie, der Schwerpunkt und der Drehimpuls des „abgeschlossenen" Gesamtsystems unverändert bleiben, solange also keine weiteren Kräfte von außen wirken.

Da die Energie des Systems durch eine einzige Zahl dargestellt werden kann, ist damit bereits eine für das System charakteristische Zahl gegeben. Geht man weiterhin davon aus, dass auf das jeweilige Zweikörpersystem keine Kraft von außen wirkt (sieht man also beispielsweise von den Störungen durch andere Planeten oder von galaktischen Gezeitenkräften ab, die in der Tat vergleichsweise sehr klein sind), dann gilt auch der Impulssatz, also die Tatsache, dass sowohl der Impuls als auch der Drehimpuls des

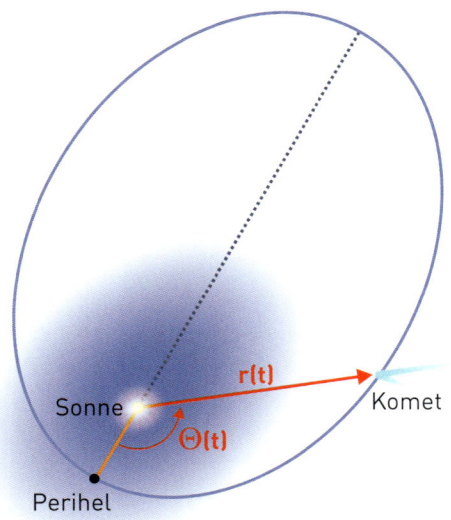

2.11 | Die (zeitabhängige) Position eines Kometen auf seiner Bahnellipse ist mit der Angabe der wahren Anomalie Θ(t), also dem Winkel Perihel–Sonne–Komet, und der Länge seines Radiusvektors r(t) beschrieben.

Gesamtsystems erhalten bleiben. Jeder dieser Impulse ist mit drei Zahlen beschreibbar. Weiterhin gilt auch der Schwerpunktsatz. Das bedeutet, dass der Schwerpunkt dieses Systems erhalten – also zeitunabhängig – bleibt, egal wie die Massen jeweils gerade verteilt sind. Aus der Lage des Schwerpunkts ergeben sich daher drei weitere charakteristische Zahlen.

Ein anderer, aber nicht sofort einsichtiger Erhaltungssatz ist im Fall der mit dem Abstandsquadrat abnehmenden Schwerkraft der des „Perihelvektors" (in diesem Zusammenhang auch Laplace-Vektor genannt). Er besagt, dass bei einer solchen Kraft der Newton'schen Art die Richtung der Linie zwischen den beiden Körpern zum Zeitpunkt ihrer größten Annäherung stets gleich bleibt, also die in Abbildung 2.10 dargestellte Hauptachse oder Apsidenlinie. Das ist die Verbindungslinie, die das Perihel und das Aphel (den sonnenfernsten Punkt der Bahn) verbindet. Da diese Linie in der Bahnebene liegt, ist sie bereits mit zwei Richtungsangaben im Raum vollständig beschrieben.

Insgesamt sind mit den Erhaltungssätzen also zwölf charakteristische Zahlenangaben für das System festgelegt. Die mit der Bahnberechnung zu ermittelnden zwölf Zahlen sind damit im Prinzip mit den Erhaltungssätzen bestimmt und die Lösung des Zweikörperproblems ist als Funktion der Werte dieser Erhaltungsgrößen darstellbar. Die realen numerischen Werte der jeweiligen Erhaltungsgrößen für die Bahn eines Himmelskörpers sind zum Beispiel aus der (per Beobachtung zu ermittelnden) Kenntnis der zwölf Werte für Lage und Geschwindigkeit beider Körper zu einem Zeitpunkt bestimmbar.

Der Schwerpunkt ist, wie bereits erwähnt, auch eine Erhaltungsgröße. Daher können sich beide Körper um diesen Schwerpunkt nur derart bewegen, dass sie sich stets auf einer Linie befinden, die durch den („festen") Schwerpunkt geht. Dabei muss sich natürlich auf jeder Seite des Schwerpunkts je einer der Körper befinden. Es genügt daher für die Bahnbeschreibung der beiden Körper auf dieser sich drehenden Linie schon die Angabe von Ort und Geschwindigkeit für nur einen der Körper. Der andere liegt dann „gegenüber" auf der Linie, auf der anderen Seite des Schwerpunkts. Ihre Abstände vom Schwerpunkt sind dabei umgekehrt proportional zu ihrer Masse. Wegen der großen Masse der Sonne im Vergleich zur Erdmasse (und erst recht zu derjenigen eines Kometen) liegt dieser Schwerpunkt beim System Erde – Sonne zum Beispiel noch innerhalb der Sonne, aber außerhalb des Sonnenmittelpunkts.

Die Bahn, die sich damit ergibt, hat die Form einer Ellipse oder allgemeiner die eines „Kegelschnitts", wenn man auch Parabeln und Hyperbeln mit einbezieht. Man legt daher den Koordinatenursprung des Systems in den Brennpunkt der zugehörigen Bahnellipse, und bei der Bewegung einer kleinen um eine vergleichsweise sehr große Masse ist dann dieser Brennpunkt gleichzeitig auch der Ort der großen „Zentralmasse" (vgl. Abb. 2.11).

Der jeweilige zeitabhängige Ort eines Körpers auf seiner Bahnellipse, also der Winkel Θ(t) (Winkel Perihel–Brennpunkt–Körper = wahre Anomalie) und sein Abstand r(t) vom Brennpunkt, in dem sich der „Zentralkörper" befindet, ist nur numerisch über die sogenannte „Keplergleichung" zu ermitteln, auf die hier nicht tiefer eingegangen werden soll. Sie lässt sich nicht algebraisch, sondern nur durch iterative Algorithmen lösen.

Mit den oben dargestellten Überlegungen sind nun die Bahnellipse und damit (bei Berücksichtigung der Keplergleichung) Ort und Geschwindigkeit eines sich auf dieser Bahn bewegenden Körpers mit den zwei Angaben $\Theta(t)$ und $r(t)$ bestimmt. Die verbleibenden und aus den Erhaltungsgrößen berechenbaren Angaben sind mit der Lage der Ellipsenebene im Raum, der Lage eines Ellipsenbrennpunkts in dieser Ebene und der Ellipsenorientierung in ihrer Bahnebene festgelegt. Die Angaben für den anderen Körper folgen direkt über den Schwerpunktsatz.

Abschließend sei erwähnt, dass die Bahnellipsen zu Parabeln oder Hyperbeln „entarten" können, wenn die kinetische Energie der um die Sonne bewegten Masse ausreichend groß wird. Das kann durch den zeitweiligen Einfluss eines dritten Körpers geschehen, bei einem Kometen zum Beispiel durch den nahen Vorübergang an einem großen Planeten, oder aber von vornherein so sein, wenn der Körper von außen in das Sonnensystem eindringt und es mit einer entsprechend hohen Geschwindigkeit durchfliegt.

Nicht gravitative Kräfte

Die in den vorhergehenden Abschnitten beschriebene Bewegung von Kometen im Rahmen des Zweikörperproblems ist eine für viele Zwecke ausreichende Annäherung an die realen Verhältnisse. Abweichungen davon treten bei Kometenkernen in der Nähe größerer Körper beispielsweise in Form von Gezeitenkräften auf oder infolge sogenannter „nicht gravitativer" Kräfte wie der mit raketenartigen Rückstößen vergleichbaren lokalen Ausgasungen. Dass diese Rückstoßkräfte die Ursache von Bahnänderungen von Kometen sein können, ist im Prinzip bereits seit Bessel bekannt. Ein besonders interessanter, weiterer Aspekt ist, dass es über die Abschätzung der Stärke dieser Kräfte möglich ist, die Masse der betroffenen Kometen zumindest

annäherungsweise zu ermitteln. Die Masse eines Kometen kürzt sich nämlich im Fall rein gravitativer Wechselwirkungen aus den Gleichungen heraus, dies ist aber nicht mehr der Fall beim Rückstoßeffekt durch Ausgasung. So lässt sie sich also berechnen.

Nicht gravitative Kräfte können aber nicht nur die Bahn eines Kometen verändern. Da sie im Allgemeinen nicht genau im Schwerpunkt des Kometenkerns angreifen, führen sie auch zu einem Drehmoment und somit zu einer Veränderung der Rotationseigenschaften des Kometen einschließlich möglicher Präzessions- und Nutationsbewegungen. Die Rotation eines Kometen kann in solchen Fällen als gleichzeitige Rotation um zwei seiner drei Hauptachsen dargestellt werden. Letzteres wurde 1986 zum Beispiel beim Kern des Kometen Halley beobachtet. Die beiden Rotationsperioden für diesen Kometenkern ergaben sich aus direkten Beobachtungen der VEGA-Sonden und der GIOTTO-Sonde für den damaligen Zeitpunkt (März 1986) zu 2,2 und 7,4 Tagen.

Der Betrag der „raketenartigen", nicht gravitativen Kräfte ist durch die Masse der ausströmenden Gase und damit durch die Sublimationsrate der kometaren Eise und ihre Molekülmassen bestimmt, ebenso wie durch die mittlere Ausströmungsgeschwindigkeit und die Fokussierung und Richtung der Ausströmung. Eine weitere und in Modellen schwer erfassbare Modifikation der nicht gravitativen Kräfte resultiert aus der meist unbekannten Orientierung der Rotationsache(n) und dem Rotationsverhalten von Kometen, das einen Einfluss auf die Aktivität und über die Temperatur auch auf die effektive Sublimationsrate und die Ausströmungen hat.

Die Bahnelemente von Kometen

Die zum Sonnensystem gehörigen Kometen bewegen sich unter dem Einfluss der Schwerkraft der Sonne oft auf recht langgestreckten Ellipsenbahnen. Die Unterscheidung zwischen „kurzperiodischen" und „langperiodischen" Kometen geschieht dabei übrigens recht willkürlich und ohne physikalischen Hintergrund: Kometen, deren Umlaufzeiten kleiner als 200 Jahre sind, gel-

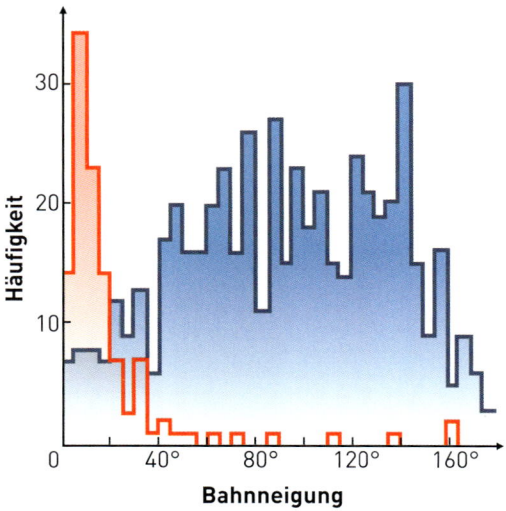

2.12 | Die Grafik stellt die Häufigkeit der Bahnneigungen von Kometen (pro Intervall) dar. Die rote Linie zeigt die Bahnneigungen von kurzperiodischen Kometen, die blaue diejenige von langperiodischen.

ten per definitionem als kurzperiodisch, diejenigen mit Umlaufzeiten von über 200 Jahren werden langperiodisch genannt. Tatsächlich geht diese Zweiteilung aber doch auch mit realen physikalischen Unterschieden einher, denn kurzperiodische Kometen haben sich auf ihren Bahnen schon viel häufiger durch das innere Sonnensystem bewegt. Abgesehen von ihrer dadurch bedingten stärkeren Ausgasung haben sie über die Wechselwirkung mit den Planeten, die sich nahe der Ekliptikebene bewegen, ihre Bahnen inzwischen verändert. Sie sind bereits viel stärker in die Ekliptikebene „hineingezogen" worden, ihre Bahnneigungen und Exzentrizitäten sind im Vergleich zu denen von langperiodischen Kometen wesentlich kleiner. Dabei erfolgt hier natürlich ein fließender Übergang mit wachsender Umlaufzeit, bei 200 Jahren Bahnperiode liegt kein spezieller Sprung vor. Der Unterschied der Bahnneigungen von langperiodischen und kurzperiodischen Kometen ist in Abbildung 2.12 dargestellt.

Es fällt auf, dass die Bahnneigung i der meisten der gut erfassten Kometen, nämlich der „inneren" kurzperiodischen Kometen, relativ gering ist, während die offenbar erst in das innere Sonnensystem hineinkommenden „äußeren" langperiodischen Kometen durchaus noch große Bahnneigungen haben können. Bei den langperiodischen Kometen scheinen alle Bahnneigungen aufzutreten, was darauf hindeutet, dass sie aus „allen Richtungen kommen" können. Die Abbildung 2.13 illustriert diesen Sachverhalt, indem die Richtungen der Hauptachsen (der Apsidenlinien) von langperiodischen Kometenbahnen an der Himmelskugel dargestellt werden. Offenbar gibt es in der Tat keine bevorzugte Achsenrichtung, nicht einmal die Bewegungsrichtung des Sonnensystems gegenüber der „Nachbarschaft" der sichtbaren Sterne, deren Zielpunkt mit einem „A" (im rechten oberen Quadranten) gekennzeichnet ist.

Die Tatsache, dass langperiodische Kometen offenbar aus allen Richtungen kommen, ist ein Hinweis darauf, dass sie aus einem „isotropisierten" Reservoir von – bei ihrem Erscheinen „neuen" – Kometen an den äußeren Rändern des Sonnensystems stammen. Dieses vermutete Reservoir wird Oort'sche Wolke oder auch Öpik-Oort-Wolke genannt. Es ist benannt nach Jan Hendrik Oort, einem holländischen Astronomen, der 1950 starke Argumente für die Existenz dieser schon von Ernst Öpik aus Estland postulierten „Kometenwolke" lieferte (s. auch den folgenden Abschnitt *Kometengruppen*).

Alternativ könnten langperiodische Kometen auch interstellaren Ursprungs sein und aus allen Richtungen aus dem interstellaren Raum in das Sonnensystem hineinfliegen. Das ist allerdings allein schon dadurch unwahrscheinlich, dass Kometen aus der Flugrichtung des Sonnensystems nicht häufiger sind als beispielsweise aus der Gegenrichtung. Denn die Eigenbewegung des Sonnensystems gegenüber der lokalen galaktischen Umgebung mit ungefähr 20 Kilometern pro Sekunde müsste eigentlich dazu führen, dass mehr Kometen aus dieser Richtung (in Abb. 2.13 mit „A" gekennzeichnet) kommen als aus der dazu entgegengesetzten. Gegen einen interstellaren Ursprung spricht auch die bereits erwähnte Tatsache, dass es selbst unter den vielen sehr exzentrischen Kometenbahnen keine

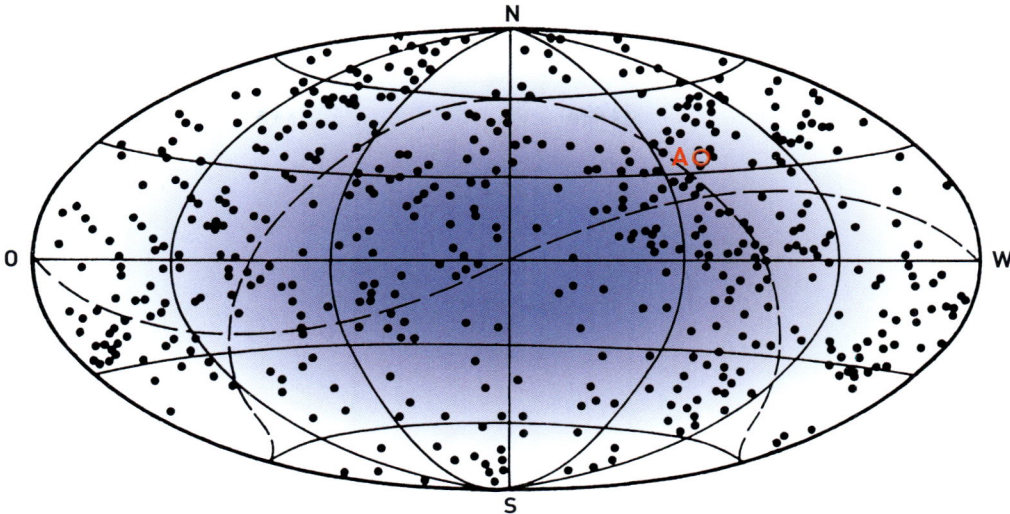

2.13 | Die Hauptachsen der Bahnen von langperiodischen Kometen zeigen am Himmel in keine bevorzugte Richtung. Der Buchstabe A markiert den Zielpunkt der Bewegung des Sonnensystems, die gestrichelte Linie nahe der Bildmitte zeigt die Lage der Ekliptik, die durchgezogene Linie die der galaktischen Ebene an.

einzige gibt, die so deutlich hyperbolisch ist, dass ihr eine „Anfluggeschwindigkeit" von zusätzlichen 20 Kilometern pro Sekunde zuzuordnen wäre. Die (recht ungenauen) Bahnbestimmungen lassen hier höchstens Werte von nur wenigen Metern pro Sekunde zu, so dass sie keine Rolle spielen können.

Kometengruppen

Der (vermuteten) Oort'schen Wolke am äußeren Rand des Sonnensystems entstammen wahrscheinlich die langperiodischen Kometen. Es bewegen sich dort größenordnungsmäßig rund 10^{11} Kometenkerne und vielleicht sogar noch mehr bisher unentdeckte Körper. Sie sind entweder hier entstanden oder wurden durch gravitative Wechselwirkungen mit den großen Planeten aus ihren weiter innen im Sonnensystem gelegenen Entstehungsgebieten hierher gestreut. Der äußere Rand der Oort'schen Wolke ist dadurch festgelegt, dass das mittlere lokale Schwerefeld der Milchstraße hier Bahnstörungen hervorrufen und bei den großen Bahnradien

dieser Körper über lange Zeiten als Gezeitenkraft „stören" kann. Auch durch „nahe" vorbeifliegende Sterne können die Körper aus diesen Gebieten letztlich entweder in den interstellaren Raum hinausbefördert oder auch nach innen in das Planetensystem gelenkt werden. Die Grenze liegt bei rund 100.000 AE beziehungsweise 1,6 Lichtjahren. Nach innen könnte sich die Äußere Oort'sche Wolke bis in ungefähr 10.000 bis 20.000 AE erstrecken (vgl. Abb. 2.14). Das entspricht etwa 0,2 bis 0,3 Lichtjahren.

Vermutlich wird die erst langsam beginnende Erforschung dieser weitgehend unbekannten Körper noch sehr viel Neues erbringen. Dass die Kometen der Oort'schen Wolke aber ursprünglich aus den inneren Teilen des Planetensystems stammen müssen, wird vor allem aus der Tatsache gefolgert, dass sie, wie im letzten Abschnitt erwähnt, aus allen Richtungen in das heutige innere Planetensystem einfliegen. Diese isotrope Bahnverteilung mit allen Bahnneigungen und Perihelwinkeln deutet darauf hin, dass die Körper als Folge naher Vorbeiflüge an den großen Planeten in die Oort'sche Wolke „hineingestreut" wurden. Vermutlich sind manche dabei

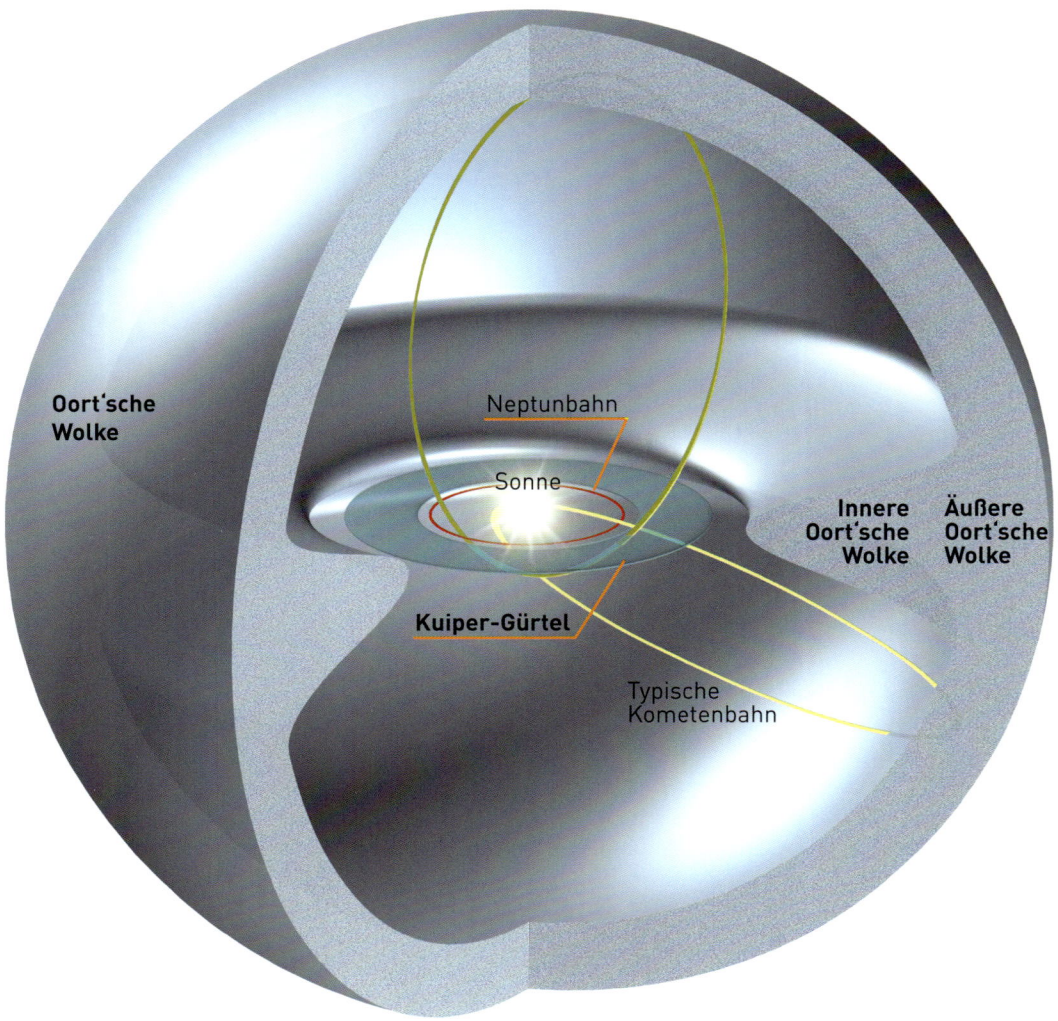

2.14 | Die kugelschalenförmige Oort'sche Wolke und der flache Kuiper-Gürtel enthalten vermutlich jeweils zahlreiche Kometenkerne. Die Innere Oort'sche Wolke geht bei etwa 50 AE kontinuierlich in den Kuiper-Gürtel über. Eingezeichnet sind zwei typische, lang gestreckte Bahnen von Kometen aus der Oort'schen Wolke.

sogar so stark beschleunigt worden, dass sie das Sonnensystem verlassen haben.

Der zweite Bereich, in dem sich Kometenkerne in vermutlich großer Menge aufhalten, ist der Kuiper-Gürtel, im englischsprachigen Raum auch „Edgeworth Belt" oder „Edgeworth-Kuiper Belt" genannt. Ihm entstammen wahrscheinlich die kurzperiodischen Kometen. Hierbei handelt

es sich um eine relativ flach um die Ekliptikebene verteilte Gruppe von Kometen und auch größeren, „transneptunischen" Körpern, die sich außerhalb der Neptunbahn in einem Bereich von rund 30 bis 50 AE bewegen. Ihre Radien betragen zum Teil mehr als tausend Kilometer. Es wird angenommen, dass dies das ursprüngliche Entstehungsgebiet eines Großteils der Kometen ist. Auch dieses Gebiet ist noch weitgehend unerforscht, aber die bereits gefundenen großen Körper und Zwergplaneten lassen hier weitere Entdeckungen erwarten, die unser Verständnis von den Frühphasen, den Ausdehnungen und der „Bevölkerung" des Planetensystems noch einmal deutlich verändern könnten.

Darüber hinaus dürften alle großen Planeten infolge ihrer Schwerkraft ihre „Kometenfamilien" haben, wobei die Aphele (die sonnenfernsten Bahnpunkte) ihrer Mitglieder in der Nähe der jeweiligen Planetenbahn liegen. Die Mitglieder der Jupiter-Kometenfamilie haben bei Umlaufzeiten von rund fünf bis zehn Jahren Bahnen, die sie auch noch in das innere Planetensystem gelangen lassen können. Die Jupiterfamilie umfasst gegenwärtig etwa 470 bekannte Mitglieder (vgl. Abschnitt 3.4). Nur wenige Körper werden den anderen äußeren Planeten Saturn, Uranus und Neptun zugerechnet, was aber auch ein entfernungsbedingter Auswahleffekt sein kann. Denn vermutlich kommen nur noch wenige Mitglieder dieser Familien so weit in das innere Sonnensystem hinein, dass sie ausreichend aktiv und beobachtbar werden.

Als „sun-grazing comets" oder „Sungrazer" (die Sonne streifende Kometen) werden Körper bezeichnet, die der Sonne sehr nahe kommen und deren Perihele oft nur wenige Tausend Kilometer oberhalb der Photosphäre liegen. Besonders herausragend ist hier die sogenannte Kreutz-Gruppe, deren Mitglieder vermutlich alle Fragmente eines sehr viel größeren Kometen sind, der beim Durchqueren der sonnennahen Gebiete in mehrere Bruchstücke zerfallen ist. Benannt wurde die Gruppe nach dem Astronomen Heinrich Kreutz. Ihre Mitglieder haben eine Umlaufzeit von rund 600 Jahren, sind zumeist nur wenige zehn Meter groß und überleben den nahen Sonnenvorübergang nicht. Neben der Kreutz-Gruppe sind inzwischen andere, ähnliche Gruppen bekannt geworden, die zum Teil im Zusammenhang mit bekannten Kometen und Meteorströmen stehen.

Das Wissen über sonnenstreifende Kometen wurde vor allem durch die 1995 gestartete Sonnensonde SOHO (SOlar and Heliospheric Observatory) der ESA in Zusammenarbeit mit der

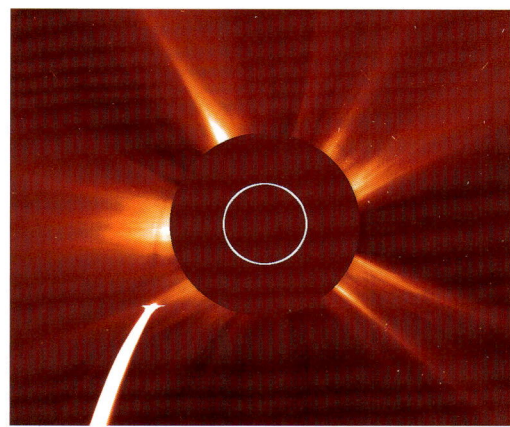

2.15 | Lovejoy, der Weihnachtskomet von 2011 auf der Südhalbkugel der Erde, überlebte zum Erstaunen der Wissenschaftler eine Durchquerung der heißen Sonnenkorona. Auf dieser Aufnahme des Satelliten SOHO nähert er sich von links unten der Sonne.

NASA erweitert. Diese mit einem Koronografen ausgerüstete Sonde – das ist ein Teleskop, das die ansonsten alles überstrahlende Sonnenscheibe abdeckt – zeigt bis heute immer wieder neue Bilder und Bildfolgen von Kometen, die die Sonne in sehr geringem Abstand passieren oder auch in sie hineinstürzen. Alle paar Tage werden von SOHO neue sonnenstreifende Kometen beobachtet. Bemerkenswert war hier im Dezember 2011 der Komet Lovejoy, der zur Kreutz-Gruppe zählt und rund 200 bis 500 Meter groß ist. Trotz seiner großen Annäherung an die Sonne zerbrach er nicht wie seine bisher beobachteten Vorgänger durch die auftretenden Gezeitenkräfte und hohen Temperaturen in viele Bruchteile. Die Beobachtungen von Kometen, die in Sonnennähe zerfallen, deuten interessanterweise darauf hin, dass ein Kern nicht gleichmäßig „abgebaut" wird. Stattdessen zerfällt er vorher in viele kleine Teile mit einer dann insgesamt viel größeren Oberfläche (vgl. auch Abschnitt 3.2), wodurch die aufheizungsbedingte Auflösung beschleunigt wird. Dies könnte ein Hinweis darauf sein, dass es unter den Kometenkernen oder ihren Zerfallsprodukten auch fester gebundene Körper geben könnte.

2.3 | Die Benennung von Kometen

Aufgrund zahlreicher Neuentdeckungen im 19. und 20. Jahrhundert war es schließlich notwendig geworden, Kometen systematisch zu benennen. Dabei war es bis zum Ende des Jahres 1994 üblich, sie provisorisch mit der zugehörigen Jahreszahl und einem Kleinbuchstaben in der Reihenfolge ihrer Entdeckung und des Alphabets zu kennzeichnen. So wurde zum Beispiel der dritte im Jahr 1910 entdeckte Komet – inzwischen als Halley'scher Komet bekannt – zunächst als 1910 c bezeichnet. Reichte die Anzahl der 26 Buchstaben von a bis z nicht aus, wurden sie noch durch eine Zahl ergänzt: 1991a1 war der 27. Komet, der 1991 entdeckt wurde. Die spätere und endgültige Kennzeichnung erfolgte dann durch die Jahreszahl und eine römische Ziffer, die in der Reihenfolge der Perihelpassage, also der Passage des sonnennächsten Punkts, vergeben wurde. Der Komet Halley wurde demnach auch als 1910 II bezeichnet, da er von den im Jahr 1910 entdeckten Kometen als zweiter sein Perihel passierte.

Mittlerweile hat sich die Zahl der Kometenentdeckungen infolge der neuen technischen Möglichkeiten nochmals stark erhöht. Seit dem 1. Januar 1995 gilt daher eine neue systematische Namensregelung, die von der Internationalen Astronomischen Union (IAU) festgelegt wurde. Demgemäß wird ein Komet zunächst außer mit seinem Entdeckungsjahr auch mit einem Großbuchstaben für eine Monatshälfte bezeichnet. Dabei steht A für den 1. – 15. Januar, B für den 16. – 31. Januar, C für den 1. – 15. Februar und so weiter. Der Buchstabe I wird hierbei nicht verwendet (und Z nicht benötigt). Die Reihenfolge der Entdeckungen in diesem Zeitintervall gibt dann eine Zahl an. So erhielt der Komet Hale-Bopp, der als erster in der zweiten Julihälfte des Jahres 1995 entdeckt wurde, zunächst die Bezeichnung 1995 O1.

Sind die Bahnelemente eines Kometen genauer bestimmt, lässt er sich weiter charakterisieren. Dabei wird aber seit 1995 auf die Kennzeichnung der Reihenfolge der Perihel-durchgänge verzichtet, damit man keine nachträglichen Änderungen wegen Ungenauigkeiten in den Bahndaten vornehmen muss, die später zu Korrekturen in der Reihenfolge und einem Durcheinander von Bezeichnungen führen könnten. Kurzperiodischen Kometen wird einfach ein „P/" und langperiodischen Kometen ein „C/" vorangestellt. Der langperiodische Komet Hyakutake, der als zweiter Komet in der zweiten Januarhälfte 1996 entdeckt wurde, erhielt so die Bezeichnung C/1996 B2.

Der Buchstabe „D/" wird ebenfalls seit 1995 für den Fall verwendet, dass es „Defekte" gibt, dass der Komet also bei einer erwarteten Wiederkehr nicht mehr erschien oder vermutlich nicht mehr existierte. Ein „X/" wird verwendet, wenn eine präzise Bahnbestimmung wegen zu ungenauer Daten nicht möglich ist. Der Buchstabe „A/" wird vergeben, wenn ein vermeintlicher Komet sich später als Asteroid erwiesen hat. Den hierzu umgekehrten Fall gibt es ebenfalls. Beispielsweise ist der Asteroid (2060) Chiron inzwischen als Komet einzustufen, da er Jets und die Entwicklung einer Koma zeigt.

Kometen werden außerdem nach wie vor mit den Namen von bis zu drei unabhängigen Entdeckern bezeichnet, wobei sich die Reihenfolge nach den Entdeckungszeitpunkten richtet, bei fotografischen Entdeckungen gilt hierfür die Mitte der Belichtungszeit. Kollektive Entdeckungen wie bei Satellitenexperimenten werden mit dem jeweils verwendeten Instrument, also zum Beispiel mit IRAS oder SMM bezeichnet. Der oder die Entdeckernamen werden nach Beratung mit dem CBAT (Central Bureau for Astronomical Telegrams) und einem Komitee aus neun von der IAU benannten Astronomen festgelegt. Damit folgt man auch heute noch der bis in die Zeit des französischen „Kometenjägers" Charles Messier reichenden Tradition, Kometen nach ihren Entdeckern zu benennen. Hat ein Beobachter bereits einen oder mehrere Kometen entdeckt, so wird dies im Wiederholungsfall mit einer entsprechenden Zahl hinter dem Namen berücksichtigt. Der Komet Tempel 2 ist also der zweite von dem sächsischen Astronomen und Lithografen Ernst Wilhelm Leberecht Tempel entdeckte Komet.

2.16 | Der Komet West bot im Frühjahr 1976 ein beeindruckendes Himmelsschauspiel. Der offizielle Name dieses langperiodischen Kometen lautet C/1975 V1. Zuvor wurde er als 1976 VI und 1975n bezeichnet. Die Aufnahme stammt vom Leiter der Bayerischen Volkssternwarte München, Peter Stättmayer.

Bei den mit Namen versehenen kurzperiodischen Kometen (und einigen bereits wieder verschwundenen Objekten) kann man gemäß der seit 1995 geltenden Regelung zusätzlich eine Nummerierung vornehmen. Der Halley'sche Komet hat hier die Nummer 1 erhalten, so dass P/1682 Q1 auch ganz einfach 1P/Halley heißt. Der zerfallene Komet Biela, der als D/1826 D1 geführt wird, kann auch als 3D/Biela bezeichnet

werden. Und der früher als Asteroid eingestufte (2060) Chiron wird nunmehr auch als 95P/Chiron bezeichnet.

Für weitere Details sei auf den *Catalogue Of Cometary Orbits* von Marsden und Williams (1995) und auf den *Catalogue Of Cometary Orbits* des „Minor Planet Center" am „Smithsonian Astrophysical Center" aus dem Jahr 2008 oder aktuelle Festlegungen der IAU verwiesen.

3 BESONDERE KOMETEN

3.1 Der „Wissenschaftskomet" Halley

3.2 Der Crash-Komet Shoemaker-Levy 9

3.3 Der Jahrhundertkomet Hale-Bopp

3.4 Die Jupiterfamilie der Kometen

3.5 ROSETTAS Zielkomet Churyumov-Gerasimenko

Die meisten der gegenwärtig bekannten und beobachteten Kometen zeigten kein spektakuläres Erscheinungsbild, die allermeisten waren sogar mit dem bloßen Auge von der Erde aus kaum oder gar nicht zu sehen. Dennoch gab es immer wieder „Große Kometen", die am Nachthimmel und manchmal sogar auch am Taghimmel auffällig sichtbar waren und um deren Erscheinen sich so manche Geschichte rankt. Im Folgenden werden einige herausragende Kometen im Zusammenhang mit der Entwicklung der Astronomie und der modernen Weltraum- und Kometenforschung etwas ausführlicher vorgestellt.

3.1 | Der „Wissenschafts-komet" Halley

Die ersten naturwissenschaftlichen Untersuchungen von Kometen sind eng verknüpft mit dem Namen des englischen Mathematikers, Astronomen und Physikers Sir Edmond Halley. Dieser hatte im Jahr 1705 die Bahnelemente, also die jeweiligen Bahnellipsen, von 24 Kometen berechnet. Dabei legte er seinen Überlegungen die gerade erst entwickelte Newton'sche Mechanik und das Newton'sche Gravitationsgesetz zugrunde sowie die daraus abgeleitete Tatsache, dass sich Kometen auf Ellipsen um die Sonne bewegen müssen.

Die Bahnbestimmung

Mit Hilfe der Newton'schen Theorien gelangte Halley so zu dem erstaunlichen Ergebnis, dass die Kometen von 1531, 1607 und 1682 auf nahezu gleichen Bahnen liefen. Das legte die Vermutung nahe, dass es sich jeweils um ein und dasselbe Objekt handelte, das periodisch auf seiner elliptischen Bahn wiederkehrte. Der Komet sollte dann eine Umlaufzeit von rund 76 Jahren haben. Aufgrund dieser Berechnungen wagte es Halley, seine Wiederkehr für den Anfang des Jahres 1759 vorherzusagen. Leider war es ihm nicht mehr vergönnt, die Bestätigung seiner Vorhersage noch zu erleben – er hätte dazu 103 Jahre alt werden müssen. Sir Edmond Halley starb am 14. Januar 1742. Seither trägt aber der Komet den Namen dieses herausragenden Wissenschaftlers (s. auch Kasten rechts).

Sir Edmond Halley

Edmond Halley war zu seiner Zeit ein großer Gelehrter. Es gelang ihm nicht nur, die Bahn des später nach ihm benannten Kometen zu bestimmen, sondern er erkannte zum Beispiel auch als Erster die Eigenbewegung der Fixsterne und die „magnetische Natur" des Nordlichts. Darüber hinaus gab er die erste größere Karte der erdmagnetischen Deklination heraus. Halley entwickelte zudem viele technische Neuerungen und Verbesserungen, zum Beispiel bei der Taucherglocke, beim Spiegeloktanten und bei der Nutzung des Barometers für Höhenbestimmungen.

Die große Anerkennung, die Sir Edmond Halley bereits zu Lebzeiten genoss, spiegelt sich auch darin wieder, dass er einst von der „Royal Society" nach Danzig geschickt wurde, um den aus heutiger Sicht etwas merkwürdigen Streit zwischen Robert Hooke und Johannes Hevelius über die Überlegenheit astronomischer Beobachtungen mit dem Fernrohr gegenüber solchen mit dem bloßen Auge zu schlichten.

Die Überprüfung der Halley'schen Vorhersage der Kometenwiederkehr Anfang 1759 beschäftigte die Mathematiker und Astronomen, die Himmelsmechanik betrieben und Planeten- und Kometenbahnen berechneten, in der ersten Hälfte des 18. Jahrhunderts intensiv. So berechnete der französische Mathematiker Alexis Clairaut gemeinsam mit Nicole-Reine Lepaute die stören-

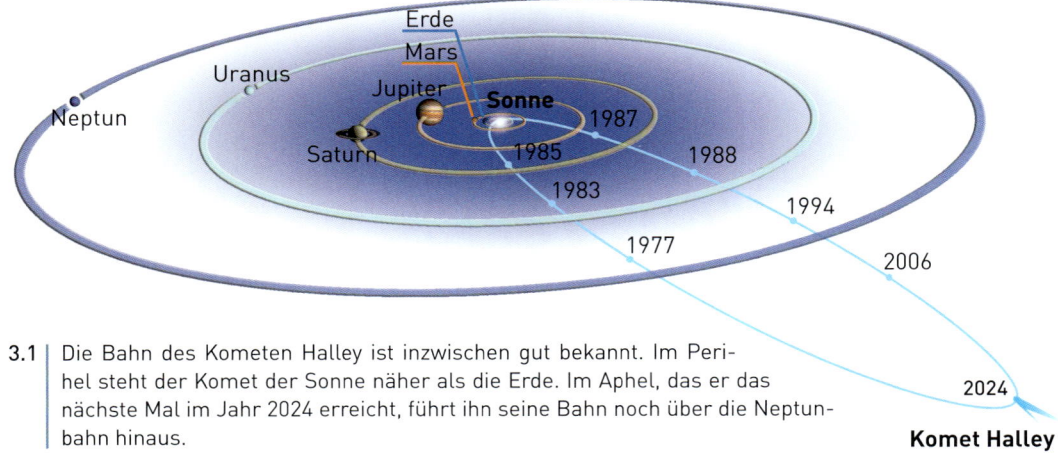

3.1 | Die Bahn des Kometen Halley ist inzwischen gut bekannt. Im Perihel steht der Komet der Sonne näher als die Erde. Im Aphel, das er das nächste Mal im Jahr 2024 erreicht, führt ihn seine Bahn noch über die Neptunbahn hinaus.

Komet Halley

den Einflüsse der damals bekannten großen Planeten auf die Bahn dieses Kometen. Infolge des Einflusses von Jupiter und Saturn sagten sie eine Verzögerung seiner Wiederkehr voraus und datierten den Periheldurchgang auf den 13. April 1759, wobei sie den Fehler auf rund einen Monat abschätzten.

Die Wiederentdeckung des Kometen gelang schließlich dem Bauern und Liebhaberastronomen Johann Georg Palitzsch aus Prohlis bei Dresden am 26. Dezember 1758. Der sonnennächste Punkt der Bahn wurde am 12. März 1759 erreicht und lag damit noch innerhalb des von Clairaut und Lepaute angegebenen Fehlers. Insgesamt war damit die auf den Newton'schen Theorien basierende „Himmelsmechanik" großartig und wirksam bestätigt worden und somit auch die Newton'sche Mechanik und die Gravitationstheorie, was ein in der damaligen Zeit wichtiger Triumph für die aufstrebenden exakten Naturwissenschaften war. Überdies gelang es in der Folge, anhand der nunmehr bekannten Bahneigenschaften das wiederholte Erscheinen dieses Kometen in der Geschichte nahezu lückenlos zurückzuverfolgen.

Die Erscheinungen von 1835 und 1910

Bis zur nächsten Wiederkehr des Halley'schen Kometen im Jahr 1835 waren die Berechnungsgenauigkeiten zum Beispiel bei der Erfassung der Störungen durch die großen Planeten und auch die astronomischen Beobachtungsmethoden wesentlich verbessert worden. Philippe Gustave de Pontécoulant berechnete den nächsten Periheldurchgang für den 13. November 1835. Der am 5. August 1835 wiederentdeckte Komet passierte sein Perihel dann am 16. November jenes Jahres.

Das folgende Erscheinen des Halley'schen Kometen war gemäß den nun schon recht sicheren Vorhersagen für das Jahr 1910 zu erwarten. Philip Herbert Cowell und Andrew Crommelin hatten die Bahn bereits sehr genau berechnet, wobei neben den Störungen von Jupiter und Saturn nun auch die von Uranus und Neptun mit einbezogen worden waren, da der Halley'sche Komet sehr weit hinaus an die Grenzen des damals bekannten Planetensystems flog. Am 11. September 1909 wurde er schließlich von Max Wolf in Heidelberg wiederaufgefunden, und zwar nur 24 Bogensekunden in Rektaszension und vier Bogenminuten in Deklination von dem Ort entfernt, den er nach den Ephemeriden von Cowell und Crommelin hätte haben sollen. Das Perihel passierte er am Morgen des 20. April und damit drei Tage später, als nach ihren Berechnungen zu erwarten war. Jedoch lag die Verzögerung nicht an einer noch zu ungenauen Berechnung oder gar der nur näherungsweisen Gültigkeit der Newton'schen Gesetze, sondern an der Wirkung der nicht gravitativen Kräfte. Aktiv ausgasende Kometenkerne in Sonnennähe schleudern raketenartig Gas und Staub aus, wodurch ihre Bahn beeinflusst werden kann.

Die Wiederkehr des Halley'schen Kometen im Jahr 1910 war aber noch aus einem weiteren Grund sehr interessant. Der Komet ging am Morgen des 19. Mai vor der Sonnenscheibe vorüber, und da ein Kometenschweif immer von der Sonne wegzeigt, musste die Erde bei dieser Gelegenheit den Schweif passieren, falls dieser mindestens 24 Millionen Kilometer lang würde. Der Sonnenvorübergang dauerte ungefähr eine Stunde, und trotz größter Anstrengungen war mit den damaligen Möglichkeiten nichts von

3.2 | Der Halley'sche Komet auf einer Fotografie vom 29. Mai 1910, entstanden am „Yerkes Observatory" nahe Chicago (USA). Das Foto wurde in der „New York Times" abgedruckt.

Der Encke'sche Komet

Ähnlich wie Halley war es übrigens dem deutschen Astronomen Johann Franz Encke ebenfalls vergönnt, die Wiederkehr eines Kometen erfolgreich vorherzusagen, in diesem Fall für das Jahr 1822. Der Komet wurde erstmals 1786 von Pierre Méchain entdeckt, im Jahr 1795 dann erneut von Caroline Herschel sowie 1805 und nochmals 1818 von Jean-Louis Pons, bevor Encke diese vier Kometen einem einzigen Objekt zuordnen konnte. Dieser dann nach Encke benannte Komet hält bis heute einen Rekord: Er hat mit 3,3 Jahren die bisher kürzeste Umlaufzeit aller bekannten kurzperiodischen Kometen.

Bemerkenswert an ihm ist auch, dass er systematisch pro Umlauf ungefähr 0,1 Tage früher sein Perihel durchläuft, als dies auf einer nur durch die Sonnengravitation beeinflussten Ellipsenbahn der Fall sein sollte. Seit dem Jahr 1836 wissen wir durch Friedrich Wilhelm Bessel, dass diese Abweichung die Folge einer zusätzlichen („raketenartigen") Kraft auf den Kometenkern ist, die durch die Gasausströmungen aus dem Kometen verursacht wird (vgl. Abschnitt 2.2, *Nicht gravitative Kräfte*).

dem Kometen oder wenigstens irgendwelchen Sternschnuppen zu sehen. Die Koma des Kometen musste also aus erstaunlich stark verdünntem und damit durchsichtigem Material bestehen. Offenbar war auch der in ihr befindliche eigentliche Kometenkern viel zu klein, um überhaupt wahrgenommen werden zu können. Da die Schweifentwicklung im Mai 1910 mit einer Länge von ungefähr 30 Millionen Kilometern recht ausgeprägt war, musste die Erde tatsächlich zumindest durch einen der Nebenschweife des Kometen gegangen sein (der Hauptschweif war zu stark von der Erde weggekrümmt). Es gab aber nicht eine einzige Beobachtung, die auf eine nachweisbare Wechselwirkung des Schweifs mit der Erdatmosphäre hingedeutet hätte. Dies war ein weiterer Hinweis auf die geringe Dichte des Schweifmaterials.

Beobachtungen Ende des 20. Jahrhunderts

Aber damit war die besondere Geschichte dieses Kometen noch nicht abgeschlossen. Schließlich würde er ja im Jahr 1986 wiederkehren. Und mittlerweile war man nicht mehr allein auf „astronomische Fernerkundungsmethoden" zur Erforschung des Planetensystems angewiesen. Dank der inzwischen erreichten Möglichkeiten

Eigenschaften des Kometen 1P/Halley	
Bahnelemente:	
Periheldistanz q	0,5863 AE
Exzentrizität e	0,9673
Perihelwinkel ω	112,43°
Knotenwinkel Ω	58,80°
Bahnneigung i	162,19° (Bewegung also retrograd, da >90°)
Periheldurchgang T	1986,11
Weitere bahnbezogene Eigenschaften:	
Apheldistanz Q	35,3 AE
Absolute Helligkeit (H)	8,5 mag
(bei 1 AE Abstand von Erde und Sonne)	
Bahngeschwindigkeit im Perihel	54,55 km/s
Bahngeschwindigkeit im Aphel	0,91 km/s
Maximale Entfernung von der Ekliptik	0,17 AE (nördlich)
	9,99 AE (südlich)
Erste überlieferte Beobachtung	25. Mai 240 v. Chr.
Bisher größte Helligkeit (m)	ca. −1 mag (21. März 1066)
Bisher größte Erdannäherung	0,033 AE (10. April 837)
Bisher längste Umlaufzeit	79,29 Jahre (451)
Bisher kürzeste Umlaufzeit	76,06 Jahre (1607)
Assoziierte Meteorströme	Eta-Aquariden, Orioniden
Eigenschaften des Kerns:	
Ausgasungsrate (1986, Perihel)	$(6-7) \times 10^{29}$ Moleküle pro Sekunde
Durchmesser	15 km, 8 km, 7 km
(näherungsweise dreiachsiges Ellipsoid)	
Kernvolumen	(550 ± 165) km³
Kernoberfläche	(400 ± 80) km²
Kernmasse (untere Grenze)	ca. $(1,5-3) \times 10^{14}$ kg
Kernmasse (obere Grenze)	ca. 1×10^{15} kg (korrigiert: $(2-3) \times 10^{14}$ kg)
Kernmassendichte	$(180-1800)$ kg/m³
	(360 ± 120) kg/m³ bei 2×10^{14} kg
Albedo	0,04
Aktive Oberfläche	ca. 40 km² (10 % der Oberfläche)
Rotationsperiode (um die kurze Achse)	2,2 Tage
Präzessionsperiode (um die lange Achse)	7,4 Tage
Massenverlust bei 1986er-Sonnenannäherung	$\approx 10^{12}$ kg

Die bisher bekannten Eigenschaften des Kometen 1P/Halley (Bahnelemente bezogen auf das Jahr 2000)

der Weltraumforschung konnte man den Kometen auf seiner Bahn durch das innere Sonnensystem direkt anfliegen. Eine ganze Armada von Weltraumsonden wurde zu ihm geschickt, die im Kapitel 5 näher beschrieben werden. Aber selbst mit diesem historischen Ereignis der ersten nahen Vorbeiflüge wissenschaftlicher Sonden am Kometen Halley war die aktuelle Geschichte dieses Himmelskörpers noch nicht beendet. Denn bei seinem „Rückflug" in das äußere Sonnensystem zeigte er ein weiteres interessantes Phänomen (vgl. Abschnitt 2.1).

von besonderem Interesse sein, ob der Kometenkern den Ausbruch unbeschadet – also so, wie er 1986 beobachtet wurde – überstanden hat oder ob ein Teil abplatzte oder er gar zerfallen ist. Ein Beispiel für den Zerfall eines Kometenkerns in großem Sonnenabstand bot der Komet Wirtanen (alte Bezeichnung: 1957 VI), der in 9,25 AE Sonnenentfernung auseinanderbrach.

Die Tabelle auf der linken Seite fasst die inzwischen bekannten wichtigsten Eigenschaften des auch wissenschaftsgeschichtlich bemerkenswerten Kometen Halley zusammen.

3.2 | Der Crash-Komet Shoemaker-Levy 9

Einer der interessantesten Kometen des 20. Jahrhunderts war der Komet Shoemaker-Levy 9 in den 1990er-Jahren, der gleich mehrere besondere Phänomene zeigte. So wurde er von Jupiter eingefangen und zunächst Mitglied seiner Kometenfamilie. Später kam er Jupiter so nahe, dass er durch die auftretenden Gezeitenkräfte in über zwanzig Bruchstücke zerrissen wurde. Diese kleineren Körper gerieten dabei auf eine solche Bahn, dass sie im weiteren Verlauf mit Jupiter „kollidierten" oder besser gesagt in seine obere Atmosphäre stürzten und dort zu zeitweilig sichtbaren Veränderungen führten. Die gute Beobachtbarkeit dieser Erscheinungen von der Erde und von der Raumsonde GALILEO aus machte diesen Einschlag im Jahr 1994 zu einem spektakulären Ereignis.

Die Entdeckung

Das Astronomen-Ehepaar Carolyn und Eugene Shoemaker gehörte am Ende des vorigen Jahrhunderts mit zu den besonders aktiven amerikanischen „Kometenjägern", sie haben rund 30 Kometen und zahlreiche Asteroiden entdeckt. Eugene Shoemaker war durch seine ursprünglich geologisch motivierten Arbeiten über Einschlagkrater auf der Erde zu den kleinen

3.3 | Komet Halley bei seiner bislang letzten Wiederkehr im Jahr 1986. Das nächste Mal wird er uns erst im Jahr 2061 besuchen. Die Aufnahme wurde mit einem 40-Zentimeter-Teleskop der ESO auf La Silla in Chile gemacht.

Der Komet wurde Anfang Februar 1991 kurzzeitig wieder hell, also aktiv, und zwar in ungefähr 14 AE oder zwei Milliarden Kilometern Abstand von der Sonne. Das ist eine Entfernung, die zwischen derjenigen von Saturn und Uranus liegt, allerdings befand sich der Komet wegen seiner Bahnneigung von 162 Grad bereits deutlich „unterhalb", also südlich der Ekliptik. Seine Helligkeit, die ursprünglich 25. Größe hatte, steigerte sich damals um das 300-fache, und die Hülle aus Staub- und Eispartikeln um den Kometenkern, die diese Helligkeit verursachte, hatte einen Durchmesser von etwa 100.000 Kilometern. Genauere Aufklärung über diesen Helligkeitsausbruch wird man wohl erst im Jahr 2061 bei der nächsten Wiederkehr des Kometen in das innere Sonnensystem erhalten können (Periheldurchgang: 28. Juli 2061). Dabei wird es dann

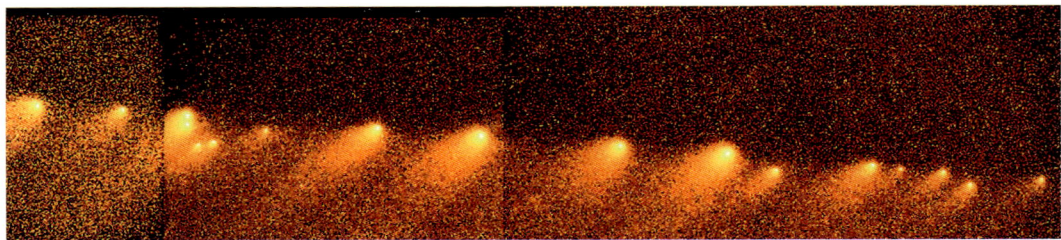

3.4 | Die Teile von Shoemaker-Levy 9 erschienen – wie auf dieser Aufnahme des Hubble-Weltraumteleskops – allesamt wie einzelne kleine Kometen.

Körpern des Sonnensystems gelangt, die ihn schließlich zum Studium der Asteroiden und Kometen und der von ihm stark geförderten „Astrogeologie" führten. Carolyn Shoemaker war damals Professorin für Astronomie. 1989 gesellte sich als Dritter im Bunde David Levy hinzu, der insgesamt 22 Kometen entdeckte. Auch er hat teilweise allein – quasi als Amateurastronom – gearbeitet und dabei sogar acht Kometen mit einem 50-Zentimeter-Teleskop auf seinem Hof gefunden. Mit einem Teleskop am Observatorium auf dem Mt. Palomar suchten und beobachteten die Shoemakers und Levy nun gemeinsam Kometen und Asteroiden, 13 Kometen wurden auf diese Weise entdeckt.

In der Nacht zum 24. März 1993 führten die drei ihr normales Beobachtungsprogramm durch, wobei sie – wie immer – auch Aufnahmen von ihren Standardfeldern in der Nähe von Jupiter machten. Sinn und Zweck solcher wiederholt fotografierter Standardfelder ist es, die von den gleichen Gebieten zu unterschiedlichen Zeitpunkten gemachten Aufnahmen miteinander zu vergleichen, um auf diese Weise bewegte Objekte wie Asteroiden oder Kometen zu identifizieren. Der Vergleich der verschiedenen Bilder erfolgte zum Beispiel durch Betrachtung mit einem Stereoskop, bei dem ein Objekt, das sich bewegt hat, tief im Raum zu stehen scheint. Eine alternative Methode war der Einsatz eines „Blinkkomparators", bei dem bei abwechselnder Beleuchtung der beiden Platten die Fixsterne als unveränderlich erscheinen, Objekte hingegen, die sich bewegt haben, wegen ihrer unterschiedlichen Positionen auf den Platten hin und her zu springen scheinen.

Die Fotografien vom 23. März wurden zwei Tage später von Carolyn Shoemaker mit dem Stereoskop ausgewertet. Sie fand darauf etwas, das nach ihren Worten aussah wie ein „zerquetschter Komet", denn das Objekt zeigte anstelle einer Koma eine lang gestreckte Sequenz von „Halos", deren überlappende Schweife alle in dieselbe Richtung wiesen. Sofort wurde James V. Scotti von der Universität von Arizona informiert, der sich das seltsame Objekt mit einem besser auflösenden Teleskop ansah. Er erkannte eine Ansammlung mehrerer Kometenkerne. Umgehend berichteten die Shoemakers und David Levy daraufhin dem „Central Bureau for Astronomical Telegrams" (CBAT) in Cambridge/Massachusetts über ihre Entdeckung. Der neue Komet wurde, da er der neunte gemeinsam entdeckte Komet dieser Gruppe war, als P/Shoemaker-Levy 9 beziehungsweise vorläufig als 1993e bezeichnet (die spätere offizielle Bezeichnung lautete: D/1993 F2). Mit dem 2,2-Meter-Spiegelteleskop der Universität von Hawaii auf dem Mauna Kea gelang dann Jane Luu und David Jewitt eine sehr hochauflösende Aufnahme dieses merkwürdigen Objekts, auf der sie nach eigenen Worten eine Reihe von Kometen „wie Perlen auf einer Schnur" aufgereiht sahen (vgl. Abb. 3.4). Was aber war die Ursache für dieses vorher noch nie beobachtete Phänomen?

Die Geschichte des Zerfalls

Die seit der Entdeckung von Shoemaker-Levy 9 (der Kürze halber im Folgenden SL9 genannt) angestellten Bahnberechnungen brachten etwas sehr Interessantes zutage. Demnach hatte sich der ursprüngliche Kometenkern, der vermutlich aus dem äußeren Planetensystem hinter Neptun kam, auf seiner Bahn unter dem störenden Einfluss der großen Planeten im frühen 20. Jahrhundert Jupiter so stark angenähert, dass ihn dieser mit seiner Gravitation und bei geeigneter Konstellation mit der Sonne „einfangen" konnte. Ein Einfang ist beim „Dreikörperproblem" möglich, da zwei der beteiligten Körper Energie auf solche Weise an den Dritten abgeben können, dass sie danach gravitativ aneinander gebunden bleiben. Nach diesem Einfang in den 1960er- oder 1970er-Jahren bewegte sich der Komet auf einer Bahn mit einer Umlaufzeit von rund zwei Jahren um den Riesenplaneten Jupiter, ähnlich wie ein weit entfernter Mond.

Weitere Störungen durch die Sonne veränderten die Bahn so, dass sich der Komet 1992, rund sieben Monate vor der oben dargestellten Entdeckung, dem Planeten Jupiter auf 1,6 Jupiterradien näherte, also bis auf rund 110.000 Kilometer. Die bei dieser großen Annäherung auftretenden Gezeitenkräfte zerlegten den Kometenkern in eine Anzahl von Bruchstücken, die sich fortan hintereinander auf praktisch gleichen und extrem elliptischen Bahnen um Jupiter bewegten. Dabei machten zumindest die größeren Bruchstücke den Eindruck eigenständiger Kometen mit einer Staubkoma und einem Kern. Insgesamt wurden 21 solcher Körper astronomisch nachweisbar. Man bezeichnete sie mit den Buchstaben des Alphabets von A bis W, wobei I und O nicht verwendet wurden. Die Komponenten P und Q wurden noch einmal unterteilt in P1, P2, Q1 und Q2, die aus dem weiteren Zerfall dieser Teile resultierten.

Die Bahnberechnungen lieferten noch ein weiteres aufregendes Ergebnis, nämlich dass sich diese Kometenfragmente nunmehr auf einem Kollisionskurs mit Jupiter befanden. Im Sommer 1994 würden sie – so die Prognose – mit einer Geschwindigkeit von rund 60 Kilometern pro Sekunde in die Atmosphäre von Jupiter schießen. Damit sollte erstmals die Beobachtung eines Einschlags möglich sein, wie er bei Jupiter statistisch nur ungefähr einmal in einigen Tausend Jahren zu erwarten ist.

Die Auswertungen des nahen Vorübergangs an Jupiter im Jahr 1992 erbrachten auch neue Ergebnisse über die innere Festigkeit von Kometen oder zumindest dieses Körpers. Über die Berechnung der auf dieser Bahn an dem ursprünglichen Körper angreifenden Gezeitenkräfte konnte ein oberer Wert für seine inneren Bindungskräfte bestimmt werden, die diesen externen Kräften nicht standgehalten hatten. Damit war bestätigt, was sich vorher schon bei Kometen angedeutet hatte, die der Sonne sehr nahe gekommen und unter dem Einfluss der Gezeitenkräfte in Sonnennähe zerfallen waren: Die inneren Bindungskräfte von Kometen sind erstaunlich schwach, Kometen sind also nur sehr locker gebundene Körper.

Aus der Länge der „Trümmer-Perlenkette", die proportional zu den Ausmaßen des ursprünglichen Körpers sein sollte, schätzten James V. Scotti und H. Jay Melosh 1993 ab, dass der Durchmesser des ursprünglichen Kerns nur etwa zwei Kilometer betragen haben sollte. Genauere Beobachtungen mit dem HUBBLE-Teleskop zeigten dann jedoch, dass die größten Fragmente selbst noch Durchmesser von zwei bis drei Kilometern hatten, was auf einen ursprünglichen Kerndurchmesser von SL9 um rund fünf Kilometer hinwies.

Eine andere interessante Schlussfolgerung aus dem „Perlenketten-Phänomen" wurde 1993 von H. Jay Melosh und Paul Schenk gezogen. Sie erklärten die zum Beispiel auf den Jupitermonden Ganymed und Kallisto beobachteten linienartigen Reihen von Einschlagkratern (sogenannten „Catenae"), die sich über mehrere Hundert Kilometer Länge ziehen, als Folge des Einschlags solcher durch Gezeitenwirkungen entstandener „Ketten" kleinerer Körper (vgl. Abb. 3.5). Die Größenabschätzung der ursprünglichen Körper aus den Einschlagspuren der Trümmer führte zu dem Ergebnis, dass diese Kometen nicht mehr als zehn Kilometer Durchmesser gehabt haben konnten.

Aber das Perlenketten-Phänomen ließ noch weitere Spekulationen zu. Erik Asphaug und Willy Benz zeigten 1994 mit numerischen Simulationen, dass die zerrissenen Teile anfänglich infolge ihrer gegenseitigen Nähe und Eigengra-

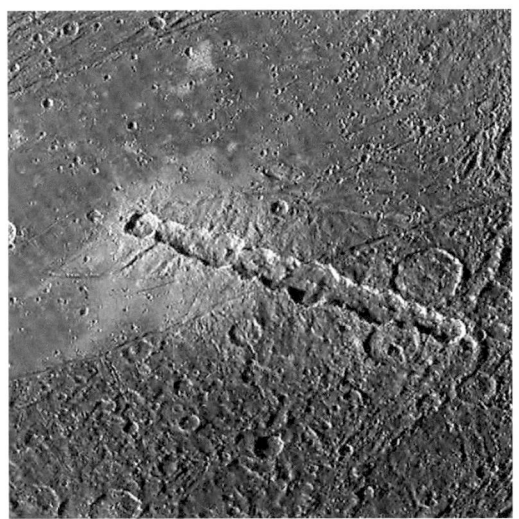

3.5 | Diese rund 200 Kilometer lange Kraterkette auf dem Jupitermond Ganymed wurde vermutlich durch die Einschläge der Bruchstücke eines zerfallenen Kometen verursacht. Die Aufnahme stammt von der Jupitersonde GALILEO.

vitation durchaus die Tendenz gehabt haben konnten, sich wieder zu größeren Klumpen zusammenzusetzen. Die auf diese Weise neu entstandenen Brocken wären dann sehr locker „gebunden", ihr Zusammenhalt würde nur auf der vergleichsweise schwachen Eigengravitation beruhen. Die Zahl der sich bildenden Klumpen ergab sich in diesen Modellrechnungen als Funktion der Dichte des ursprünglichen Körpers. Und aus der beobachteten Zahl von 21 Teilstücken ergab sich eine Dichte von etwa 500 Kilogramm pro Kubikmeter, was mit den aus den Halley-Missionen abgeleiteten geringen Dichten konsistent war (vgl. Tabelle S. 50). Offen blieb natürlich noch, ob die beobachteten Körper wirklich solche locker gebundenen Klumpen oder doch festere Körper waren. Die Antwort auf diese Frage sollte sich aber später aus der Art ihrer Explosion oder ihres Auflösens während des Eintritts in die Jupiteratmosphäre ableiten lassen. Eine lockere Ansammlung kleiner Körper würde eher wie ein „Sternschnuppenhaufen" weit oben in der Atmosphäre „verrauchen", während ein kompakterer Körper tiefer eindringen

und eine lokal wesentlich stärkere Explosion verursachen sollte.

Ein anderer Aspekt der Zerteilung von SL9 in Körper von einigen Hundert Metern oder rund einem Kilometer Durchmesser wurde von Stuart Weidenschilling 1994 diskutiert. Körper dieser Größe sollten gemäß seinem Modell im frühen äußeren Sonnensystem in einem Zweistufenprozess entstanden sein. Dabei erfolgte zuerst eine Anlagerung vieler kleiner, anfangs staubartiger Körner zu wenigen größeren Körpern durch gegenseitige Stöße. In der zweiten Etappe wuchsen die Körper infolge ihrer gegenseitigen Schwerkraftwechselwirkung über eine „gravitative Instabilität" bis hin zu Körpern der oben genannten Größe. So erklärte Weidenschilling – ähnlich wie vorher schon Paul Weissmann – Kometenkerne zu „rubble piles" oder „Trümmeransammlungen", in denen eine Vielzahl unterschiedlicher Körper nur gravitativ gebunden zusammenhalten. Allerdings stellte Weidenschilling 1995 das Auftreten dieser kollektiven gravitativen Instabilität selbst wieder in Frage.

Ein ähnliches „building block"-Modell, bei dem angenommen wird, dass ein Kometenkern aus relativ wenigen großen Einzelkörpern oder „Bausteinen" zusammengesetzt ist, die an ihren Berührungsflächen nur schwach aneinander gebunden sind, wurde 1995 von Diedrich Möhlmann vorgeschlagen. Die nur lokale Aktivität von Kometen könnte demgemäß mit diesen nur gering verbindenden „Schwächezonen" zwischen den möglicherweise festeren Blöcken in Zusammenhang stehen.

Der Einfluss der Gezeitenkräfte

Beschreibt man die Bewegung zweier Körper, die sich über ihre Schwerkraft anziehen, mit dem „idealen Zweikörperproblem", so geht man davon aus, dass ihre Entfernungen voneinander so groß im Vergleich zu ihren Ausmaßen sind, dass beide Körper als „Punktmassen" behandelt werden können. Diese Annahme trifft natürlich nicht mehr zu, wenn ein sehr naher Vorübergang der beiden zum Beispiel auf einer stark elliptischen Bahn erfolgt. Denn bei der Annäherung wirkt auf die einander näher liegenden Teile der Körper eine größere Gravitationskraft als auf die entfernteren Gebiete. Hinzu kommt, dass die Fliehkraft, die auf die einzelnen Regionen wirkt, bei ihren dann ja merklich unterschiedlichen Bahnradien ebenfalls deutlich verschieden ist. Mit anderen Worten: Es wirken dann unterschiedliche Kräfte auf unterschiedliche Teile eines Körpers, die so gerichtet sind, dass sie den jeweiligen Körper auseinanderziehen oder deformieren können. Ihnen entgegen wirken natürlich die Kräfte, die den Körper zusammenhalten, wie seine Eigengravitation oder auch die Festkörperbindungen. Diese Kombination von gravitativen Kräften und Fliehkräften fasst man unter dem Begriff „Gezeitenkräfte" zusammen. Es sind dies auch genau die Kräfte, die auf der Erde (infolge des Einflusses von Mond und Sonne) die Gezeiten im Erdkörper, den Ozeanen und auch in der Atmosphäre bewirken.

Greifen nun Gezeitenkräfte an festen Körpern wie beispielsweise Kometen an, so können diese deformiert werden. Dabei führt die Dissipation – die irreversible Energieumwandlung in Wärme und innere Strukturauflösungen – infolge der auftretenden Reibung zu ähnlichen Effekten wie den oben dargestellten. Die Körper können aber auch zerrissen werden, wenn ihre inneren Bindungskräfte schwächer sind als die angreifenden Gezeitenkräfte. Da diese Gezeitenkräfte berechenbar sind, kann man bei zerfallenden Körpern so den Maximalwert ihrer inneren Bindungen abschätzen.

Bei nahen Vorübergängen von Kometen an vergleichsweise sehr großen Massen, wie etwa der Sonne oder auch dem Planeten Jupiter, kann diese Gezeitenspannung ausreichen, um den Kometenkern zu zerreißen. So ergaben sich für die Vorübergänge von SL9 im Jahr 1992 an Jupiter in 1,57 Jupiterradien oder 112.000 Kilometer Entfernung und des Kometen Ikeya-Seki an der Sonne im Jahr 1965 in 1,72 Sonnenradien oder 1,2 Millionen Kilometer Entfernung, bei denen die Kometen jeweils zerfielen, maximale Bindungsspannungen im Bereich von drei Kilopascal. Dabei wurde eine kometare Massendichte von 500 Kilogramm pro Kubikmeter zugrunde gelegt, für die solare Dichte 1409 und für die Jupiterdichte

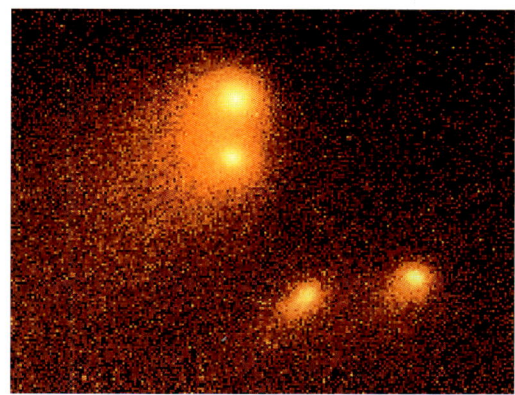

3.6 | Die Region um das hellste Kernstück des Kometen Shoemaker-Levy 9 im Januar 1994. Den Durchmesser der größten Fragmente schätzte man auf zwei bis drei Kilometer ab.

1330 Kilogramm pro Kubikmeter angenommen sowie für den Kometenradius jeweils fünf Kilometer abgeschätzt.

Es sei an dieser Stelle darauf hingewiesen, dass diese Ergebnisse insbesondere wegen der unbekannten Kometenradien noch recht ungenau sind. Bei Radien von jeweils nur zwei Kilometern ergeben sich Werte um nur 0,5 Kilopascal. Die internen Bindungen von Kometen liegen aber offenbar im Bereich einiger Hundert Pascal bis zu einigen Kilopascal und sind damit relativ gering, etwa so wie bei trockenem Schnee. Diese Werte müssen aber nicht notwendigerweise für den gesamten Kometenkern repräsentativ sein, da sie vielleicht nur für einzelne Schwächezonen gelten, an denen der Kometenkern zuerst aufreißt. Zum anschaulichen Vergleich seien die Werte für trockenen Schnee und den über Van-der-Waals-Kräfte zusammengehaltenen lunaren Regolith genannt: Trockener Schnee zeigt Bindungsspannungen um fünf Kilopascal (bei einer Dichte von 300 Kilogramm pro Kubikmeter), während sie für lunaren Regolith im Bereich zwischen 1,3 und 3,4 Kilopascal liegen. Diese geringen Werte sind natürlich die Folge einer relativ großen Porosität.

Erwähnt sei auch, dass die Bindungsspannung von normalem, „ausgereiftem" Eis bei über 350 Kilopascal liegt. Eis ist intern also wesent-

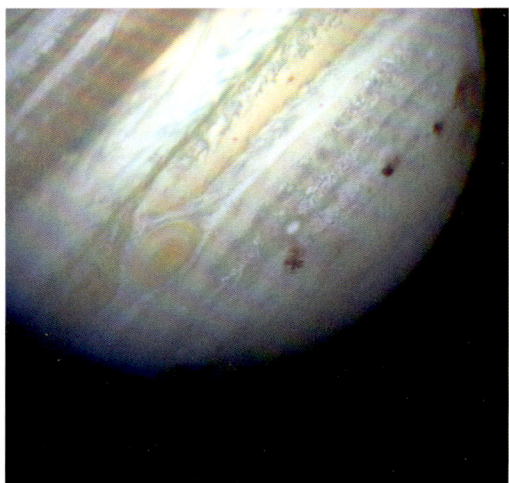

3.7 | An den Einschlagstellen der Bruchstücke von Shoemaker-Levy 9 zeigten sich in der Jupiteratmosphäre braune Flecken. Auf dieser Aufnahme des Hubble-Weltraumteleskops sieht man von links nach rechts die Impaktstrukturen der Teilstücke E/F, H, Q1, R und D/G.

lich stärker gebunden als Kometenmaterial, das demnach sicher nicht aus einem monolithischen „Eisberg" besteht, sondern eher mit lockerem Schnee und Staub in seiner Konsistenz vergleichbar ist. Nimmt man nun anstelle des reinen Schnees ein Gemisch aus Staub und kleinen Partikeln an, die in Schnee eingebettet sind, so kommt man vermutlich dem in Kometen vorhandenen Material recht nahe. Nur die obersten, „ausgegasten" Schichten dürften aus gesteinsartigem, mehr oder weniger zusammenhängendem granularen Material bestehen, ähnlich dem lunaren Regolith.

Der „Zusammenstoß" mit Jupiter

Das Aufprallen der Trümmer von SL9 auf die Jupiteratmosphäre schließlich wurde von zahlreichen terrestrischen Teleskopen mit zum Teil modernster Technik verfolgt und von Brian Marsden vom CBAT koordiniert. Verstärkt wurde diese Armada auch durch das Hubble-Weltraumteleskop, das die Ereignisse mit seiner hochauflösenden Optik von seiner Bahn um die Erde aus beobachtete, sowie von der Raumsonde Galileo. Auf ihrem Weg zu Jupiter konnte die Sonde die atmosphärischen Einschläge („Impakte") aus etwa 238 Millionen Kilometer Entfernung beobachten und die resultierenden Bilder zur Erde senden. Erstmals war es daher bei einem wissenschaftlich so spektakulären Ereignis möglich, Informationen aus ganz unterschiedlichen Quellen im Weltraum und auf der Erde ohne große zeitliche Verspätung über das Internet zu verbreiten und allen Interessenten schnell und direkt zugänglich zu machen.

Die Parade der Einschläge (vgl. Abb. 3.7), die jeweils mit einer Geschwindigkeit von rund 60 Kilometern pro Sekunde erfolgten, begann am 16. Juli 1994 mit dem Bruchstück A und dem Nachweis einer resultierenden, riesigen Gasfontäne, die mehr als 3000 Kilometer über die Wolkenschicht des Planeten hinausschoss. In der Wolkenhülle zeigte sich im sichtbaren Licht ein dunkles „Loch" etwa von der Größe der Erde. In seinem Zentrum entwickelte sich ein länglicher Streifen, während ein expandierender dunkler Ring und eine sichelförmige oder „hufförmige", äußere Wolke erkennbar wurden (vgl. Abb. 3.8). Das sichelförmige Gebilde wurde als Wolke zurückfallender Teilchen interpretiert, die sich dunkel vor dem helleren Hintergrund der Wolkenoberfläche abhob. Infrarotbeobachtungen von Methan zeigten den dunklen Ring hell vor dem Hintergrund des Planeten, er war also von atmosphärischer Konsistenz.

Im Gegensatz zu diesem ersten „Paukenschlag" waren die Auswirkungen des Einschlags von Bruchstück B vergleichsweise schwach und die erzeugte Gasfontäne viel kleiner, obwohl das Bruchstück während vieler vorheriger Beobachtungen um bis zu einem Faktor zwei heller gewesen war als A. Vermutlich handelte es sich im Unterschied zu dem wohl recht kompakten Körper A bei B eher um einen Schwarm kleinerer Einzelkörper, die während der Annäherung aus dem Kometenkern entstanden waren. Diese hatten dann zu einer Art großem Meteorschauer geführt und ihre Energie somit nicht konzentriert, sondern verteilt abgegeben. Die Einschläge der Kerne C und E waren dann wieder von „Feuerbällen" und starken Gasfontänen oder „Explosionspilzen" begleitet.

Besonderes Interesse galt dem Einschlag des Teilstücks G (vgl. Abb. 3.8 und 3.9), das wegen seiner vorher beobachteten Helligkeit auf ein besonders starkes Ereignis hoffen ließ. Bilder vom HUBBLE-Weltraumteleskop zeigten dann auch Einschlagspuren, die deutlich größer waren als die der Bruchstücke A, C und E. Um den Ort des Einschlags entwickelten sich auch hier die bereits erwähnten Ringe in der Atmosphäre, die sich mit einer relativ geringen Geschwindigkeit von rund 450 Metern pro Sekunde vom zentralen Fleck wegbewegten. Um Schallwellen konnte es sich nicht handeln, denn diese bewegen sich dort mit rund einem Kilometer pro Sekunde. Offenbar handelte es sich vielmehr um Oberflächenwellen der oberen Wolkenschichten, die durch den Impakt verursacht wurden, analog denen, die auf einer Wasseroberfläche beim Einschlag eines Steins entstehen.

Interessant waren auch die großen Einschläge von H, K und L, bei denen bereits ein „Glimmen" in der Atmosphäre vor dem eigentlichen Einschlag beobachtbar war. Scheinbar befanden sich in der Bruchstückkette nicht nur die bereits

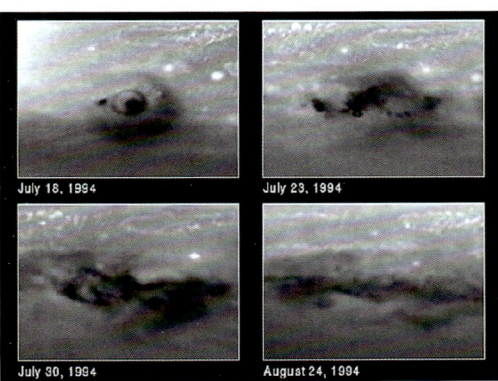

3.9 | Montage aus Bildern des HUBBLE-Weltraumteleskops, von rechts unten nach links oben: Fünf Minuten nach dem Einschlag von Teilstück G ist eine Explosionswolke zu sehen, knapp zwei Stunden später hat sich die typische dunkle Struktur ausgebildet. Einige Tage später hat sie sich bereits verändert (und befindet sich jetzt am Rand), außerdem sind weitere Einschläge hinzugekommen. Der größte stammt vom Bruchstück L.

3.8 | Die Einschlagstelle des Teilstücks G, 90 Minuten nach dem Impakt am 18. Juli 1994 im nahen Ultraviolett (oben links) sowie ihre Entwicklung Tage und Wochen später (der kleine dunkle Punkt links stammt vom Einschlag D). Das im Text beschriebene „Loch", der dunkle Ring und die hufförmige Struktur sind auf dieser HUBBLE-Aufnahme gut zu erkennen.

bekannten größeren Körper, sondern auch eine Vielzahl kleinerer Zerfallsprodukte, die in der Jupiteratmosphäre wieder eine Art großen Sternschnuppenregen auslösten, der bereits vorher die Atmosphäre aufheizte. Den größten Einschlagsfleck erzeugte übrigens der Kern L, der, wie auch die Flecke der anderen großen Einschläge, bereits mit kleinen Teleskopen von der Erde aus sichtbar war. Das seltene Schauspiel der atmosphärischen Einschläge wurde so auch zu einem Ereignis für Amateurastronomen. Der letzte große Zusammenstoß erfolgte dann am 22. Juli mit dem Trümmerstück W. Er war von der Raumsonde GALILEO aus gut zu beobachten. Die übermittelte Bildfolge zeigte zuerst den aufglühenden Meteor und dann die aufsteigende Gasfontäne.

Die Folgen der Einschläge waren übrigens keine schnell abklingenden Erscheinungen, sie blieben zur Überraschung der Astronomen noch für viele Monate beobachtbar. Der Energieumsatz beim Eintrag locker gebundener Materie war offenbar größer als der ursprünglich für solide Trümmer von der Größe einiger Hundert Meter abgeschätzte. Die bei den Einschlägen freigesetzten Energien lassen mit den Einschlagsgeschwindigkeiten von ungefähr 60 Kilometer pro Sekunde auch auf die Größe der Trümmerstücke rückschließen. Es wurden Durchmesser von knapp mehr als einem Kilometer für die großen Einschlagskörper ermittelt. Die Unterschiede bei den Einschlägen der verschiedenen Trümmerstücke werden als Hinweis darauf verstanden, dass Kometen – oder zumindest der ehemalige Komet SL9 – recht inhomogen zusammengesetzte Körper sind. Allerdings zeigten die einzelnen Staubwolken, die vor den Einschlägen um die Kerne vorhanden waren, keinerlei Unterschiede, so dass neben der eventuell unterschiedlichen Zusammensetzung möglicherweise insbesondere der jeweilige mechanische „Zerrüttungszustand" für die Verschiedenartigkeit der Einschläge verantwortlich war. Damit wird bestätigt, was bereits aus Zerfällen durch Gezeitenkräfte oder auch bei Feuerbällen in der Erdatmosphäre, die Resten von Kometen zugeschrieben werden, abgeleitet wurde, nämlich dass Kometen nicht homogen zusammengesetzte, sondern leicht gebundene beziehungsweise „brüchige" oder „zerrüttete" und aus „Substrukturen" zusammengesetzte Körper sind.

Aus diesem Modell resultiert auch, dass zumindest einige der Kerne bereits vor ihrem Einschlag in die Atmosphäre unter den auftretenden und zunehmenden Spannungen weiter zerfallen sein sollten. Dafür spricht unter anderem der Beobachtungsbefund, dass sich die einzelnen Komponenten in den letzten Tagen vor dem jeweiligen Einschlag in Richtung Jupiter ausdehnten, was jedoch – zumindest teilweise – auch mit der Dynamik des Staubs um die Teilkerne zusammenhängen kann. Bestätigt wird die Annahme eines weiteren Zerfalls aber auch durch das Helligkeitsverhalten einiger Gasfontänen, die wie bei den L- und R-Kernen deutliche und mehrfache kurzzeitige Aufhellungen zeigten und damit auf multiple Einschläge hinwiesen.

Die explosionsartigen Gasfontänen, die sich infolge der Einschläge über der Atmosphäre ausbreiteten, wiesen anfangs relativ hohe Temperaturen bis zu 10.000 Kelvin auf. Ihr Helligkeitsmaximum erreichten sie beim Gegenspiel von expansionsbedingter Helligkeitszunahme und rascher Kühlung durch Abstrahlung und weiterer Expansion rund zehn bis 15 Minuten nach dem Einschlag. Die verbleibenden Partikel formten dann letztlich die „pfannkuchenförmigen" Wolken, die noch über viele Monate beobachtbar waren und die sich oberhalb der eigentlichen Wolkenschicht im Druckbereich um ein Millibar bewegten. Ultraviolettbeobachtungen zeigten, dass sie vor allem aus Aerosolen und nicht aus Gasmolekülen bestanden. Sie erschienen vor der hellen Jupiteratmosphäre als sehr dunkle Gebilde.

Mit den Einschlagsexplosionen wurden auch große Mengen von Gas aus tieferen Schichten der Jupiteratmosphäre nach oben geschleudert und so erstmals der Beobachtung und der spektralanalytischen Untersuchung zugänglich. Dabei war es freilich schwer, Gase kometaren Ursprungs von denen der Jupiteratmosphäre zu trennen. Dennoch konnte so erstmals die bereits vermutete Existenz von Schwefel in der unteren Jupiteratmosphäre nachgewiesen werden, der Nachweis von Wasser gelang jedoch nicht. Offenbar war es in nennenswerten Mengen weder in den Teilkometenkernen vorhanden noch in den von den Feuerkugeln erreichten tieferen Schichten der Jupiteratmosphäre, aus denen es mit den Gasfontänen nach oben geschleudert worden wäre. Das letztgenannte Ergebnis wurde im Jahr 1996 übrigens durch direkte Messungen an Bord der Tochtersonde von GALILEO bestätigt, die in die Jupiteratmosphäre eintauchte.

Es ist überhaupt eine der besonderen Merkwürdigkeiten dieses zerfallenen Kometen, dass die verbliebenen Bruchstücke keinerlei nachweisbare Ausgasung mehr zeigten. Die beobachteten Schweife einzelner Teilkerne bestanden praktisch nur aus Staub. War der Komet SL9 also ein bereits stark ausgastes Objekt oder hatten sich die nur kurzzeitig freien Wasserstoff- und Sauerstoffatome des Wassers bereits schnell wieder mit anderen Gasen der Jupiteratmosphäre zu neuen Verbindungen zusammengefunden? Möglicherweise variiert der Wassereisgehalt von Kometen aber auch in einem weitaus größeren Rahmen als bisher angenommen. Der Nachweis von Lithium, das ja auch in „primitiven" – also solchen mit einer mittleren Elementhäufigkeit wie die der Sonne und der präplanetaren Scheibe – kohlig-chondritischen CI-Meteoriten auftritt (vgl. Abschnitt 4.1), deutet sogar auf einen möglicherweise asteroidalen Ursprung von SL9 hin oder zumindest darauf, dass die Übergänge von Kometen zu Asteroiden fließender sein könnten als bisher angenommen. So ergaben sich also aus diesen völlig neuartigen Beobachtungen neben Antworten auf einige vorher formulierbare Fragen ebenfalls wieder neue Rätsel.

3.3 | Der Jahrhundertkomet Hale-Bopp

Der Komet Hale-Bopp (mit der offiziellen Bezeichnung: C/1995 O1) bot in Sonnennähe ein außerordentlich beeindruckendes Schauspiel, das ihn zum „Großen Kometen" des Jahres 1997 werden ließ. Aber nicht nur seine spektakuläre Erscheinung war interessant, schon die Entdeckungsgeschichte dieses Kometen war spannend.

3.10 | Der Komet Hale-Bopp entwickelte sich den ersten Schätzungen entsprechend tatsächlich zum Großen Kometen des Jahres 1997. Er war 18 Monate lang mit bloßem Auge zu sehen. Diese Amateuraufnahme vom April 1997 zeigt ihn über Gesteinsformationen im Death Valley, USA.

Die Entdeckung

Hale-Bopp wurde in der Nacht vom 22. zum 23. Juli 1995 unabhängig voneinander durch die beiden US-amerikanischen Amateurastronomen Alan Hale aus Cloudcroft (New Mexico) und Thomas Bopp aus Glendale (Arizona) entdeckt. Alan Hale war damals schon ein begeisterter Kometenbeobachter, der in mehr als 400 Stunden über 200 Kometen während ihrer Sonnennähe verfolgt hatte. In dieser Nacht hatte er zwischen der Beobachtung der Kometen P/Clark und P/d'Arrest eine Stunde Zeit, und so richtete er sein Fernrohr auf den Sternhaufen M 70, einen Kugelsternhaufen im Sternbild Schütze. In des-

sen Nähe gelangte ein verwaschenes Objekt in sein Sichtfeld, das früher noch nicht da gewesen war – es war tatsächlich ein neuer Komet! So gelang ihm diese große Entdeckung, wie er später ironisch feststellte, gerade dann, als er sich einmal keinen Kometen ansehen wollte. Kurze Zeit später informierte er Brian Marsden vom CBAT, das für solche Meldungen zuständig ist und von der Internationalen Astronomischen Union (IAU) betrieben wird. Dieser schrieb dem Objekt daraufhin sofort die vorläufige Bezeichnung „1995 O1" zu. So wurde festgehalten, dass es sich um den ersten, in der zweiten Hälfte des Juli 1995 entdeckten Kometen handelte.

Kuiper-Gürtel

Halley

Neptun-
bahn

Plutobahn

Hale-Bopp

3.11 | Die Bahn des Kometen Hale-Bopp ist lang
gestreckt und sehr exzentrisch. Sie führt ihn
noch sehr viel weiter ins äußere Sonnensystem hinaus als den Kometen Halley.

Die zweite und nahezu zeitgleiche Entdeckung gelang Thomas Bopp, der in dieser Nacht zusammen mit Freunden einige Nebel aus dem Messier-Katalog beobachtete. Auch er stieß bei der Suche nach M 70 auf das schwach leuchtende Objekt, das in keiner Himmelskarte verzeichnet war. Ein nachträglicher Vergleich zeigte, dass dies etwa zehn bis zwanzig Minuten später geschah, nachdem Alan Hale das Objekt gesehen hatte. Nach einer Stunde konnten Thomas Bopp und seine Freunde feststellen, dass sich das Objekt bewegt hatte. Sofort fuhr Bopp über 90 Meilen nach Hause und informierte (übrigens ungefähr zwei Stunden später als Alan Hale) das CBAT über diese Entdeckung, auch deswegen etwas verspätet, da er die richtige Telegrammadresse nicht sogleich finden konnte. Die offizielle Bestätigung, dass es sich um eine Neuentdeckung handelte, erhielt er bereits am Morgen desselben Tages.

Die Entwicklung

Die Helligkeit des neu entdeckten Kometen lag bei der 10,5ten Größe und war damit ungefähr um das Sechzigfache schwächer als die Grenzhelligkeit des normalen menschlichen Auges. Eine solche Helligkeit ist normalerweise typisch für Kometen, die in einer Entfernung von wenigen Astronomischen Einheiten entdeckt werden. Die sehr langsame Eigenbewegung am Himmel deutete allerdings schon darauf hin, dass dieses Objekt wahrscheinlich noch deutlich weiter entfernt war. Während der nächsten Tage wurde die Position des neuen Kometen durch eine Vielzahl von Beobachtern bestimmt. So wurde eine erste Bahnberechnung möglich mit dem überraschenden Resultat, dass sich der Komet in rund einer Milliarde Kilometer (fast 7 AE) Entfernung von der Sonne befand. Und trotzdem zeigte er bereits diese große Helligkeit. Damit war er um das etwa 250-fache heller als der Komet Halley, als dieser im Jahr 1987 in ungefähr der gleichen Entfernung beobachtet werden konnte.

Die nachfolgenden verfeinerten Bahnberechnungen bestätigten diese Resultate. Der Komet bewegte sich somit auf einer nahezu parabolischen Bahn, also auf einer sehr lang gestreckten Ellipse mit rund 4200 Jahren Umlaufzeit. Das bedeutete aber auch, dass es sich hier nicht um einen völlig „neuen" Kometen aus der Oort'schen Wolke handeln konnte, sondern dass dieser Kometenkern bereits bei früheren Umläufen um die Sonne das innere Sonnensystem besucht haben musste. Da seine Bahn aber noch sehr exzentrisch war, hatte er das innere Sonnensystem noch nicht oft durchflogen und war daher noch nicht stark von den Planeten „abgelenkt" worden. Wenn es sich also um einen noch „fast neuen" Kometen handelte, so konnte er noch große und nicht von Staub und refraktären Partikeln bedeckte aktive Gebiete haben, worauf seine große Helligkeit schon zum Zeitpunkt der Entdeckung hinwies.

Seinen sonnennächsten Punkt (das Perihel) erreichte Hale-Bopp am 1. April 1997 mit 0,914 AE Entfernung zur Sonne – das sind rund 137 Millionen Kilometer, also fast so viel wie die mittlere Entfernung Erde – Sonne. Die größte Erdannäherung erreichte der „Große Komet von 1997" mit 197 Millionen Kilometern einige Tage zuvor am 23. März 1997. Seine Bahnneigung betrug 89,43 Grad, er bewegte sich also in einer Ebene, die nahezu senkrecht auf der Erdbahn stand. Sein Perihel erreichte er dabei von Süden kommend knapp nördlich der Ekliptik und war damit auch von der nördlichen Hemisphäre der Erde aus gut zu beobachten.

Da Hale-Bopp im März 1996 den Planeten Jupiter in nur 0,77 AE Entfernung passiert hatte, war seine Bahn infolge der Schwerkraft dieses massereichen Körpers messbar verändert worden. Seine Umlaufzeit beträgt seither nur noch rund 2540 statt 4200 Jahre. Der Kometenkern wurde also ein Stück weiter in das innere Sonnensystem gelenkt, und sein sonnenfernster Punkt hat sich von 525 AE auf rund 371,5 AE angenähert. Aufgrund der bemerkenswerten Helligkeit dieses Kometen schon in großer Entfernung erwartete man übrigens einen Kerndurchmesser um 100 Kilometer, was sich mit den heute vermuteten 60 Kilometern fast bestätigt hat. Es handelt sich also um einen außerordentlich großen „Brocken".

3.4 | Die Jupiterfamilie der Kometen

Das im Abschnitt 3.2 dargestellte Schicksal des Kometen Shoemaker-Levy 9 hat gezeigt, was für einen großen Einfluss der Riesenplanet Jupiter auf die Entwicklung von Kometenbahnen hat. Und in der Tat war SL9 durchaus kein Einzelfall. Ähnlich nahe Jupitervorübergänge von Kometen hat es schon früher gegeben, wie Rückrechnungen zeigen. So passierte der Komet Lexell (D/1770 L1) Jupiter im Jahr 1776 in einem Abstand von nur 230.000 Kilometern und der Komet Brooks 2 (16P/Brooks) muss ihm im Jahr 1886 sogar bis auf 150.000 Kilometer nahe gekommen sein. Mit solchen Vorübergängen sind natürlich Zerfallsprozesse infolge der Gezeitenkräfte und starke Bahnveränderungen verbunden. Der Komet Lexell könnte übrigens in der Folge dieses nahen Vorübergangs, falls er ihn überhaupt ohne Teilungen überlebt hat, wieder in das äußere Sonnensystem „zurückgestreut" worden sein.

Die meisten der in das innere Sonnensystem abgelenkten Kometen kommen Jupiter aber nicht so nahe wie in den obigen Beispielen. Merkliche Bahnstörungen sind jedoch auch schon bei größeren Abständen möglich. Der Ein-

Der Einfluss von Nemesis

Die Kometen in der Oort'schen Wolke werden spekulativ übrigens in Zusammenhang mit einem hypothetischen Begleitstern der Sonne („Nemesis") gebracht, der von sehr weit außen auf einer stark exzentrischen Bahn mit vielen Millionen Jahren Umlaufzeit regelmäßig Kometenschauer in das innere Sonnensystem lenken soll. Solche früheren Kometenschauer könnten für dramatische Veränderungen in der Erdgeschichte verantwortlich gewesen sein. Allerdings ist diese Idee bisher reine Spekulation.

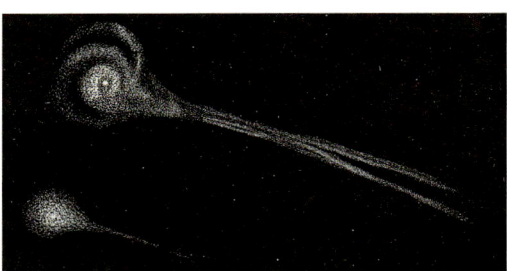

3.12 | Diese Zeichnung des Direktors der Wiener Sternwarte Edmund Weiß zeigt den Kometen Biela im Februar 1846, kurz nachdem er in zwei Teile zerbrochen war. Letztmalig wurden beide Teilstücke im Jahr 1852 beobachtet, man vermutet, dass sie sich danach vollständig aufgelöst haben.

flussbereich von Jupiter erstreckt sich hier etwa bis zu einer halben Astronomischen Einheit. Es erstaunt daher nicht, dass dem massereichen Planeten eine ganze „Familie" aus kurzperiodischen Kometen zugeschrieben wird, auf deren Bahnen er einen merklichen Einfluss hat. Ihre Umlaufzeiten liegen unter 20, meist zwischen fünf und zehn Jahren, und ihre Apheldistanzen zwischen fünf und sieben Astronomischen Einheiten. Der Jupiterfamilie werden gegenwärtig 470 Mitglieder zugeschrieben.

Andere Kometenfamilien

Naheliegend ist es in diesem Zusammenhang, auch nach Kometenfamilien der anderen massereichen Planeten im äußeren Planetensystem zu suchen. Und in der Tat sind auch dort Kometenfamilien gefunden worden, die Mitgliederzahlen liegen aber jeweils unter zehn. Eine solche Suche kann aber auch noch weiter und schließlich aus dem bekannten Planetensystem hinausführen. Es gibt sogar verschiedene Versuche, über entsprechende Kometenfamilien noch „transplutonische" Planeten nachzuweisen. Diese Anstrengungen sind jedoch bis heute nicht erfolgreich verlaufen. Gegen die Existenz großer Planeten jenseits von Neptun oder des Zwergplaneten Pluto sprechen auch Infrarotbeobachtungen, denn mit diesen sollten die Planeten über ihre Eigenstrahlung nachweisbar sein – entdeckt hat man aber bisher nichts. Allerdings hat man in diesem Gebiet mit Haumea, Makemake, Eris, Quaoar und Sedna weitere Zwergplaneten gefunden (vgl. Kapitel 4).

Entstehung und Entwicklung

Interessant ist auch die Entstehung der Jupiterfamilie, die als temporäre Kometenansammlung

Zerfallene Kometen der Jupiterfamilie. Der Stern (*) symbolisiert den Vorgänger von 42P/Neujmin (Neujmin 3) und 53P/Van Biesbroeck.

Komet	Zerfallsdatum	Zustand	
		Kleine Komponente	Große Komponente
3D/Biela	1840	Verschwunden (1852)	Verschwunden (1852)
*	1849/50	Noch beobachtet	Noch beobachtet
16P/Brooks (Brooks 2)	1886–88	Verschwunden (1889)	Noch beobachtet
205P/Giacobini	April 1896	Verschwunden (1896)	Noch beobachtet
69P/Taylor	Dezember 1915	Verschwunden (1916)	Noch beobachtet
79P/du Toit-Hartley	Dezember 1976	Verschwunden (1982)	Noch beobachtet
101P/Chernykh	April 1991	?	Noch beobachtet

aller Wahrscheinlichkeit nach ständig aus dem Kuiper-Gürtel gespeist wird. Die „Einwärtsbewegung" von Kometenkernen aus dem Kuiper-Gürtel kann dabei gemäß Elena I. Kazimirchak-Polonskaya durch ein gravitativ gesteuertes „Weiterreichen" von Planet zu Planet, also von Neptun bis Jupiter, geschehen. Zum Teil sollte die Familie auch aus kleineren Kometen bestehen, die in Jupiternähe vorherige Teilungsprozesse durchgemacht haben (vgl. Tab. linke Seite unten und Abb. 3.12).

Da immer neue Objekte nachgeliefert werden, stellt sich natürlich auch die Frage nach dem Verbleib der Kometen, also nach einem möglichen Gleichgewichts- oder Endzustand. Dazu bieten sich vier mögliche Endstadien für Kometen an, nämlich

a) die „Umwandlung" in einen asteroidenartigen Körper, wenn die gesamte kometare Oberfläche mit einem abdeckenden Regolith-Mantel bedeckt ist, der eine weitere Ausgasungsaktivität erstickt, oder wenn der gesamte Kern ausgegast ist und nur noch aus refraktärem Material besteht;

b) eine Auflösung des Kometenkerns durch Teilungsprozesse;

c) der „tödliche" Zusammenstoß mit dem Planeten oder einem Mond;

d) das gravitative Hinausstreuen in das äußere Sonnensystem oder das Hineinfallen in die Sonne.

Für alle der genannten Möglichkeiten gibt es bis auf den noch fehlenden zwingenden Nachweis, dass einige als Asteroiden interpretierte Körper kometaren Ursprungs sind, bereits konkrete Beispiele. Es soll aber darauf hingewiesen werden, dass Michel C. Festou und andere 1993 gezeigt haben, dass es bereits eine ganze Reihe asteroidaler Kandidaten gibt, die möglicherweise erloschene Kometen sind. Dazu zählen neben einigen Objekten im Asteroidengürtel eventuell auch die „Zentauren", eine Gruppe von Asteroiden mit Bahnen zwischen Jupiter und Neptun, zu denen zum Beispiel auch (2060) Chiron gehört. Bei diesem ursprünglich als Asteroiden eingestuften Objekt wurde 1991 eine Koma entdeckt, weshalb es heute auch als Komet 95P/Chiron geführt wird.

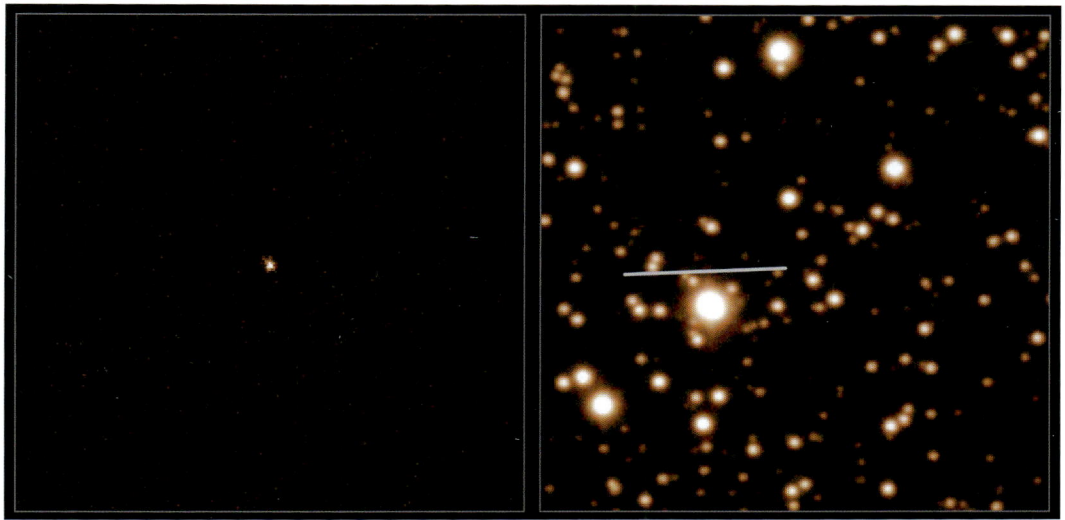

3.13 | Der Komet 67P/Churyumov-Gerasimenko, der ebenfalls zur Jupiterfamilie gehört, auf Aufnahmen der Europäischen Südsternwarte (ESO) vom 5. Oktober 2013 mit dem „Very Large Telescope" (VLT). Das linke Bild zeigt den Kometen ohne Hintergrundsterne, auf dem rechten Bild ist ein Stück seiner Bahn vor den Sternen zu erkennen.

3.5 | ROSETTAS Zielkomet Churyumov-Gerasimenko

Das ursprüngliche Ziel der ROSETTA-Mission war eigentlich der Komet 46P/Wirtanen. Dieser nur etwa 700 Meter große Kometenkern sollte – so die ersten Planungen – vom Jahr 2011 an sowohl von einem Orbiter als auch direkt von der Oberfläche aus untersucht werden. Da der geplante Starttermin der Mission wegen Schwierigkeiten mit dem ARIANE-5-Raketenprogramm der ESA jedoch nicht eingehalten werden konnte (vgl. Abschnitt 6.3), wurde der Komet 67P/Churyumov-Gerasimenko als neues Ziel ausgewählt. Auch er schien recht klein zu sein und sich daher für das Landekonzept des ROSETTA-Landers PHILAE zu eignen, dessen drei „Landebeine" nur für einen kleinen Kometenkern ausgelegt und entwickelt worden waren.

Entdeckung und Geschichte

Der Komet 67P/Churyumov-Gerasimenko (kurz 67P/CG) wurde 1969 am Institut für Astrophysik im kasachischen Alma-Ata von Klim Ivanovich

3.14 | Aus Beobachtungen mit dem HUBBLE-Weltraumteleskop im Jahr 2003 konnte die ungefähre Form des Kometen Churyumov-Gerasimenko abgeleitet werden. Das Bild zeigt den Kometen von oben (oben), von der Seite (links) und von vorne (unten rechts). Dieses Modell beruht auf Phillippe Lamy und Kollegen vom „Laboratoire d'Astronomie Spatiale" in Marseille aus dem Jahr 2006. Es gibt inzwischen auch alternative Modelle, wirklich verlässlich ist jedoch noch keines.

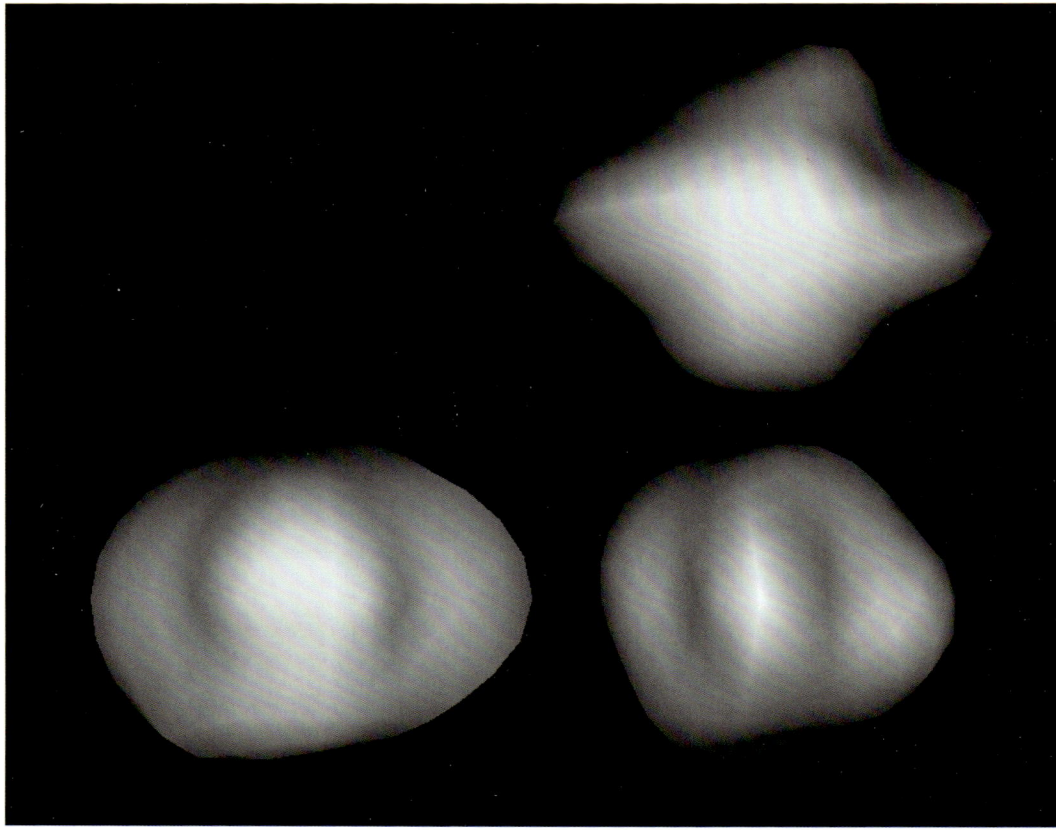

Eigenschaften des Kometen 67P/Churyumov-Gerasimenko	
Kernmaße	etwa 3 Kilometer x 5 Kilometer
Umlaufzeit	6,6 Jahre (6 Jahre, 203 Tage)
Periheldistanz q	193 Millionen Kilometer (1,289 Astronomische Einheiten)
Große Halbachse a	3,503 Astronomische Einheiten
Apheldistanz Q	855 Millionen Kilometer (5,717 Astronomische Einheiten)
Exzentriziät e	0,632
Bahnneigung i	7,1 Grad
Rotationsperiode	etwa 12,6 Stunden
Staubproduktionsrate	etwa 2100 Kilogramm pro Sekunde bei 1,36 Astronomischen Einheiten etwa 95 Kilogramm pro Sekunde bei 1,85 Astronomischen Einheiten
Gasproduktionsrate	etwa 10^{28} Moleküle pro Sekunde bei 1 Astronomischen Einheit
Jahr der Entdeckung	1969
Entdecker	Klim Churyumov, Universität Kiew, Ukraine Svetlana Gerasimenko, Astrophysik-Institut, Duschanbe, Tadschikistan

Die bisher bekannten Eigenschaften des Zielkometen der ROSETTA-Mission 67P/Churyumov-Gerasimenko

Churyumov und Svetlana Gerasimenko fotografiert und später auf den in Kiew erneut inspizierten Fotoplatten entdeckt. Zunächst wurde er irrtümlich für einen schon bekannten Kometen gehalten. In den Blick der Weltraumforschung gelangte 67P/CG, als er zum Ziel der ROSETTA-Mission der ESA erklärt wurde.

Die Umlaufbahn des zur Jupiterfamilie (vgl. vorhergehenden Abschnitt) gehörenden Kometen hat eine interessante Geschichte, wie entsprechende Rückrechnungen zeigen. Demnach kreuzt sie die Jupiterbahn, wodurch der Komet zeitweilig stark von der Jupitergravitation (und auch der des Saturn) beeinflusst wurde. Die Berechnungen haben ergeben, dass 67P/CG vor dem Jahr 1840 nicht als Komet beobachtbar war, da er damals selbst im Perihel noch vier Astronomische Einheiten von der Sonne entfernt war. In dieser Entfernung ist die wärmende Einstrahlung der Sonne zu gering, um zu einer beobachtbaren kometaren Aktivität zu führen. Durch den Einfluss von Jupiter änderte sich die Umlaufbahn des Kometen aber so, dass seine Entfernung im Perihel zunächst etwa drei Astronomische Einheiten betrug, und eine weitere Jupiterannäherung im Jahr 1959 brachte ihn auf seine gegenwärtige Umlaufbahn. Seine Periheldistanz beträgt heute etwa 1,3 AE.

Bisheriges Wissen

Als 67P/CG zum Zielkometen der ROSETTA-Mission auserwählt worden war, wurde er zunehmend intensiv beobachtet (vgl. Abb. 3.13 und 3.14). So wurde er auch im Jahr 2003, als er sich im sonnennächsten Teil seiner Bahn befand, mit dem HUBBLE-Weltraumteleskop erstmals grob abgebildet. Es zeigte sich ein Kometenkern von leicht unregelmäßiger Form mit Ausmaßen von rund drei mal fünf Kilometern. Damit ist die Hoffnung begründet, dass im Jahr 2014 ein geeignetes Landegebiet für den Lander PHILAE gefunden werden kann. Die gegenwärtigen Kenntnisse und Vorstellungen von 67P/CG sind in der Tabelle oben zusammengefasst.

4 ASTEROIDEN, RELIKTE GROSSER KOLLISIONEN

4.1 Entdeckung, Benennung und Herkunft

4.2 Asteroidenbahnen und -gruppen

4.3 Rendezvous mit Asteroiden

Neben den Kometen bilden die Asteroiden die zweite große Gruppe von Kleinkörpern in unserem Sonnensystem. Ihr Hauptaufenthaltsgebiet liegt in einem „Gürtel" zwischen den Bahnen von Mars und Jupiter, wobei es einzelne Objekte gibt, die weit nach innen in das Planetensystem gelangen und auch die Erdbahn kreuzen, andererseits aber auch solche, die sich weit in das äußere Sonnensystem hinausbewegen. Diese Streuung der Bahnen resultiert aus Wechselwirkungen mit den benachbarten Planeten, vor allem mit dem massereichen Jupiter.

4.1 | Entdeckung, Benennung und Herkunft

Anlässlich der Einführung des Begriffs „Zwergplanet" im Jahr 2006, mit dem inzwischen Pluto und andere kleinere Himmelskörper bezeichnet werden, gab die IAU neue Definitionen für die verschiedenen Objektklassen im Sonnensystem heraus. Demnach ist ein Planet ein natürlicher Himmelskörper, der sich auf einer Bahn um die Sonne befindet und
a) über eine ausreichende Masse verfügt, um durch seine Eigengravitation im hydrostatischen Gleichgewicht eine annähernd gerundete Form zu bilden und
b) die Umgebung seiner Bahn von anderen vergleichbaren und kleineren Körpern bereinigt hat und
c) kein Stern und kein Mond ist.
Mit abnehmender Größe folgen dann die „Zwergplaneten". Ein Zwergplanet ist definitionsgemäß ein Himmelskörper, der sich auf einer Bahn um die Sonne befindet und
a) über eine ausreichende Masse verfügt, um durch seine Eigengravitation im hydrostatischen Gleichgewicht eine annähernd gerundete Form zu bilden und
b) die Umgebung seiner Bahn nicht bereinigt hat (es können also weitere Körper auf ähnlichen Umlaufbahnen vorkommen) und
c) kein Mond ist.
Alle weiteren Objekte im Sonnensystem, die nicht der Definition eines Planeten oder Zwergplaneten entsprechen, sich aber um die Sonne bewegen, werden als „Small Solar System Bodies" (SSSB) oder Kleinkörper bezeichnet. Diese

Klasse umfasst folgende Objekte: Kometen, Asteroiden (bisher auch Kleinplaneten oder auch Planetoiden genannt), Meteoroide, Transneptunische Objekte (TNOs). Asteroiden sind kleiner als Zwerglaneten, aber größer als Meteoroide und im Unterschied zu Kometen gasen sie in Sonnennähe nicht aus. Die Übergänge sind jedoch manchmal fließend.

Neue „Sterne" am Himmel

Wegen ihrer geringen Größe sind Asteroiden am irdischen Nachthimmel keine hellen Objekte. Mit dem bloßen Auge sind sie nicht zu sehen. Sie sind „teleskopische Himmelskörper" und wurden daher auch erst recht spät, zu Anfang des 19. Jahrhunderts gefunden. So entdeckte der italienische Astronom Giuseppe Piazzi in Palermo auf Sizilien in der Neujahrsnacht zum Jahr 1801 einen lichtschwachen Stern, der auf seiner Sternkarte nicht verzeichnet war. Bei der weiteren Beobachtung stellte er fest, dass sich dieser „Stern" bewegte – konnte dies etwa ein neuer Planet sein? Wegen einer Erkrankung konnte Piazzi den neu entdeckten Himmelskörper nicht lange weiterverfolgen, anhand von Piazzis Beobachtungsdaten gelang es aber Carl Friedrich Gauß in Göttingen, die Bahn des Körpers zu berechnen. Heinrich Wilhelm Olbers aus Bremen fand ihn daraufhin tatsächlich wieder, kurioserweise in der Silvesternacht 1801. Nach einigem Hin und Her wurde für den neu entdeckten Himmelskörper der Name Ceres festgelegt, nach der Schutzgöttin Siziliens. In den Folgejahren wurden bald weitere derartige Objekte entdeckt, so etwa Pallas im Jahr 1802, Juno 1803 und Vesta 1807.

4.1 | Die Aufzeichnungen von Giuseppe Piazzi während der Beobachtung des neu entdeckten „Planeten" Ceres. Sie wurden im September 1801 von Franz Xaver Zach veröffentlicht.

Das Bemerkenswerte an diesen neu gefundenen Himmelskörpern war, dass sie sich alle auf Bahnen zwischen Mars und Jupiter in dem heute so genannten „Asteroidengürtel" bewegten. Damals klaffte hier nämlich noch eine Lücke im Planetensystem. Gemäß der „Titius-Bode-Regel" (vgl. Kasten links), einer empirisch gefundenen Formel, nach der sich die Entfernungen der meisten Planeten von der Sonne ungefähr aus der Nummer ihrer Reihenfolge ergeben, sollte sich an dieser Stelle eigentlich noch ein Planet befinden. Durch diese Funde wurde die „Regel" also ein wenig gestärkt, dennoch wird eine allgemeinere Gültigkeit bis heute stark und begründet bezweifelt. Sie motiviert jedoch immer wieder einige Denker dazu, neue Entstehungstheorien für das Planetensystem zu ersinnen.

Bis heute sind – insbesondere durch die stark verbesserten Möglichkeiten der astronomischen Beobachtungstechnik – eine große Anzahl von Asteroiden entdeckt worden. Es sind gegenwärtig rund 600.000 Objekte bekannt, also mehr als eine halbe Million. Als Bezeichnung für diese Körper waren die Begriffe „Asteroid", „Planetoid" und (im deutschen Sprachraum) auch „kleiner Planet" oder „Kleinplanet" im Umlauf, von denen sich letztlich aufgrund der führenden Rolle der USA auch in der Astronomie und Weltraumfor-

Die Titius-Bode-Regel

Die von Johann Daniel Titius und Johann Elert Bode gefundene „Regel" ist eine numerische Beziehung zwischen den Abständen der Planeten von der Sonne und ihren „Nummern". Sie spiegelt die realen Verhältnisse bis auf wenige Unstimmigkeiten recht gut wieder. In der moderneren Form von Johann Friedrich Wurm aus dem Jahr 1787 lautet sie:

$$E = 0,4 + 0,3 \times 2^n$$

Dabei ist E der mittlere Abstand des entsprechenden Planeten von der Sonne in Astronomischen Einheiten. Für n wird die Zahlenfolge $-\infty$, 0, 1, 2, 3 usw. eingesetzt.

schung das in der englischsprachigen Literatur dominierende Wort „Asteroid" durchgesetzt hat.

Mit der ständig steigenden Zahl an neuen Asteroiden mussten auch Regeln gefunden werden, um diese Körper systematisch zu erfassen. Gegenwärtig setzt sich die Bezeichnung eines Asteroiden aus einer vorangestellten Zahl (seiner „Nummer") und einem Namen zusammen. Dabei wird die Nummer heutzutage erst vergeben, wenn die Bahn des Asteroiden ausreichend bekannt ist. Nur gut die Hälfte der gefundenen Asteroiden hat bisher eine solche Nummer. Das Vorschlagsrecht für den Namen liegt innerhalb der ersten zehn Jahre beim Entdecker, der Vorschlag ist allerdings letztlich durch die IAU zu bestätigen, die dafür Richtlinien erstellt hat. Ist die Bahn eines Asteroiden noch nicht ausreichend bekannt, so wird er vorläufig mit dem Entdeckungsjahr und einer nach bestimmten Regeln zu ermittelnden Buchstaben- und tiefgestellten Zahlenkombination charakterisiert, wie zum Beispiel 2005 VX$_{12}$.

Missglückter Planet oder Zerfall?

Die Tatsache, dass sich die Asteroiden zumeist in einem Gebiet zwischen Mars und Jupiter befinden (vgl. Abb. 4.3, S. 71), und damit gerade in der Region, in der sich gemäß der Titius-Bode-Regel ein Planet befinden müsste, hat die Überlegungen zur Entstehung oder Herkunft der Asteroiden stark beflügelt. So könnten sie beispielsweise Überbleibsel eines missglückten Entstehungsprozesses des letztlich ja dort „fehlenden" Planeten sein. Möglicherweise ist ein Zusammenschluss der Teile zu einem Planeten nicht gelungen, weil die von Jupiter ausgehenden Störungen zu groß waren oder auch weil ihre Gesamtmasse einfach zu klein war. In der Tat ist sie im Vergleich zu den anderen Planeten gering. Vielleicht waren aber auch einfach die weiteren Zusammenstöße der durch Akkretion (s. Kasten oben) entstandenen kleinen Körper zu selten, um letztlich zu Zusammenlagerungen und dem Wachstum eines Planeten zu führen. Oder die Kollisionen waren so gewaltsam, dass sie zerstörerisch wirkten. Klar ist vor allem eins, nämlich

Akkretion

Unter Akkretion versteht man das Anwachsen eines Körpers aufgrund von Zusammenstößen. Durch die allmähliche Zusammenlagerung kleinerer Teilchen kann so langfristig ein größerer Körper entstehen. Auf diese Weise sind die Planetesimale, die Bausteine von Planeten, entstanden.

dass Jupiter eine entscheidende Rolle bei der Entwicklung der Asteroiden gespielt hat.

Für eine Zerfallsgeschichte infolge von Kollisionen spricht übrigens die Tatsache, dass es „Asteroidenfamilien" mit „Mutterkörpern" gibt, die teilweise schon planetengroß und chemisch differenziert (mit einem Silikatmantel und Metallkern) waren. Die Mitglieder von Familien sind heute noch über ihre ähnlichen Bahnen auffindbar. So hat sich also eine Vielzahl wieder kleinerer einzelner Körper auf kollisionserzeugten Bahnen gebildet, was auch das Auftauchen solcher Bruchstücke in Erdnähe erklärt. Die kleineren verglühen als Sternschnuppen in der Atmosphäre, bei ausreichender Größe können sie aber als Meteorite die Erdoberfläche erreichen. Die Meteorite, die wir auf der Erde finden, stammen mithin zum allergrößten Teil aus dem Asteroidengürtel, wenngleich es auch Mars- und Mondmeteorite auf der Erde gibt. Diese wurden dort infolge starker Einschläge weggeschleudert und auf interplanetare Bahnen gebracht.

Der direkte Zusammenhang von Meteoriten mit einzelnen bekannten Asteroiden kann durch spektrale Vergleiche der Meteorite mit den Asteroidenoberflächen belegt werden. So können manche Meteorite in irdischen Labors oder Museen ziemlich eindeutig bestimmten Körpern oder Familien im Asteroidengürtel zugeordnet werden. Der Asteroid Vesta ist beispielsweise der Mutterkörper der sogenannten HED-Meteoritengruppe (Howardite, Eukrite und Diogenite), die zu den Achondriten gehören und irdischen magmatischen Gesteinen ähnlich sind.

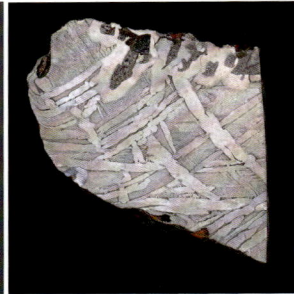

4.2 | Links: Das Innere eines kohlig-chondritischen Steinmeteoriten. Er enthält zahlreiche Chondren (millimetergroße Silikatkügelchen) sowie kalzium- und aluminiumreiche Einschlüsse (sogenannte CAIs). Rechts: Die geätzte und polierte Innenfläche eines Eisenmeteoriten. Sie zeigt ein typisches „Widmannstätten'sches" Muster und ebenfalls einige Einschlüsse.

Die Oberfläche eines Asteroiden spiegelt bis zu einem gewissen Grad seine chemische Zusammensetzung wider. Man unterscheidet daher verschiedene Oberflächentypen mit vorangestellten Buchstaben von A bis X. Dabei dominieren mit einem Anzahlanteil von ungefähr 75 Prozent die sogenannten C-Asteroiden, die offenbar Kohlenstoffverbindungen in ihren Oberflächen enthalten und mit Albedowerten um 0,05 und kleiner relativ dunkel sind. Diese recht einfachen Körper sind nicht weiter differenziert und somit ursprünglicher als die differenzierten Asteroiden, und sie bewegen sich hauptsächlich im äußeren Teil des Asteroidengürtels. Das meteoritische Pendant zu den C-Asteroiden sind die „kohlig-chondritischen" Steinmeteorite. Silikatische Oberflächen finden sich bei den relativ hellen S-Asteroiden (Albedo 0,1 bis 0,2), die mit 17 Prozent die zweithäufigste Gruppe darstellen und deren meteoritische Spuren die „gewöhnlichen chondritischen" Meteorite sind. Metallische Bestandteile enthalten die etwa gleich hellen M-Asteroiden, die aus dem Kernmaterial einst differenzierter größerer Körper stammen und die bei gewaltigen Kollisionen freigesetzt wurden. Eisenmeteorite dürften aus solchen Zusammenstößen resultieren.

All die hier genannten Asteroidentypen sind noch unterteilt in zahlreiche Untergruppen, die zum Beispiel auf mineralogische Unterschiede hinweisen. Darauf soll hier aber nicht vertiefend eingegangen werden. Den Darstellungen kann bereits entnommen werden, dass Asteroiden offenbar gesteinsartige Körper sind, die eine chemische und mineralische Zusammensetzung haben, die den auf der Erde gefundenen Meteoriten entspricht. Interessanterweise nimmt der Differentiationsgrad der Asteroiden und ihr Gehalt an refraktären Bestandteilen im Mittel mit zunehmender Entfernung von der Sonne ab, also genau so, wie wir es am Übergang zwischen den gesteinsartigen inneren Planeten und den großen Gasplaneten weiter außen erwarten können.

4.2 | Asteroidenbahnen und -gruppen

Die Asteroiden bewegen sich auf Bahnen mit merklichen Exzentrizitäten und zum Teil auch deutlichen Bahnneigungen gegenüber der Ekliptik. Dies ist eine Folge von vorangegangenen Kollisionen untereinander sowie von Bahnstörungen durch die benachbarten Planeten, dabei insbesondere durch Jupiter.

Die Hauptgürtel-Asteroiden

Die große Mehrzahl von etwa 90 Prozent der Asteroiden befindet sich im Hauptgürtel zwischen Mars und Jupiter im Bereich von ungefähr 2 bis

3,3 AE. Die teilweise großen Exzentrizitäten einzelner Asteroidenbahnen führen diese Körper dann aus dem Hauptgürtel hinaus, so dass sie die Bahnen anderer Planeten kreuzen und so auch zu Erdbahnkreuzern werden können. Dies trifft zum Beispiel auf die Asteroiden der Aten- und der Apollo-Gruppe zu. Andere kreuzen zwar die Marsbahn, nicht aber die Bahn der Erde, wie die Asteroiden der Amor-Gruppe (vgl. Abb. 4.3).

Der Hauptgürtel der Asteroiden zeigt infolge einiger „Bahnresonanzen" (darstellbar in ganzzahligen Verhältnissen der Umlaufzeiten der jeweiligen Asteroiden und von Jupiter) eine bemerkenswerte Strukturierung, die in der Abbildung 4.4 auf Seite 72 zu erkennen ist. Diese Resonanzlücken werden „Kirkwood-Lücken" genannt, Bezug nehmend auf Daniel Kirkwood, der 1857 als Erster auf die Lücke im Asteroidengürtel bei einer mittleren Entfernung von 2,5 AE hinwies. Er erklärte diese Lücke korrekt mit dem Resonanzverhältnis von 3:1 zwischen den Umlaufzeiten der Asteroiden an diesem Ort und von Jupiter. Heute sind zahlreiche Resonanzen zwischen 1,9 und 3,7 AE bekannt. Ganz offenbar erhalten Asteroiden bei bestimmten Verhältnissen der Umlaufzeiten über die Gravitationswirkung des Riesenplaneten Jupiter „resonanzartig" Energie und werden aus ihren ursprünglichen Bahnen hinausbewegt.

Andere Asteroidengruppen

Auch außerhalb des Hauptgürtels gibt es verschiedene Asteroidenansammlungen, beispielsweise einzelne kleinere Gruppen wie die Hungaria-, Phocaea-, Cybele-, Alinda-, Pallas-, Koronis-, Thule- und Hilda-Gruppen oder -Familien. Auch sie wurden durch Bahnresonanzen mit Jupiter und durch Kollisionen erzeugt. Dabei bilden die Resonanzlücken sozusagen natürliche „Abgrenzungen" zwischen den Gruppen, während die kollisionsbedingten Zerfälle von Mutterkörpern zu den vielen Gruppenmitgliedern führten, die sich noch ungefähr auf derselben Bahn bewegen. Sie sind in Darstellungen ähnlich der Abbildung 4.4 außerhalb des Hauptgürtels als einzelne Gruppen erkennbar. Da kein Mechanismus bekannt ist, der (außer durch stark unelastische Stöße) zu einer Fokussierung der Bahnen führen würde, müssen diese Gruppen aus Zerfällen ursprünglich größerer Körper resultieren. Asteroidenfamilien sind also ein starker Hinweis darauf, dass es Zerfallsprozesse sind, die zu den

4.3 | Der Hauptgürtel der Asteroiden befindet sich zwischen Mars- und Jupiterbahn. Ihm entstammen vermutlich auch die Erd- und Marsbahnkreuzer der Aten-, Apollo- und Amor-Gruppen. Die Jupiter-Trojaner waren ursprünglich im äußeren Sonnensystem beheimatet.

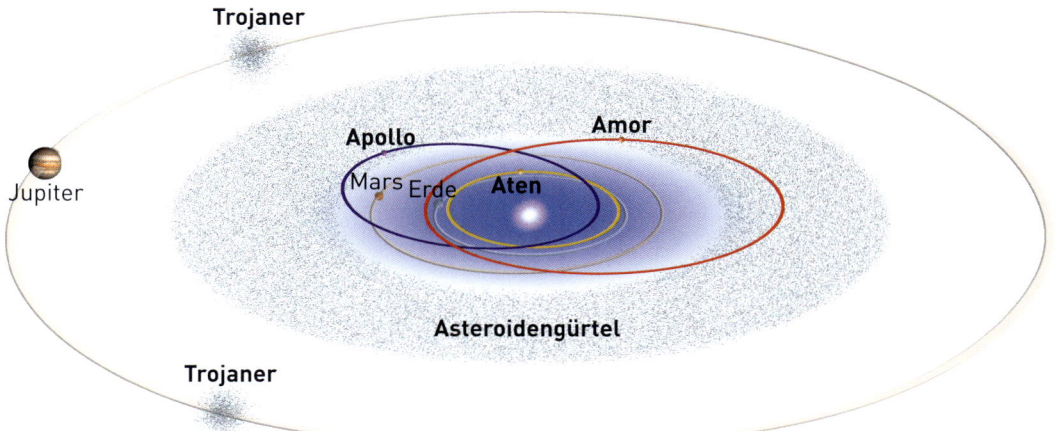

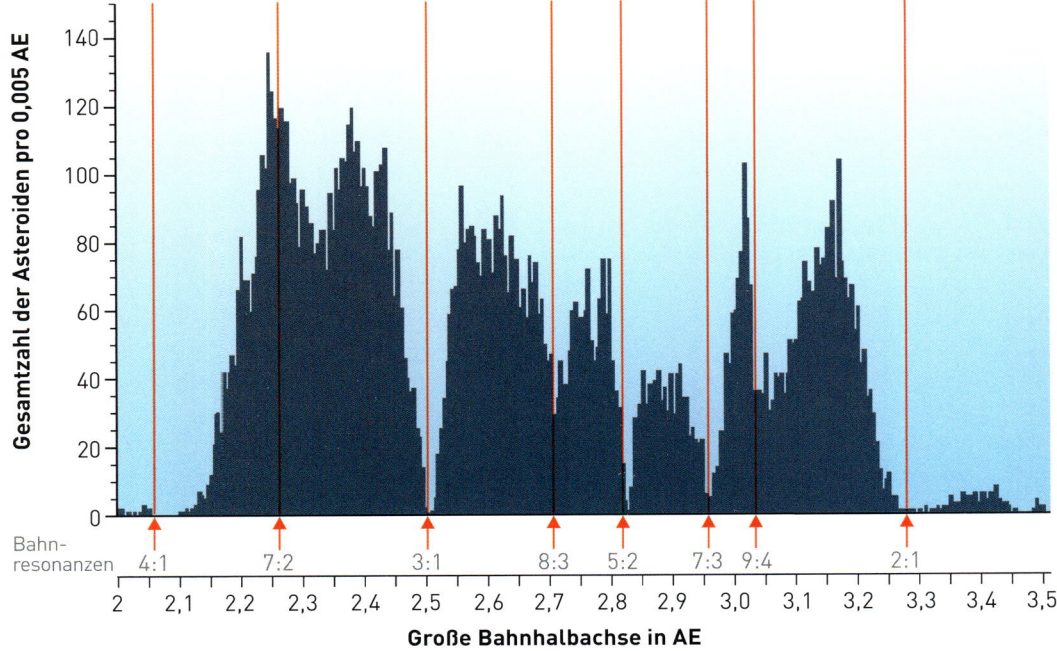

4.4 | Verteilung der Asteroiden des Hauptgürtels. Infolge von Bahnresonanzen mit dem Riesenplaneten Jupiter sind bestimmte Umlaufbahnen im Asteroidengürtel kaum besetzt. Man nennt diese Leerräume Kirkwood-Lücken.

Strukturen im heutigen Asteroidengürtel beitrugen. Wie schon erwähnt, sind kleine „Splitter" dieser Kollisionen als Meteorite manchmal sogar einem bestimmten Asteroiden zuzuordnen.

Zu erwähnen ist noch eine besondere Gruppe von Asteroiden, die „Trojaner" (vgl. Abb. 4.3). Sie bewegen sich in den sogenannten „Lagrange-Punkten" – speziellen Gleichgewichtspunkten beim Dreikörperproblem – auf stabilen Bahnen um 60 Grad „phasenverschoben" vor und hinter Jupiter auf dessen Bahn. Die Trojaner sind vermutlich in diesen Gleichgewichtsgebieten eingefangen worden und stammen wohl zumeist aus dem äußeren Planetensystem. Analog sind auch von Neptun, Mars und der Erde zumindest zeitweilige Trojaner bekannt.

Außerhalb der Jupiterbahn existieren, wie erst in den letzten Jahrzehnten entdeckt wurde, offenbar ebenfalls asteroidenartige Körper, wobei hier ein Unterschied zu Kometen wohl schwer zu finden sein wird. Zum Beispiel sind

dies die „Zentauren" auf ihren sehr exzentrischen Bahnen, die möglicherweise aus dem Kuiper'schen Kometengürtel stammen. Eine andere Gruppe sind die „Damocloiden", die sich ebenfalls auf stark exzentrischen Bahnen von jenseits des Uranus kommend weit in das innere Planetensystem hineinbewegen. Sie sind wohl durch frühere nahe Vorübergänge an den großen Planeten des äußeren Sonnensystems auf ihre jetzigen, quasi „irregulären" Bahnen gebracht worden.

Eine weitere Gruppe von Körpern im äußeren Planetensystem sind die Transneptunischen Körper oder Kuiper-Gürtel-Objekte (vgl. Abschnitt 2.2, *Kometengruppen*), die sich außerhalb der Neptunbahn bewegen. Zu ihnen gehört auch der Zwergplanet Pluto. Dabei ist darauf hinzuweisen, dass wegen der großen Entfernungen bisher überhaupt nur die größten und „sonnennächsten" Körper in diesen Gebieten erfasst werden konnten. Möglicherweise sind diese großen Bereiche überhaupt nicht leer, sondern von vielen asteroidenartigen Körpern (und zumindest zum Teil auch Kometen) bevölkert, die aber wegen ihrer „Kleinheit" noch nicht nachgewiesen werden konnten.

4.3 | Rendezvous mit Asteroiden

Mit den immer besser werdenden Möglichkeiten der Weltraumfahrt wurden im Rahmen der Erforschung des Planetensystems inzwischen auch etliche Asteroiden untersucht. Neben Vorbeiflügen von Sonden gab es Beobachtungen aus Umlaufbahnen, in einem Fall wurden sogar Proben zur Erde zurückgebracht. Jedoch flogen nicht nur Sonden an Asteroiden vorbei, sondern auch schon viele Asteroiden an der Erde.

Untersuchungen durch Raumsonden

Der erste Vorbeiflug an einem Asteroiden erfolgte im Jahr 1991 mit der NASA-Sonde GALILEO, an der auch Europäer beteiligt waren. Sie untersuchte zunächst den Asteroiden (951) Gaspra. 1993 folgte ein Vorbeiflug an (243) Ida mit ihrem

4.5 | Der Hauptgürtelasteroid (243) Ida auf einer Aufnahme der Raumsonde GALILEO. Er ist der erste Asteroid, bei dem ein kleiner Mond (Dactyl) entdeckt wurde (heller Punkt rechts neben Ida).

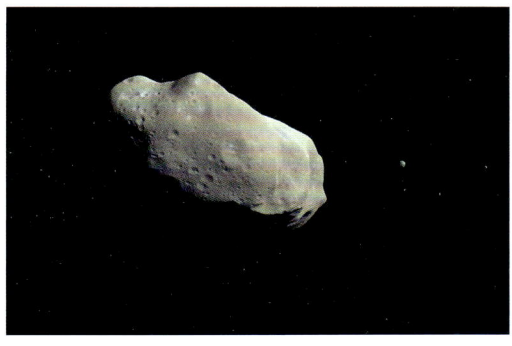

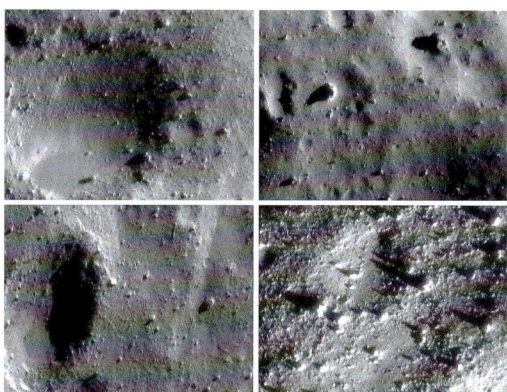

4.6 | Die Oberfläche des Asteroiden (433) Eros, aufgenommen aus nur wenigen Kilometern Entfernung von der Sonde NEAR-SHOEMAKER. Die Breite der Aufnahmefelder beträgt oben rund 550 Meter, unten nur 230 Meter.

kleinen Mond Dactyl. GALILEO war die erste Raumsonde, die Nahaufnahmen von Vertretern dieser Klasse von Himmelskörpern lieferte (vgl. Abb. 4.5).

Ihr folgte die NASA-Sonde NEAR-SHOEMAKER, die 1997 den Asteroiden (253) Mathilde umflog, am 14. Februar 2000 in eine Umlaufbahn um (433) Eros einschwenkte und schließlich sogar dort landete. Die Sonde war 1996 unter dem Namen NEAR (für „Near Earth Asteroid Rendezvous") zur Erforschung des Asteroiden Eros gestartet worden. Den Zusatznamen „Shoemaker" erhielt die Mission erst im Jahr 2000 zu Ehren des im Jahr 1997 ums Leben gekommenen US-amerikanischen Geo- und Planetologen Eugene Shoemaker (vgl. Abschnitt 3.2).

Nachdem NEAR-SHOEMAKER den Asteroiden Eros vielfach umrundet hatte, landete die Sonde erfolgreich auf seiner Oberfläche, obwohl sie dafür ursprünglich gar nicht ausgelegt war. Während der Annäherung wurden detailreiche Bilder gewonnen, die eine durch viele Krater sowie Spalten und Rillen charakterisierte Oberfläche zeigen. Offenbar war Eros in seiner Geschichte vielen und heftigen Kollisionen ausgesetzt, denn nahezu überall lagen Gesteinsbrocken herum, die als Auswurfmaterial teilweise bestimmten Einschlagkratern zugeordnet werden konnten

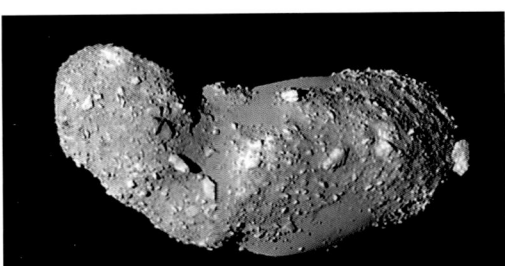

4.7 | Auf dieser HAYABUSA-Aufnahme des Erdbahn-kreuzers (25143) Itokawa sind praktisch keine Einschlagkrater zu sehen. Einige Regionen sind von Regolith und Felsbrocken bedeckt, an anderen scheint Gestein freizuliegen.

(vgl. Abb. 4.6). Die NEAR-SHOEMAKER-Landung auf einem Asteroiden war die erste in der Geschichte der Weltraumfahrt.

Wie im Abschnitt 5.5 genauer beschrieben wird, näherte sich zudem die (Kometen-)Sonde DEEP SPACE 1 im Jahr 1999 dem Asteroiden (9969) Braille bis auf einen Abstand von nur 26 Kilometern, und die Sonde STARDUST zog 2002 in 3300 Kilometern Entfernung am Asteroiden (5535) Annefrank vorbei. Ein ganz besonderer Meilenstein bei der Asteroidenerforschung war die japanische Mission HAYABUSA (zu Deutsch: Wanderfalke). Vor dem Start MUSES-C genannt, wurde HAYABUSA am 9. Mai 2003 von der japanischen Raumfahrtagentur JAXA zum Asteroiden (25143) Itokawa gestartet. Am 12. September 2005 erreichte die Sonde ihr Ziel, und es gelang, Bodenproben des Asteroiden zu nehmen. Nach einem komplizierten Rückflug ging die über der Erde abgetrennte Rückkehrkapsel mit den Proben am 13. Juni 2010 über Australien nieder und konnte geborgen werden. Damit war Japan die erste Probenentnahme und -rückführung von der Oberfläche eines Asteroiden gelungen.

Überraschenderweise zeigte sich die Oberfläche von Itokawa kraterfrei. Dies deutet auf eine noch junge Oberfläche, auf der aber auch viele herumliegende Steine und größere Brocken (bis 50 Meter Durchmesser) zu sehen sind (vgl. Abb. 4.7). Seine Form entspricht etwa einem dreiachsigen Ellipsoid mit den Abmessungen 535 Meter x 294 Meter x 209 Meter. Die Massendichte er-

wies sich mit 1,9 Kilogramm pro Kubikmeter als bemerkenswert niedrig, was auf eine hohe Porosität schließen lässt. Spektroskopische Untersuchungen zeigten Ähnlichkeiten zu chondritischen Meteoriten (vgl. Abschnitt 4.1), was durch die ersten Analysen der zurückgebrachten Partikel bestätigt wurde. Vermutlich entstand Itokawa dadurch, dass sich die Bruchstücke eines bei einer Kollision zerstörten Mutterkörpers teilweise wieder zu einem größeren Körper zusammengesetzt haben. Sein Alter wird auf nur wenige zehn bis Hundert Millionen Jahre geschätzt.

Auch die ROSETTA-Sonde flog auf ihrem Weg zum Kometen Churyumov-Gerasimenko an zwei Asteroiden vorbei, und zwar im Jahr 2008 an (2867) Šteins und 2010 am Asteroiden (21) Lutetia (vgl. Abschnitt 8.3).

Besonders hervorzuheben ist unter den Missionen zum Asteroidengürtel noch die NASA-Sonde DAWN, die die beiden fast „planetengroßen" Körper Vesta und Ceres erforschen soll. Sie wurde 2007 gestartet, umkreiste und untersuchte von Mitte 2011 bis September 2012 den Asteroiden (4) Vesta und befindet sich nun auf dem Weg zum Zwergplaneten (1) Ceres, der früher als der größte Asteroid galt. 2015 soll DAWN bei Ce-

4.8 | Diese Aufnahme der NASA-Sonde DAWN zeigt den hohen Berg am Südpol des Asteroiden Vesta (unten). Das auffällige Kratertrio im oberen Bildteil wird als „Schneemann" bezeichnet.

res eintreffen. Bereits die ersten Auswertungen der Dawn-Mission haben die Vermutungen bestärkt, dass Vesta ein differenzierter Körper ist, der einen Metallkern und eine äußere silikatische Hülle hat. Möglicherweise handelt es sich auch hier gemäß der aktuellen Nomenklatur um einen Zwergplaneten und nicht mehr um einen Asteroiden. Das werden die weiteren Datenauswertungen zeigen. Auffällig ist ein rund 20 Kilometer hoher Berg in der Gegend von Vestas Südpol (vgl. Abb. 4.8). Nach Olympus Mons auf dem Mars mit 24 Kilometern Höhe ist dieser der zweithöchste, bisher bekannte Berg im Sonnensystem. Die höchste Erhebung der Erde, der Mount Everest, ist „nur" 8,8 Kilometer hoch. Vermutlich ist der Berg auf Vesta die Folge eines großen und zerstörerischen Einschlags, denn seine Umgebung ist relativ flach und kraterfrei. Eventuell hat dieser gewaltige Zusammenstoß auch zu den von Chondren freien Steinmeteoriten geführt, deren Quelle Vesta sein soll.

„Besuch" von Asteroiden

Wenn Asteroiden uns nahekommen, ist das nicht immer angenehm. In prähistorischer Zeit gab es zum Teil sogar gewaltige Einschläge, von denen manche vermutlich gravierende Folgen für die gesamte oder zumindest die regionale Biosphäre hatten. Erinnert sei nur an den Einschlag des Tunguska-Meteoriten oder die Entstehung des Chicxulub-Kraters. Insofern haben Asteroiden auch heute noch ein „gefährliches Image". Wie sieht es denn eigentlich mit nahen Passagen größerer Brocken in der näheren Vergangenheit und Zukunft auf Basis unseres heutigen Wissens aus?

Bekannt ist, dass

- am 9. November 2011 der Asteroid 2005 YU$_{55}$ aus der Apollo-Gruppe mit einem Durchmesser von etwa 400 Metern in nur 324.600 Kilometern Entfernung – also noch innerhalb der Mondbahn – an der Erde vorbeiflog und
- am 13. April 2029 der Asteroid (99942) Apophis aus der Aten-Gruppe mit einem Durchmesser von ungefähr 270 Metern nahe an der Erde vorbeiziehen wird (nach gegenwärtiger

4.9 | Am Morgen des 15. Februar 2013 schoss ein riesiger Feuerball über den Ural. Der Meteorit explodierte über der russischen Millionenstadt Chelyabinsk, es gab Hunderte Verletzte und zahlreiche Schäden. Die Rauchspur wurde hier aus rund 200 Kilometern Entfernung aufgenommen.

Kenntnis wird sein Abstand dabei wohl nur etwa 30.000 Kilometer betragen) und

- am 16. März 2880 der Asteroid (29075) 1950 DA, ein mit zwei Stunden Rotationsdauer sehr schnell rotierender und nahezu kugelförmiger Körper von 1,1 Kilometern Durchmesser, der Erde sehr nahekommen könnte. Gegenwärtig kann auch die Möglichkeit einer Kollision noch nicht ausgeschlossen werden, da die Bahnparameter für die notwendigen Berechnungen so weit in die Zukunft noch nicht ausreichend genau bekannt sind.

Inzwischen gibt es einige Überwachungsprogramme, die den Himmel gezielt nach potenziell gefährlichen Brocken absuchen. Pläne für etwaige Abwehrmaßnahmen sind aber bisher größtenteils noch rein theoretisch, und ein gefährliches Objekt müsste dazu nach heutigem Stand schon Jahre bis Jahrzehnte vor dem Einschlag bekannt sein.

5 DIE HALLEY-MISSIONEN UND ANDERE

5.1 Die „Halley-Armada"

5.2 Die Geschichte der VEGA-Sonden

5.3 Die GIOTTO-Mission

5.4 Kometensimulationsexperimente

5.5 Weitere Kometenmissionen

In den 1980er-Jahren sollte eine ganze Armada wissenschaftlicher Raumsonden den Kometen Halley aus der Nähe erforschen. Abschnitt 5.1 gibt einen kurzen Überblick über die Missionen. In den Abschnitten 5.2 und 5.3 werden die Begleitumstände und Ergebnisse der sowjetischen Vega- und der europäischen Giotto-Mission im Detail beleuchtet, in deren Folge auch sogenannte Kometensimulationsexperimente (Abschnitt 5.4) in irdischen Labors durchgeführt wurden. Der letzte Abschnitt 5.5 stellt weitere Kometensonden genauer vor. Alle diese Missionen und Experimente bildeten die Grundlage für die komplexe Rosetta-Mission.

5.1 | Die „Halley-Armada"

Erstmals in der Wissenschaftsgeschichte lieferte 1986 ein ganzes Heer von Raumsonden zahlreiche wissenschaftliche Daten zu einem Kometen, die zu einem großen Aufschwung im modernen Kometenverständnis geführt haben. Überdies waren die sowjetischen Vega- und die europäische Giotto-Mission auch für die weitere Entwicklung der internationalen Zusammenarbeit bei der Weltraumerkundung und Kometenforschung wegweisend. Der weitaus größte Teil der in diesem Buch vorgestellten Ergebnisse und Überlegungen basiert auf diesen und den mit weiteren Weltraummissionen gewonnenen Messdaten. Die Missionen zum Kometen Halley sind in der Abbildung 5.1 auf Seite 78 dargestellt und in der Reihenfolge ihrer Annäherung an den Kometenkern in den folgenden Abschnitten kurz beschrieben.

Die sowjetische Sonde Vega 1

(Annäherung am 6. März 1986 auf rund 8890 Kilometer)
Vega 1 war eine von der damaligen Sowjetunion am 15. Dezember 1984 gestartete Sonde, die in internationaler Zusammenarbeit mit wissenschaftlichen Mess- und Beobachtungsgeräten bestückt worden war. Außer den Russen waren daran über das wissenschaftliche Programm „Interkosmos" auch Forscher aus dem damaligen Ostblock beteiligt sowie darüber hinaus sogar westeuropäische und amerikanische Wissenschaftler (vgl. Abschnitt 5.2).

Die Venus-Halley-Sonden

Der Name der sowjetischen Vega-Sonden setzt sich zusammen aus den Buchstaben Ve für Venus und Ga vom russischen Wort „Gallei" für Halley. Bevor die Vega-Sonden zum Kometen Halley aufbrachen, flogen sie jeweils am Planeten Venus vorbei und setzten dort ein Landegerät ab.

Nach einem Vorbeiflug an der Venus am 11. Juni 1985 flog die Sonde mit einer Geschwindigkeit von 79,2 Kilometern pro Sekunde am Kometen Halley vorbei. Die große Differenzgeschwindigkeit ergab sich aus der Tatsache, dass der Komet Halley die Sonne in nahezu gegenläufiger Richtung umfliegt wie die Erde und damit auch die von ihr aus gestarteten Sonden. Der Komet und die Sonde flogen also quasi aufeinander zu.

Vega 1 lieferte das allererste, wenngleich leider sehr unscharfe Bild eines Kometenkerns. Es stützte die Annahme, dass es sich beim Kern tatsächlich um *einen* Kernkörper und nicht um eine lockere Ansammlung mehrerer Körper (wie im „Sandbank-Modell" angenommen) handelte. Leider war die Qualität der Bilder aber so schlecht, dass keine weitergehenden wissenschaftlichen Schlussfolgerungen möglich waren. In den letzten beiden Tagen vor der größten Annäherung waren jedoch lange Bildsequenzen aus 14 und sieben Millionen Kilometern Entfernung vom Kometenkern entstanden, die wertvolle Informationen über die Koma, ihre Struktur und Dynamik lieferten. Darüber hinaus ergaben Messungen an Bord von Vega 1 Neuig-

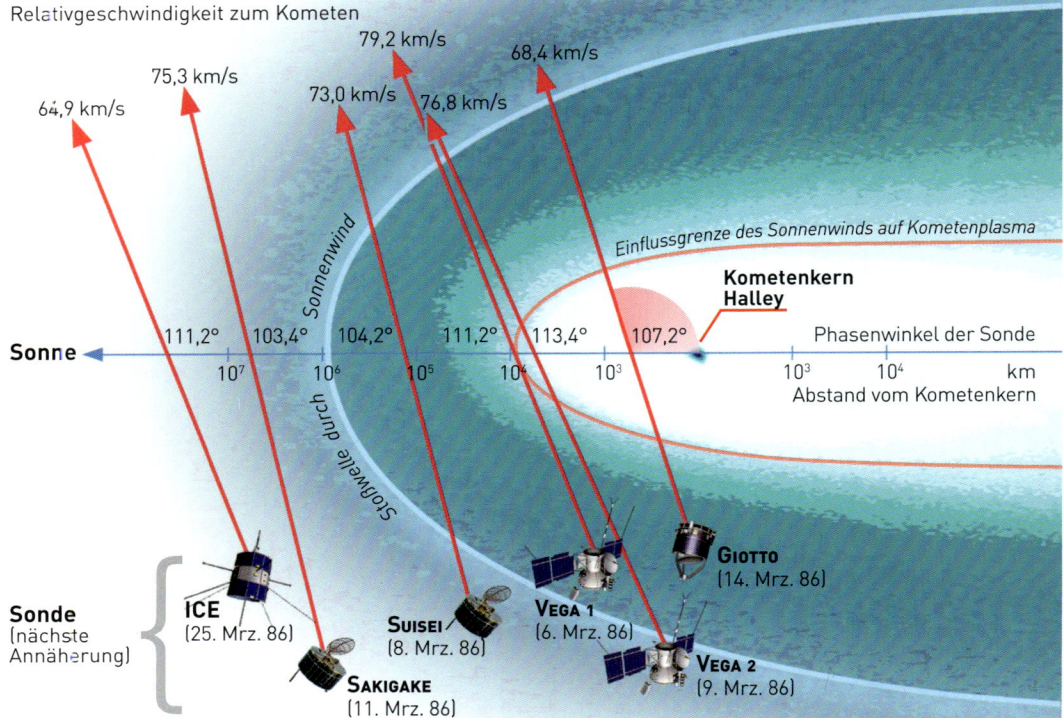

Relativgeschwindigkeit zum Kometen

79,2 km/s
68,4 km/s
75,3 km/s
73,0 km/s
76,8 km/s
64,9 km/s

Einflussgrenze des Sonnenwinds auf Kometenplasma

**Kometenkern
Halley**

Sonne ◀

111,2° · 103,4° · 104,2° · 111,2° · 113,4° · 107,2°

Phasenwinkel der Sonde

10^7 · 10^6 · 10^5 · 10^4 · 10^3 · · 10^3 · 10^4 · km

Abstand vom Kometenkern

Sonnenwind

Stoßwelle durch

Sonde
(nächste
Annäherung)

ICE
(25. Mrz. 86)

SUISEI
(8. Mrz. 86)

VEGA 1
(6. Mrz. 86)

GIOTTO
(14. Mrz. 86)

VEGA 2
(9. Mrz. 86)

SAKIGAKE
(11. Mrz. 86)

5.1 | Die „Armada" von Weltraummissionen zum Kometen Halley im Jahr 1986. Sie bestand aus den beiden sowjetischen VEGA-Sonden, zwei japanischen Missionen (SUISEI und SAKIGAKE), einer amerikanischen (ICE) und der europäischen Sonde GIOTTO.

keiten zur Plasma- und Staubumgebung eines Kometen, die mit diesen Missionen verstärkt in den Fokus der Forschung gelangte. VEGA 1 befindet sich seither auf einer Bahn um die Sonne.

Die japanische Sonde SUISEI

(Annäherung am 8. März 1986 auf rund 151.000 Kilometer)
Die SUISEI-Sonde, anfangs auch PLANET-A genannt, war eine am 18. August 1985 gestartete japanische Sonde zur Beobachtung des Wasserstoffs in der Kometenumgebung und zur Erfassung von Sonnenwindparametern und Plasmawechselwirkungen mit der ionisierten Koma (vgl. Abschnitt 5.5). Die SUISEI-Beobachtungen erbrachten übrigens erste Hinweise auf periodische Veränderungen im kometennahen und vom Ko-

meten stammenden Wasserstoff, die auf eine mögliche Rotationsperiode des Kometenkerns von 2,2 Tagen hindeuteten.

Die sowjetische Sonde VEGA 2

(Annäherung am 9. März 1986 auf rund 8030 Kilometer)
VEGA 2 war quasi ein Duplikat von VEGA 1, das am 21. Dezember 1984 gestartet wurde. Die Sonde konnte während ihres schnellen Vorbeiflugs am Kometen mit einer Differenzgeschwindigkeit von 76,8 Kilometern pro Sekunde erstmals Bilder aufnehmen, die Strukturen des Kometenkerns und seiner Oberfläche mit nahezu punktförmigen und zum Teil miteinander verbundenen aktiven Gebieten zeigten. Auch die von der Kometenoberfläche ausgehenden „Jets" aus Gas

und Staub wurden abgebildet (vgl. Abb. 5.4). Seit VEGA 2 gilt es als gesichert, dass es sich bei Kometenkernen um feste Körper handelt. Leider gelangen damals wegen des schnellen Vorbeiflugs nur wenige Bilder vom Kern des Kometen Halley. Auch VEGA 2 befindet sich seither in einer solaren Umlaufbahn.

Die japanische Sonde SAKIGAKE

(Annäherung am 11. März 1986 auf rund sieben Millionen Kilometer)

SAKIGAKE, anfangs auch „MS-T5" genannt, war eine japanische Sonde, die zum Zeitpunkt der Halley-Annäherungen der anderen Sonden vor dem Kometen in Richtung Sonne stand. Von dort aus vermaß sie die Eigenschaften des heranströmenden Sonnenwinds und bot so weitere Möglichkeiten zur Untersuchung der Wechselwirkungen zwischen dem Sonnenwind und der Plasmaumgebung des Kometen (vgl. Abschnitt 5.5).

Die europäische Sonde GIOTTO

(Annäherung am 14. März 1986 auf nur rund 600 Kilometer)

Die GIOTTO-Sonde war diejenige, die dem Kometen am nächsten kam. GIOTTO war eine von der ESA getragene Mission, die ähnlich den VEGA-Sonden mit einer Vielzahl von Geräten zum optischen und spektroskopischen Studium des Kometen und seiner Plasma- und Staubumgebung ausgerüstet war. Die Sonde lieferte damals eine Reihe qualitativ hochwertiger Bilder des Kometenkerns mit Auflösungen bis in den 100-Meterbereich hinein (vgl. Abschnitt 5.3 und Abb. 5.7). Auf seiner Oberfläche wurden so Vertiefungen und Erhebungen sichtbar, außerdem die lokal begrenzten „aktiven" Ausgasungsgebiete als Ausgangspunkt der Jets. Der Anteil dieser aktiven Gebiete an der Gesamtoberfläche des Kometen betrug nur rund zehn Prozent. Die klar abgebildete Kontur des Kometenkerns bestätigte das Ergebnis der VEGA-2-Sonde, wobei die Kameras der beiden Sonden vermutlich nahezu entgegengesetzte Seiten des Kometen abbildeten. Während VEGA 2 fast voll auf die Tagseite sah, ist im GIOTTO-Bild auch die dunkle Nachtseite erkennbar. VEGA 2 schaute also auf den „Vollkometen", der – wie der Vollmond – relativ kontrastlos erscheint, GIOTTO hingegen auf den „Halbkometen". Wegen der größeren Entfernung war überdies der Staubschleier bei VEGA 2 deutlich störender.

Die Relativgeschwindigkeit zwischen GIOTTO und dem Kometen betrug bei der „Begegnung" 68,4 Kilometer pro Sekunde. Während dieses schnellen und auch vergleichsweise nahen Vorbeiflugs wurde GIOTTO von einem rund einen Millimeter großen Staubkorn getroffen und so stark beschädigt, dass keine weiteren Bilder mehr gewonnen werden konnten. Die Sonde sollte auf ihrer Bahn um die Sonne aber noch an einen weiteren Kometen herangeführt werden. Das Zusammentreffen mit 26P/Grigg-Skjellerup fand am 10. Juli 1992 statt und führte GIOTTO bis auf rund 200 Kilometer an den Kometenkern heran. Obwohl die Kamera nicht mehr aktiviert werden konnte, gelangen noch einmal plasmaphysikalisch relevante Messungen.

Die amerikanische Sonde ICE

(Beobachtung am 25. März 1986 aus rund 30 Millionen Kilometern Entfernung)

Auch der US-amerikanische „International Cometary Explorer" (ICE) ist im Zusammenhang mit Kometenerkundungen durch Raumsonden zu erwähnen (vgl. Abschnitt 5.5). Diese zunächst als „International Sun-Earth Explorer-3" (ISEE-3) bezeichnete Sonde zur Überwachung des Sonnenwindplasmas vor der Erde wurde dazu von ihrem ursprünglichen Beobachtungsort im Librationspunkt zwischen Sonne und Erde mit recht komplizierten Manövern auf eine Bahn zum Kometen 21P/Giacobini-Zinner gebracht. Bei der Passage seines Plasmaschweifs am 11. September 1985 lieferte sie die ersten Plasmamessungen aus einer kometaren Umgebung in der Geschichte der Kometenforschung. Am 25. März 1986 befand sie sich ähnlich wie SAKIGAKE zwischen der Sonne und dem Kometen Halley, jedoch in rund 30 Millionen Kilometer Entfernung vom Kometenkern.

5.2 | Die Geschichte der Vega-Sonden

Die Weltraumforschung entwickelte sich anfangs praktisch nur als Anhängsel der militärisch motivierten Entwicklung der Raketentechnik. Bis auf einige möglicherweise militärisch relevante Aspekte ging die naturwissenschaftliche Weltraumforschung aber bald eigene, „zivile" Wege. Zunächst hatte man die Erforschung des erdnahen Alls im Blick, später auch den Mond, die Sonne, die Planeten sowie den „fernen", also nur per astronomischer Fernerkundung zugänglichen Weltraum. Aber alle diese Forschungsbereiche blieben im Spannungsfeld der damaligen Großmächte USA und Sowjetunion ebenfalls geteilt. Wissenschaftler aus „sozialistischen" Ländern durften sich nicht direkt an Weltraumforschungen der USA oder Westeuropas beteiligen.

Mit dem neuen Denken in der Sowjetunion seit Michail Gorbachov änderte sich aber auch hier einiges. Das galt auch für das vorher streng im Geheimen arbeitende Institut für Weltraumforschung der sowjetischen Akademie der Wissenschaften (IKI) in Moskau, das auch das „Leitinstitut" für die Zusammenarbeit der sozialistischen Länder im sogenannten „Interkosmos-Rahmen" war. Seit 1973 wurde es von Roald Zinnurovich Sagdeev geleitet. Sagdeev, von Hause aus Plasmaphysiker aus dem Novosibirsker Institut für Plasmaphysik (NIYAF), das sich zum Beispiel auch mit Fusionsforschung befasst, war mit seinen Arbeiten zur „Quasilinearen Theorie" (gemeinsam mit Albert Galeev) bereits international bekannt und ein weltoffener Geist. Zeitweilig war er sogar ein Berater Gorbachovs zu wissenschaftspolitischen Fragen. Für Ernst Trendelenburg, damals bei der ESA „Director of Scientific and Meteorological Programmes", war Roald Z. Sagdeev somit ein interessanter Ansprechpartner. Nach anfänglicher Skepsis setzte sich Trendelenburg sehr stark für die Giotto-Mission der ESA zum Kometen Halley ein. Bei einem Zwischenstopp Trendelenburgs in Moskau trafen sich die beiden Wissenschaftler kurz-

fristig auf dem dortigen Flughafen Scheremetyevo und sprachen über mögliche künftige und kooperationsfähige Projekte. So fädelten sie auch eine Beteiligung der ESA und einiger westeuropäischer Länder, unter anderem Deutschlands, an den Vega-Missionen ein und starteten damit die erste große „Ost-West-Zusammenarbeit" auf dem ansonsten noch stark abgeschirmten Gebiet der Weltraumforschung. In der Folge lernten sich so auch die damaligen ostdeutschen Weltraumforscher und ihre westdeutschen Kollegen kennen und dies lange vor der späteren politischen Wende. Kurioserweise geschah dies ausgerechnet im „geheimen" Moskauer Institut für Weltraumforschung. Auf diese bemerkenswerte Spezifik der Entwicklungen auch infolge der Vega-Missionen wird im Folgenden noch ein wenig ausführlicher eingegangen.

Eine Zusammenarbeit diesen Ausmaßes war damals in der Weltraumforschung völlig neu und ein echter Fortschritt. Sie war vor allem dem zielgerichteten und weltoffenen Wirken von Roald Zinnurovich Sagdeev zu verdanken. Aus Westdeutschland waren an den Vega-Missionen hauptsächlich das Heidelberger Max-Planck-Institut für Kernphysik und das Max-Planck-Institut für Aeronomie in Katlenburg-Lindau am Harz beteiligt, aus Ostdeutschland das Institut für Kosmosforschung der Akademie der Wissenschaften der DDR in Berlin, das sich ähnlich wie das Moskauer Institut im Interkosmos-Rahmen recht geheimnisvoll benehmen musste.

Heidelberg

Im Heidelberger Max-Planck-Institut für Kernphysik standen Untersuchungen zur extraterrestrischen Materie im Vordergrund der planetenforschungsorientierten Arbeiten. Dazu wurden – zum Beispiel zur Altersbestimmung und zur Bestimmung der chemischen Zusammensetzung – kernphysikalische Methoden eingesetzt. Neben Meteoriten und Mondgestein kam dabei zunehmend auch der interplanetare Staub ins Visier. Man beteiligte sich daher auch an Raketen- und Satellitenexperimenten mit Staubdetektoren, und so kam es in den 1980er-Jahren zum Bau ei-

5.2 | Modell der beiden baugleichen Vega-Sonden. Der kugelförmige braune Lander (oben) sowie der weiße Ballon (oben rechts) waren Experimente, die beim Venus-Vorbeiflug eingesetzt wurden. Er ging dem Rendezvous mit dem Kometen Halley voran.

nes Flugzeit-Massenspektrometers für die Giot-To-Mission. Das Instrument nutzte die große Differenzgeschwindigkeit zwischen der Sonde und dem Kometenstaub, wodurch sich beim Aufschlagen der Staubpartikel auf eine Zielfläche ein Plasma bildete, das dann weiter analysiert werden konnte.

Nun stand überraschend das Angebot von Sagdeev im Raum, solche Geräte auch im Rahmen der Vega-Missionen einzusetzen. Man sagte zu, und die politischen, embargobedingten und finanziellen Schwierigkeiten dabei wurden von Hugo Fechtig und seinen Mitarbeitern unter anderem mit Hilfe der ESA durch ihren Generaldirektor Reimar Lüst und mit französischer Be-

teiligung (insbesondere von Jacques Blamont und Jean-Loup Bertaux vom „Centre National de la Recherche Scientifique", CNRS) gelöst. Das Hauptproblem der Finanzierung dieses zusätzlichen Beitrags konnte letztlich nur dadurch behoben werden, dass Teile der Experimente in Zusammenarbeit mit der Sowjetunion gebaut wurden. Dies wurde durch französische Vermittlungen und unter Mitwirkung der Firma von Hoerner & Sulger aus Schwetzingen möglich. Wäre bei dieser doch recht unkonventionellen Zusammenarbeit etwas schiefgegangen, hätten gewiss einige der Verantwortlichen in Deutschland und bei der ESA behauptet, von vielem, was da mit dem Moskauer Institut für Weltraumfor-

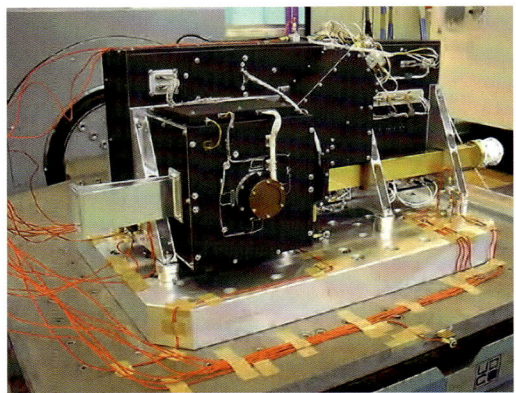

5.3 | Das Experiment COSIMA auf der Raumsonde ROSETTA. COSIMA sammelt und analysiert Staubteilchen, die vom Kometen Churyumov-Gerasimenko abströmen (vgl. Abschnitt 7.1).

MA (COmetary Secondary Ion Mass Analyser) an Bord des ROSETTA-Orbiters und Eberhard Grün für die Experimente DDS (Dust Detector System) sowie CDA (Cosmic Dust Analyser) auf GALILEO beziehungsweise CASSINI. Am Bau des CDA wirkte nach der politischen Wende dann auch das aus dem Institut für Kosmosforschung in Berlin-Adlershof hervorgegangene DLR-Institut mit, das heute ein Standort des Deutschen Zentrums für Luft- und Raumfahrt ist. Entsprechend wurden auch andere VEGA- und GIOTTO-Experimente der Max-Planck-Institute in Heidelberg und – die plasmaphysikalischen und bildgewinnenden Entwicklungen – in Katlenburg-Lindau (siehe den nächsten Abschnitt) weiter fortgeführt und konnten unter anderem für die ROSETTA-Mission genutzt werden.

schung und über Roald Sagdeev lief, nichts gewusst und noch nie etwas gehört zu haben – so wurde später zumindest hinter vorgehaltener Hand behauptet. Glücklicherweise lief aber alles gut. Man beteiligte sich in Heidelberg unter Führung von Jochen Kissel auf diese Weise letztlich mit drei nahezu gleichen Flugzeit-Massenspektrometern zur Ermittlung der chemischen Zusammensetzung des Staubs sowohl an der GIOTTO-Mission als auch an den beiden VEGA-Sonden (die sogenannten PUMA-Experimente).

In der Folge der VEGA-Missionen entwickelte sich auch eine sehr fruchtbare Zusammenarbeit mit dem Institut für Kosmosforschung in Berlin, vor allem im Zusammenhang mit den mineralogisch orientierten Arbeiten um Richard Wäsch. So erarbeitete bereits im Jahr 1987 der wohl erste „gesamtdeutsche" Doktorand Martin Schulze aus dem Berliner Institut für Kosmosforschung seine Promotion in Heidelberg, bei der er Ergebnisse der VEGA- und GIOTTO-Staubanalysen verwendete. Die Heidelberger Arbeiten zur Staubanalyse mit massenspektrometrischen Methoden führten unter der Ägide von Hugo Fechtig, später von Jochen Kissel und Eberhard Grün, auch zu Beteiligungen an weiteren Missionen von ESA und NASA. So war Jochen Kissel verantwortlich für die Instrumente CIDA (Cometary and Interstellar Dust Analyser) auf STARDUST sowie COSI-

Katlenburg-Lindau

Ähnliche Hürden wie in Heidelberg waren auch am Max-Planck-Institut für Aeronomie in Katlenburg-Lindau (heute Max-Planck-Institut für Sonnensystemforschung, seit 2014 in Göttingen) bei der Beteiligung an den VEGA-Missionen zu bewältigen. Es fing alles damit an, dass ein vom Institutsdirektor Ian Axford geförderter Experimentvorschlag von Erhard Keppler und seinem Team in Zusammenarbeit mit Johnny Hsieh aus Tucson, Arizona, für die GIOTTO-Mission nicht ausgewählt wurde. Es handelte sich um ein Experiment zur Untersuchung neutraler Gase. Eines Tages stattete Roald Sagdeev dem Lindauer Max-Planck-Institut im Anschluss an eine COSPAR-Tagung einen Besuch ab und stellte den dortigen Wissenschaftlern die Interkosmos-Missionen VEGA 1 und VEGA 2 zum Halley'schen Kometen vor. Axford berichtete bei diesen Gesprächen von dem großen „GIOTTO-Pech", woraufhin Sagdeev die Lindauer einlud, sich mit ihrem Experiment an den VEGA-Missionen zu beteiligen.

Das Echo innerhalb des Instituts und der Max-Planck-Gesellschaft auf dieses Angebot war anfangs geteilt, im Wesentlichen aufgrund des damals bestehenden westlichen Embargos gegenüber der Sowjetunion. Auf Seiten der deutschen Politik wurden sofort das Außenministerium und das Bundeskanzleramt kontaktiert, von wo man letztlich die Zustimmung zu einer Zusammenarbeit mit dem Moskauer Institut für Weltraumforschung erhielt. Zur Bedingung wurde jedoch eine sogenannte „Blackbox-Lieferung" gemacht, es sollten also nicht mehr zu öffnende Geräteboxen in die Sowjetunion geliefert werden.

Wie die Heidelberger lernten nun auch die Lindauer Mitarbeiter durch diese Zusammenarbeit sowohl ihre sowjetischen Partner als auch ihre Kollegen aus der DDR persönlich kennen, die umgekehrt ebenfalls nun auf ihre VEGA- und oft auch GIOTTO-Kollegen trafen. Insbesondere die vielen VEGA-Treffen boten trotz sowjetischer und eigener „Aufpasser" gute Gelegenheiten des menschlichen Zusammenwachsens der beteiligten Weltraumwissenschaftler aus Ost- und Westdeutschland, und dies lange vor dem Mauerfall. In der späteren Zeit der Wiedervereinigung haben sich diese Entwicklungen für viele Mitarbeiter in der Weltraumforschung positiv ausgewirkt, schließlich kannte man sich schon und schätzte sich.

Für die größte politische Aufregung bei der internationalen Zusammenarbeit am VEGA-Projekt sorgte übrigens die Mitnahme des Experiments von John Simpson aus Chicago, USA. Sein Gerät zur Messung energetischer Neutralteilchen war eine wertvolle Erweiterung des Lindauer Experiments zur Messung thermischer Neutralteilchen auf VEGA 1 und VEGA 2. Als „thermische" Teilchen bezeichnet man Teilchen, die sich miteinander im thermischen Gleichgewicht befinden. Im Unterschied dazu sind beschleunigte Teilchen durch andere Energieverteilungen zu beschreiben, weshalb man sie auch als „energetische" oder gar „hochenergetische" Teilchen bezeichnet. Die Mitnahme von Simpsons Instrument wurde von Sagdeev und anderen stark befürwortet und schließlich trotz vieler Schwierigkeiten ermöglicht. Der Vorfall war der „New York Times" damals einen Bericht auf der ersten Seite wert, denn in der Zeit des „kalten Krieges" war es sehr bemerkenswert, dass damit erstmals ein letztendlich aus der Kernphysik stammendes Messgerät aus den USA auf einer sowjetischen Weltraummission installiert war.

(Ost-)Berlin

Der Beitrag aus der damaligen DDR zu den VEGA-Missionen hat eine eigene Geschichte. Das Anfang der 1980er-Jahre gegründete Institut für Kosmosforschung (IKF) in Berlin-Adlershof wurde damals von Robert Knuth geleitet. Ergänzend zu den schon laufenden Arbeiten zur Telemetrie unter Karl-Heinz Schmelovsky und zur abbildenden Spektrometrie unter Dieter Örtel und Gerhard Zimmermann wurde – initiiert von Heinz Stiller – von Diedrich Möhlmann ein neuer naturwissenschaftlicher Bereich für extraterrestrische Physik aufgebaut. Man wollte aus der Rolle eines vornehmlich Elektronik und Geräte für sowjetische Weltraumexperimente produzierenden Instituts herauskommen und auch eigene Weltraumforschung auf den Gebieten der kosmischen Plasmaphysik, der Planetenforschung sowie der extraterrestrischen Astronomie betreiben. Die von der Sowjetunion avisierten VEGA-Missionen boten für diesen aufzubauenden Bereich im IKF einen guten Einstieg. Sagdeev hatte als mögliche DDR-Beteiligungen die Magnetometrie (Messung magnetischer Felder) sowie Mitwirkungen beim Kamerabau und der Bildbearbeitung angeboten. Allerdings musste dieses Mitwirken von Diedrich Möhlmann erst mit einer „Staatsratseingabe" erkämpft werden – einem durchaus riskanten Beschwerdebrief an Erich Honecker also –, denn es gab außer wichtigen Fürsprechern in der Akademie der Wissenschaften (AdW) der DDR gegen diese Beteiligung auch starken Widerstand. Schließlich war von einer Kometenmission kein volkswirtschaftlicher Vorteil zu erwarten, und der wurde in der zu Ende gehenden DDR bei Vielen zum Maß aller Dinge. Interessanterweise kam die Staatsratseingabe aber nie beim geplanten Adressaten an. Vermutlich wollte man sich nach dem akademieinternen Bekanntwerden dieses bereits fertigen Schreibens nicht einer eventuellen Kritik aussetzen. So gelang es schließlich den Fürsprechern Heinz Stiller und Claus Grote in der Akademieführung, das Vorhaben letztlich doch intern durchzusetzen. Mit dazu beigetragen hat auch der Akademieparteisekretär Horst Klemm, der Wolfgang Biermann, den Generaldi-

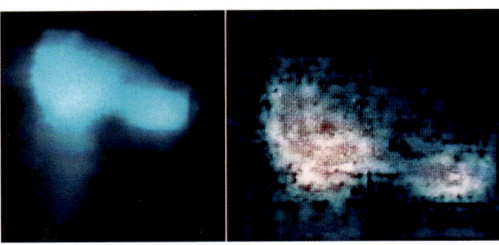

5.4 │ Links: Das erste Bild des Kometenkerns und seiner Staubumgebung, das von VEGA 2 am 9. März 1986 aus einer Entfernung von 8030 Kilometern erstellt wurde. Man sieht nach links und unten (in Sonnenrichtung) gerichtete Staubjets. Rechts: Kontrastverstärkte Darstellung, die auf Oberflächenstrukturen hinweist. Die beiden dunklen Gebiete etwas rechts der Mitte sind auch auf dem Originalbild (links) erkennbar.

rektor des „Kombinats Carl Zeiss Jena", als Unterstützer gewinnen konnte. Auch das für die neuen digitalen Bildbearbeitungstechniken in der AdW federführende „Zentralinstitut für Kybernetik und Informationsprozesse" (ZKI) verschloss sich nun nicht mehr einer Teilnahme.

Die Bearbeitung der bei den VEGA-Missionen erhaltenen Bilder erfolgte dann in Moskau und Berlin mit der gerade noch rechtzeitig verfügbar gewordenen Rechen- und Bildbearbeitungstechnik des Kombinats Robotron. Bei der Bildaufnahmetechnik per CCD-Kamera und der Bildbearbeitung hatte die Sowjetunion die dominierende Rolle inne und nutzte dabei zum Teil Technik aus dem militärischen Bereich. Außerdem war vor allem im Software- und Elektronikbereich Ungarn mit dem Institut für Teilchen- und Nuklearphysik der ungarischen Akademie der Wissenschaften (KFKI) in Budapest beteiligt. Bei der Optik für den Kamerabau gab es überdies Unterstützung von einer Gruppe des damaligen Zentralinstituts für Astrophysik unter Karl-Heinz Schmidt und von Spezialisten des Karl-Schwarzschild-Observatoriums in Tautenburg bei Jena.

Mit der Bereitstellung von Magnetometern auf den VEGA-Sonden befassten sich zu diesem Zeitpunkt bereits österreichische Kollegen vom Grazer Institut für Weltraumforschung, übri-

gens in enger Zusammenarbeit mit dem westdeutschen Max-Planck-Institut in Katlenburg-Lindau. Da kamen die Berliner, als sie dann so weit waren, zu spät. Dennoch gelang es der Gruppe um Konrad Sauer mit technischer Unterstützung durch den Elektronikbereich unter Jürgen Rustenbach, die Mitwirkung an plasmaphysikalischen Themen bei den VEGA-Missionen aufrechtzuerhalten und weiterzuführen. So entwickelte sich auch hier eine Zusammenarbeit zwischen Berlin-Adlershof und dem Grazer Institut unter Willibald Riedler und hier ganz besonders mit der Gruppe um Konrad Schwingenschuh. Darüber hinaus gab es so auch wieder Kontakte zu den westdeutschen Kollegen in Katlenburg-Lindau. Diese Kooperationen führten unter anderem dazu, dass bei der nächsten internationalen Mission unter sowjetischer Führung, der Mission PHOBOS zum gleichnamigen Marsmond, sogar zwei Magnetometer erfolgreich eingesetzt wurden. Eines davon stammte aus sowjetisch-österreichischer Zusammenarbeit und das andere (das Instrument FGMM) vom Berliner Institut für Kosmosforschung, das seine Entwicklungen zur kosmischen Magnetometrie unter Jürgen Rustenbach, Ulrich Auster und Karl-Heinz Fornaçon zielstrebig fortgesetzt hatte.

Diese Expertise im Magnetometerbau wurde nach der politischen Wende bei Karl-Heinz Glaßmeier an der TU Braunschweig angesiedelt und führte dort zu vielen Beteiligungen an späteren, plasmaphysikalisch orientierten Weltraummissionen, unter anderem auch an den Experimenten RPC und ROMAP auf der ROSETTA-Mission. Der plasmaphysikalische Bereich aus Berlin und die zugehörigen elektronischen Arbeiten für weitere Weltraumexperimente verlagerten sich in der Nachwendezeit an zwei Max-Planck-Institute, nämlich zum einen nach Katlenburg-Lindau (MPS) unter Konrad Sauer und zum anderen nach München/Garching (MPE) unter Jürgen Rustenbach.

So blieb als vollständiger DDR-Beitrag zu den VEGA-Missionen letztlich nur das gerade noch fertiggestellte Bildverarbeitungssystem „BVS" des Kombinats Robotron, das im Moskauer IKI-Institut noch fristgerecht installiert worden war.

Hinzu kamen Kalibrierungsarbeiten für das Kamerateleskop, die mit Hilfe des Karl-Schwarzschild-Observatoriums der Akademie der Wissenschaften in Tautenburg erfolgten. Das Kameraexperiment wurde von der Sowjetunion geführt, wobei vor allem Ungarn an der Elektronik stark beteiligt war. Man begann damals gerade damit, in der Weltraumtechnik CCD-Chips zu verwenden, und so kam eine CCD-Kamera („Kalimantan") aus noch geheimer sowjetischer Militärproduktion zum Einsatz. Diese Kamera hatte aber leider, wie sich später zeigte, keine gute Qualität. Die „Halley Multicolour Camera" (HMC) aus dem Lindauer MPI für Aeronomie, die den Kometenkern mit GIOTTO wenige Tage nach den VEGA-Sonden passierte, lieferte im Vergleich dazu wesentlich bessere Bilder. Dabei ist allerdings zu berücksichtigen, dass hier erstmals CCD-Kameras bei interplanetaren Missionen eingesetzt worden waren.

Der Bereich der Bildbearbeitung wurde bei den Vorbereitungen auf die VEGA-Missionen auch am Berliner Institut für Kosmosforschung ausgebaut, und so konnte man sich erfolgreich an der wissenschaftlichen Auswertung der von den VEGA-Sonden erhaltenen Bilddaten beteiligen. Die Abbildung 5.4 zeigt im rechten Teil ein kontrastverstärktes Bild, das erstmalig auf Oberflächenstrukturen des Kometen hinwies.

Bildgewinnende Verfahren und ihre wissenschaftliche Interpretation sind auch heute noch ein wesentlicher Aspekt des DLR-Instituts für Planetenforschung, das nach der politischen Wende aus dem Akademieinstitut für Kosmosforschung hervorging. Der Schwerpunkt liegt gegenwärtig auf Arbeiten zu Kamerabau und Spektrometrie und zur internen und geologischen Entwicklung von Planeten und Kleinkörpern, wobei neue Richtungen wie Untersuchungen zur Habitabilität planetarer Körper und Arbeiten zu Exoplaneten hinzukamen. Es folgten damit auch viele neue Experimentbeteiligungen, unter anderem an ROLIS, VIRTIS, SESAME und MUPUS bei der ROSETTA-Mission. Die Koordination dieser verschiedenen DLR-Beteiligungen an ROSETTA erfolgt durch den Leiter des Bereichs „Asteroiden und Kometen", Ekkehard Kührt.

5.5 Das Experiment VIRTIS auf der Raumsonde ROSETTA. Das Spektrometer kartiert und untersucht die festen Bestandteile des Kometen Churyumov-Gerasimenko sowie die Oberflächentemperatur seines Kerns. Darüber hinaus untersucht es die Kometengase und die physikalischen Bedingungen in der Koma.

5.3 | Die GIOTTO-Mission

Eine weitere und wissenschaftlich sehr erfolgreiche Mission zum Kometen Halley war die Entsendung der ESA-Raumsonde GIOTTO. Sie ist nach dem italienischen Maler Giotto di Bondone benannt, der den Kometen Halley im Jahr 1301 beobachtet und ihn später (fälschlicherweise) als Stern von Bethlehem auf einem Bild dargestellt hat (vgl. Kapitel 1). Diese Mission wurde zunächst gemeinsam von NASA und ESA vorbereitet, bis sich die NASA aus finanziellen und anderen internen Gründen zurückzog. So wurde GIOTTO im Wesentlichen von der ESA allein geplant und durchgeführt. Zahlreiche Details und Begebenheiten bei der Entwicklung der GIOTTO-Sonde sind in dem Buch des Wissenschaftsjournalisten Nigel Calder *Jenseits von Halley* (Springer-Verlag, 1994) beschrieben. Deswegen soll hier hauptsächlich auf eine Reihe von Weiterentwicklungen und sonstigen Bezügen der GIOTTO-Experimente zur ROSETTA-Mission eingegangen werden.

Die erklärten **Hauptziele** der GIOTTO-Mission waren:

- das erste Bild des Kometen aus der Nähe zu erhalten

5.6 | Die europäische Raumsonde GIOTTO im Testbetrieb. Im Vordergrund, unterhalb der Solarzellenfläche, ist die HMC-Kamera zu sehen (weiß mit zwei „Hörnern"), mit der spektakuläre Aufnahmen des Kometen Halley gelangen.

- die Bestimmung der Element- und Isotopenzusammensetzung der Koma und der in ihr ablaufenden physikalischen Prozesse
- die Bestimmung der Element- und Isotopenzusammensetzung der Staubpartikel
- die Messung der Gasproduktionsrate des Kometen
- Messungen der Staubverteilung um den Kern und der Größe-Masse-Verteilung
- die Bestimmung des Verhältnisses von Gas und Staub in der Kometenumgebung
- das Studium der Wechselwirkung des Sonnenwinds mit dem Kometen und seiner Umgebung

Diesen Aufgaben ist Giotto vollständig gerecht geworden.

Beteiligte Institute

Aus Deutschland waren vor allem die Heidelberger und Lindauer Max-Planck-Institute mit Experimenten beteiligt. Im Heidelberger Max-Planck-Institut für Kernphysik hatte sich inzwischen eine „Staubgruppe" um Hugo Fechtig gebildet, die beginnend mit den Helios-Sonden den Staub im Sonnensystem zu erforschen begann. Sie basierte auf den Arbeiten von Wolfgang Gentner und Josef Zähringer, die sich mit kernphysikalischen Methoden der Altersbestimmung beschäftigt und letztlich auch extraterrestrische Materie untersucht hatten. Natürlich war jetzt auch der kometare Staub von großem Interesse. Mit kräftiger Hilfe des Direktors des Max-Planck-Instituts für Plasmaphysik, Klaus Pinkau, von Johannes Geiss von der Universität Bern und von Reimar Lüst sowie zum Teil internationaler Unterstützung gelang es, die ESA trotz damaliger anderer Prioritäten (zum Beispiel einer Mondmission) dafür zu gewinnen, dass bei der Giotto-Sonde auch ein Staubexperiment mit einem Flugzeit-Massenspektrometer dabei sein sollte (das spätere Experiment PIA).

Das spektakulärste Ergebnis der Giotto-Mission waren aber wohl die insgesamt 2333 Bilder, die zur Erde gesandt wurden. Sie waren viel besser als die Vega-2-Bilder und so wurden erstmals Oberflächendetails eines Kometenkerns und auch der

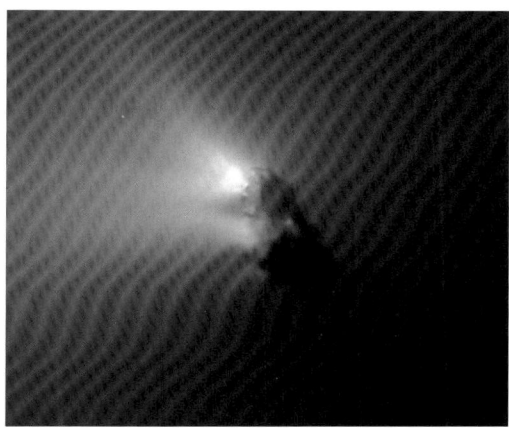

5.7 | Der Kern des Kometen Halley, aufgenommen von der HMC-Kamera der Giotto-Sonde. In Sonnenrichtung sind Jets sichtbar, die von der Tagseite des Kometenkerns ausgehen. Auch die Umrisse der Nachtseite lassen sich vor dem durch Staub aufgehellten Hintergrund recht gut erkennen.

lokal begrenzten Ausgangspunkte der Jets sichtbar (vgl. Abb. 5.7). Diese Bilder bestätigten endgültig, dass Kometen nur in lokal aktiven Gebieten „ausgasen" (und „ausstauben") und nicht oberflächenweit. Die Aufnahmen erfolgten mit der „Halley Multicolour Camera" (HMC, vgl. Abb. 5.6), die in internationaler Zusammenarbeit, hauptsächlich aber am Lindauer Max-Planck-Institut unter der Führung von Horst Uwe Keller gebaut worden war. Dort erfolgte auch ein großer Teil der Bildbearbeitung durch Nick Thomas und weitere Mitarbeiter.

Erwähnt werden muss bei der deutschen Mitwirkung an Giotto auch die erfolgreiche Beteiligung des Instituts für Geophysik und Meteorologie der Universität Köln. Es lieferte ein Magnetometer, das von Fritz Neubauer gebaut wurde und das wichtige Ergebnisse für das Verständnis der Wechselwirkung des Sonnenwinds mit der ionisierten Umgebung des Kometenkerns lieferte. Die Beteiligung an weiteren Weltraumexperimenten wurde an diesem Institut vor allem unter der Führung von Martin Pätzold weiterverfolgt, der die Radiowellensignale (das Telekommunikationssystem) der jeweiligen Sonde zur Untersuchung der angeflogenen Körper und ihrer Umgebung einsetzt – so unter anderem mit dem Experiment RSI bei ROSETTA. Weitere deutsche Experimente bei GIOTTO waren ein Neutralgas-Massenspektrometer aus Heidelberg (Dieter Krankowsky) und ein Radiowellenexperiment der Ruhr-Universität Bochum (Peter Edenhofer). Die Navigationsdaten, die für den nahen Vorbeiflug am Kometenkern nötig waren, wurden übrigens in einer weiteren internationalen Zusammenarbeit von NASA, ESA und der Sowjetunion im Rahmen des sogenannten „Pathfinder Project" gewonnen. So konnte GIOTTO auf Basis der VEGA-Daten mit großer Präzision an den Kometenkern herangeführt werden.

Wegweisende Erkenntnisse

Der Vorbeiflug am Kometen Halley erfolgte dann in nur 596 Kilometern Abstand mit einer sehr hohen Geschwindigkeit von 68 Kilometern pro Sekunde. Da GIOTTO danach im Wesentlichen noch intakt war, wurde die Sonde später auch noch an den wesentlich schwächer ausgasenden Kometen 26P/Grigg-Skjellerup herangeführt. Allerdings war die HMC-Kamera beim Vorbeiflug an Halley beschädigt worden und nicht mehr nutzbar, daher gab es keine Bilder vom Kern dieses Kometen. Es konnten aber zahlreiche wissenschaftlich wertvolle Plasmamessungen durchgeführt werden, zum Beispiel zur Struktur der Stoßwelle, verursacht durch den Sonnenwind, und zu magnetischen Wellen und sogenannten „pick-up ions". Dabei handelt es sich um geladene Teilchen, die durch das Aufbrechen von Wassermolekülen um den Kometen entstehen und die dann in das vom Sonnenwind erzeugte Magnetfeld eintreten.

Zu den wesentlichsten **Ergebnissen** der GIOTTO-Mission zum Kometen Halley zählen:

- Rund 80 Volumenprozent der vom Kometen abfließenden Materie besteht aus Wassermolekülen, gefolgt von etwa zehn Prozent Kohlenmonoxid und etwa 2,5 Prozent Kohlendioxid. Weiterhin wurden anteilig vergleichsweise geringe Mengen an Kohlenwasserstoffen, Eisen und Natrium nachgewiesen.
- Die Oberfläche dieses Kometen ist mit einer Albedo von 0,04 bemerkenswert dunkel.
- Die Kometenoberfläche ist irregulär gestaltet, es gibt Hänge, Hügel, Täler und Senken.
- Der Kern ist mit einer Massendichte von nur rund 360 Kilogramm pro Kubikmeter recht locker (engl.: „fluffy") aufgebaut.
- Es wurden sieben Jets mit einem Gesamtmasseauswurf von ungefähr drei Tonnen pro Sekunde identifiziert. Diese Jets sind die Ursache der Präzession bei der Rotationsbewegung des Kometen.
- Das Staub-Gas-Massenverhältnis beträgt bei diesem Kometenkern ungefähr 2:1.
- Das größte nachgewiesene Staubkörnchen hatte eine Masse von 40 Milligramm, wenngleich das Staubkorn, das die Sonde traf und zum Teil funktionsunfähig machte, eine Masse zwischen 0,1 Gramm und einem Gramm gehabt haben dürfte.
- Die Ausgasung des Kometen erfolgt nur auf rund 20 Prozent der Tagseite in lokalen und jeweils nur kleinen aktiven Gebieten.
- Die Maße des Kometenkerns betragen näherungsweise 15 Kilometer x 8 Kilometer x 7 Kilometer. Das ergab sich auch schon aus den VEGA-Daten.

Mit dem Experiment PIA auf GIOTTO und den beiden PUMAs auf den VEGAS konnten übrigens zwei Hauptgruppen von Staubbestandteilen nachgewiesen werden, nämlich die sogenannten CHON-Teilchen, die aus Kohlenstoff (C), Wasserstoff (H), Sauerstoff (O) und Stickstoff (N) bestehen, und die Teilchen aus den gesteinsbildenden Elementen Natrium, Magnesium, Silizium, Eisen und Kalzium. Die relativen Häufigkeiten der leichten Elemente entsprachen mit Ausnahme von Wasserstoff denen der Sonne. Dieses Ergebnis belegt eine frühe Entstehung der Kometen aus zumeist noch unverändertem, einfachem Material. Weiterhin stellte sich heraus, dass in diesem Kometenkern nicht Wassereis, sondern refraktäre Materialien (wie im Staub) dominieren. Der Kern ist nach Horst Uwe Keller demnach kein „schmutziger Schneeball", wie es Fred Whipple schon in den 1950er-Jahren vermutete, sondern ein vereister „Schmutzball" mit einem großen Anteil an refraktären Partikeln.

5.4 | Kometensimulations-experimente

Mit den Raumforschungsmissionen Vega und Giotto, die kurz hintereinander in die unmittelbare Nähe des Kometen Halley geführt hatten, waren neue Daten verfügbar geworden, und so wurden die wissenschaftlichen Untersuchungen zu Kometen und den auf ihnen ablaufenden Prozessen damals deutlich verstärkt. In Deutschland entwickelte sich daraufhin im Kölner DLR-Institut für Raumsimulation eine zentrale Gruppe, die in den 1980er- und 1990er-Jahren gemeinsam mit anderen Universitäts- und Forschungsinstituten sowie der Max-Planck-Gesellschaft Laboruntersuchungen an simulierten Kometenoberflächen durchführte. Das Kometenmaterial wurde dabei selbst „hergestellt" und künstlich erzeugten Weltraumbedingungen ausgesetzt.

Die Voraussetzungen

Kern der experimentellen Arbeiten war die sogenannte „Große Kammer", eine Thermal-Vakuum-Kammer (TV-Kammer) der Art, wie sie in der Raumfahrt zu Tests von Satelliten und ihrer Komponenten verwendet wird. In einer solchen Kammer wird das „Vakuum" des erdnahen Weltraums, die solare Strahlung und die Kälte des Weltraums simuliert. So können die zu untersuchenden Teile diesen Bedingungen kontrolliert ausgesetzt werden. Es war der Initiative von Hugo Fechtig (Max-Planck-Institut für Kernphysik, Heidelberg) und Berndt Feuerbacher (Direktor des DLR-Instituts für Raumsimulation, Köln) sowie seines Mitarbeiters Hermann Kochan zu verdanken, dass die Thermal-Vakuum-Kammer des Kölner Instituts (vgl. Abb. 5.8) nun für Simulationsexperimente zur „schmutzigen" (da mit Staub arbeitenden) Kometenforschung verwen-

5.8 | Die Thermal-Vakuum-Kammer des Kölner DLR-Instituts für Raumsimulation. Hier konnten künstlich Weltraumbedingungen hergestellt werden. Im vorderen Teil (dem hellen Deckel) war die „Sonne" untergebracht.

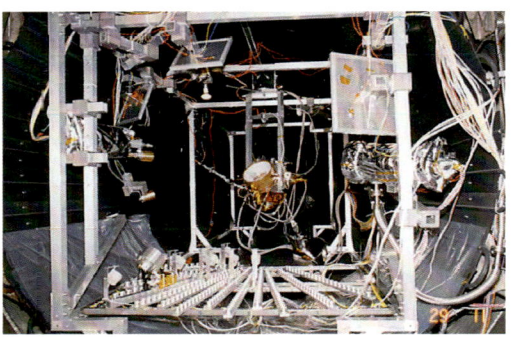

5.9 Die „Kometensimulationskammer" mit dem Probentopf (mit goldfarbener Folie ummantelt) und einem Tragerahmen mit verschiedenen Sensoren. Auf den Schienen unten befinden sich kleine Töpfe zum Staubauffang.

det werden konnte. Mit ihr war gegen Ende der 1960er-Jahre übrigens der erste deutsche Forschungssatellit AZUR getestet worden.

Finanzielle Unterstützung, mit der notwendige Umrüstungen und Ergänzungen zu der TV-Kammer möglich wurden, erfolgte hauptsächlich durch die Deutsche Forschungsgemeinschaft (DFG). So konnten die Experimentserien unter Leitung von Eberhard Grün (Heidelberg) beginnen, die unter dem Kürzel „KOSI-Experimente" bekannt wurden (KOSI für KOmetenSImulation). Bis zum Ende der 1990er-Jahre wurden sie fortgeführt und von Hermann Kochan engagiert vorangetrieben. Hauptbeteiligte waren neben den Heidelbergern um Eberhard Grün und Peter Lämmerzahl sowie den DLR-Mitarbeitern (unter anderem Ekkehard Kührt, Hermann Kochan, Diedrich Möhlmann, Klaus Seidensticker) vor allem Mitarbeiter des Forschungszentrums Jülich (Kurt Rössler), des Instituts für Planetologie der Universität Münster (Johannes Benkhoff, Karsten Seiferlin, Tilman Spohn) und der Universität Köln (Klaus Thiel, Gabriele Kölzer, Hans-Herbert Fischer).

Experimente, Ergebnisse und Folgen

Bei den Experimenten wurde in einem Behälter eine künstliche Kometenoberfläche in die Kammer eingebracht, die aus Wassereis (gekühlt mit flüssigem Stickstoff) und Staub bestand. Der Behälter war gegenüber der horizontal einfallenden simulierten Sonnenstrahlung geneigt (vgl. Abb. 5.9), um bessere Einstrahlbedingungen zu erzielen. Solchermaßen präpariert, begannen dann an der Oberfläche des mit „kometenanalogem Material" gefüllten Probentopfs in der evakuierten Kammer die Sublimationsprozesse. Durch Erwärmung frei gewordener Wasserdampf strömte an der Oberfläche aus und riss dabei im Eis eingelagerte Staubpartikel mit – genau so, wie man auch heute noch annimmt, dass es sich an der sonnenbeschienenen Oberfläche eines der Sonne nahekommenden Kometenkerns abspielt.

So konnten unter anderem die Wechselwirkungsprozesse qualitativ und quantitativ untersucht werden, die zur Beschleunigung der Staubpartikel durch das ausströmende Gas oberhalb einer Kometenoberfläche führen. In der Natur bilden diese Partikel dann später den Schweif des Kometen, natürlich nur die kleineren, die nicht zur Kometenoberfläche zurückfallen. Die Abbildung 5.10 gibt ein Beispiel der so vermessenen Partikelbahnen wieder.

Diese Untersuchungen ergaben eine Fülle neuer Informationen – insbesondere zur Gas- und Staubdynamik nahe ausgasender Oberflächen und damit zu den aktiven Gebieten auf Kometenoberflächen. Mit numerischen Simulationen wurde auch verständlich und nachvollziehbar, dass der freigesetzte Wasserdampf nicht nur nach außen wegströmt, sondern sich ebenfalls durch das poröse und gefrorene Eis-Staub-Gemisch nach innen ausbreitet, wo er wieder gefriert und eine verfestigte Eisschicht bildet. Unter der sublimierenden Oberfläche entwickelt sich also mit der Zeit eine weiter nach innen wandernde verfestigte Zone, die wesentlich härter ist als das sonstige Material.

Diese Erkenntnis war auch wichtig für die damals ganz am Anfang stehenden Überlegungen zu einem ROSETTA-Lander, konnte man so doch ein wenig sicherer sein, dass der Lander, falls er in einem aktiven Gebiet niedergehen sollte, vermutlich nicht in lockerem Oberflächenmaterial einsinken würde. Allerdings sind

durch den Einschlag auf einem Kometen bei der Mission DEEP IMPACT (vgl. Abschnitt 5.5) neue Aspekte aufgetaucht, die zumindest eine sehr tief reichende verfestigte Oberflächenschicht ausschließen.

Weitere Ergebnisse konnten gewonnen werden, die für das Verständnis der Daten von den Halley-Raumsonden und den dazu erfolgenden Modellierungen wichtig und hilfreich waren, beispielsweise zur Dichte und zur Festigkeit der Oberflächenmaterialien, ihrer chemischen Eigenschaften und möglichen Schichtungen, ihrer elektrischen und thermischen Leitfähigkeit sowie zur Entwicklung abdeckender Partikelschichten. Diese Daten bildeten die Grundlage für die numerischen Modelle zu den Eigenschaften von Kometenoberflächen, die man Anfang der 1990er-Jahre bei der Konzeption des ROSETTA-Landers entwickelte. Das erste derartige Modell einer Kometenoberfläche für ROSETTA entstand im Kölner DLR-Institut für Raumsimulation und wurde später gemeinsam mit Kollegen um Martin Hilchenbach aus Katlenburg-Lindau und der ESA weiterentwickelt.

Neben der „Großen Kammer" wurden bei den KOSI-Experimenten auch kleinere TV-Kammern zur Untersuchung gezielter Fragestellungen eingesetzt, denn der Betrieb der „Großen Kammer" war sehr aufwendig, allein schon personell. Zum Beispiel mussten der Sonnensimulator, die Vakuumpumpen und die Kühlung normalerweise über mehrere Tage kontrolliert und kontinuierlich laufen, was im Dreischichtbetrieb gewährleistet wurde. So schufen sich mehrere Forschungseinrichtungen eigene kleinere „Kometenkammern" für ihre experimentellen Untersuchungen, zum Beispiel in Graz (Österreich) oder in Leiden (Niederlande). Diese im Vergleich zu Weltraummissionen deutlich „preiswerteren" Laboruntersuchungen haben zu einem Verständnisfortschritt bei vielen Einzelprozessen an und in Kometenoberflächen geführt. Die kleineren Kammern wurden auch später noch zu Tests und vorbereitenden Untersuchungen für Experimente verwendet, die auf dem Lander PHILAE mitfliegen sollten, so zum Beispiel für das SESAME-Experiment in den Füßen des Landers (vgl. Abschnitt 7.4). Heute wer-

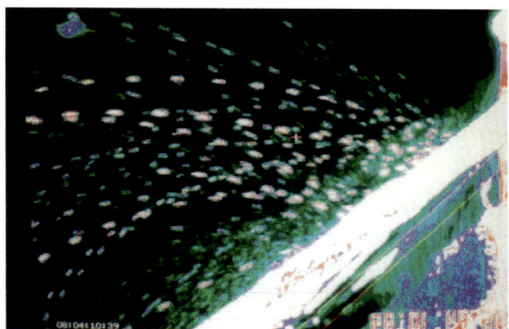

5.10 | Die Flugbahnen kleiner Partikel oberhalb einer sublimierenden (simulierten) Kometenoberfläche, aufgenommen während der KOSI-Experimente im DLR in Köln.

den die Kammern zur Simulation extremer Bedingungen – wie der physikalischen Situation an der Marsoberfläche – weiterhin genutzt. Dabei verfolgt man unter anderem das Ziel, exobiologischen Fragestellungen experimentell und quantitativ nachgehen zu können.

Parallel zu den KOSI-Experimenten wurden am Kölner DLR-Institut in Zusammenarbeit mit den anderen beteiligten Instituten auch theoretische und modellierende Arbeiten vorangetrieben, die wiederum weiterführende Ideen für Experimente auf künftigen Kometenmissionen hervorbrachten. Diese Aktivitäten führten dazu, dass das Institut bei der Konzeption und Realisierung des ROSETTA-Projekts maßgeblich und zum Teil führend beteiligt war, speziell am Landerprojekt PHILAE .

5.5 | Weitere Kometenmissionen

Der erste Höhepunkt bei der Erforschung von Kometen mit Raumsonden war mit der „Halley-Armada" im Jahr 1986 erreicht. In diesem Abschnitt wird noch einmal auf die japanischen Halley-Sonden und die amerikanische NASA-Sonde ICE eingegangen. Die Forschungen wurden aber auch nach der „Halley-Ära" intensiv fortgesetzt. Die Rosetta-Mission ist dabei ein neuer Höhepunkt, da sie erstmalig das Absetzen eines Landers mit wissenschaftlichen Experimenten auf einer Kometenoberfläche vorsieht. Dieser Mission gingen aber bereits viele vertiefende Erkundungen von Kometen voraus, die im Folgenden ebenfalls kurz vorgestellt werden.

Die Halley-Sonde ICE

Im Jahr 1978 hatte die NASA (mit europäischer Beteiligung) die Sonde ISEE-3 gestartet und am Librationspunkt zwischen Sonne und Erde, ungefähr 1,5 Millionen Kilometer „vor der Erde" in Richtung Sonne platziert. Aufgabe dieser Raumsonde war die plasmaphysikalische Vermessung des heranströmenden Sonnenwinds, um zum Beispiel den Zusammenhang mit nachfolgenden Erscheinungen (wie magnetischen Stürmen und Polarlichtern) in der Magnetosphäre der Erde zu erforschen. Gemäß dieser Zielsetzung war ISEE-3 ausschließlich mit plasmaphysikalischen Messgeräten ausgestattet. Nachdem die NASA aus finanziellen Gründen und wegen interner Dispute aus der ursprünglich geplanten gemeinsamen Mission mit der ESA zum Kometen Halley ausgestiegen war, wählte man die Sonde ISEE-3 aus, um zumindest eine Raumsonde in die Nähe eines Kometen zu bringen. So musste man als große Raumfahrtnation das Kometenforschungsfeld nicht vollständig anderen Ländern überlassen. Die Sonde wurde mit mehreren komplexen „Gravity-assist-Manövern" an Erde und Mond vorbeigelenkt und konnte so genügend Schwung holen, um letztlich das Einflussgebiet der Erdgravitation zu verlassen. Dieses „Schwungholen" (also ein Energiegewinn) ist bei drei über ihre Schwerkraft wechselwirkenden Körpern für einen auf Kosten der beiden anderen möglich, wenn die Bahn des Körpers geeignet gewählt wird. Insgesamt muss ja nur die Gesamtenergie des Systems erhalten bleiben. Die Sonde, nun auf dem Weg zu einem Kometen, erhielt fortan den Namen „International Cometary Explorer" (ICE). Am 11. September 1985 flog ICE dann in 7800 Kilometern Abstand vom Kern durch den Schweif des kurzperiodischen Kometen

21P/Giacobini-Zinner. Dieser ist daher der erste von einer Raumsonde jemals angeflogene Komet, und damit hat die NASA immerhin den Anspruch, als Erste einen Vorbeiflug an einem Kometen durchgeführt zu haben. Dies war sicherlich einer der Beweggründe für die Genehmigung dieses Projekts.

Die ICE-Sonde erfasste die Wechselwirkung des Sonnenwinds und seines „interplanetaren" Magnetfelds mit dem Schweif von Giacobini-Zinner. Dabei zeigte sich, dass der plasmaphysikalische Wirkungsbereich des Kometen deutlich größer war als bis dahin allgemein angenommen. Das vermessene Magnetfeld des Sonnenwinds wechselte übrigens die Richtung, als ICE die Mitte des Schweifs passierte. Das deutete auf eine großräumige Umströmung des Kometen durch den Sonnenwind hin, der somit ein unerwartet großes plasmaphysikalisches „Hindernis" für den heranströmenden Sonnenwind darstellen musste. Eine Kamera für Abbildungen des Kometenkerns und seiner Umgebung war leider nicht an Bord, da ISEE-3 ja für ganz andere Aufgaben konzipiert und gebaut worden war. Nach der Passage des Kometen Giacobini-Zinner flog ICE am 25. März 1986 in einer recht großen Entfernung von rund 30 Millionen Kilo-

5.11 | Die Wasserstoffkoma des Kometen Halley war viele Millionen Kilometer groß und nahezu isotrop ausgebildet. Die Abbildung zeigt die Aufnahme einer Raketensonde der ESA im UV-Licht, 13 Stunden vor dem Vorbeiflug der Giotto-Sonde.

metern am Halley'schen Kometen vorbei, ohne weitere wissenschaftlich relevante Ergebnisse zu bringen.

Die Halley-Sonden SAKIGAKE/SUISEI

SAKIGAKE (zu Deutsch: „Vorbote") und SUISEI („Komet") waren japanische Raumsonden, die 1985 zur Erforschung des Kometen Halley gestartet wurden. SAKIGAKE trug drei Experimente, zwei davon waren Plasmawellen-Experimente, die der Bestimmung der richtungsabhängigen dreidimensionalen Verteilung des Sonnenwinds sowie der Wechselwirkung des Sonnenwinds mit dem ionisierten Kometengas dienten, und das dritte ein Magnetometer zur Vermessung des mit dem Sonnenwind heranströmenden Magnetfelds. SUISEI hatte zwei wissenschaftliche Messgeräte an Bord: eine UV-Kamera (UVI) zur Vermessung der Lyman-Alpha-Strahlung des neutralen Wasserstoffs (Wellenlänge: 121,6 Nanometer) in der Koma des Kometen Halley und ein Experiment zur Bestimmung der Temperatur und der Geschwindigkeit des Sonnenwinds (SOW). SAKIGAKE flog in einer Distanz von sieben Millionen Kilometern am Kometen Halley zwischen diesem und der Sonne vorbei, während SUISEI den Kometenkern in einer Distanz von 151.000 Kilometern zwischen Komet und Sonne passierte. Dabei wurde die Sonde übrigens von zwei kleinen Staubteilchen getroffen, aber nur leicht beschädigt.

Beide Sonden standen zur Zeit der nahen Vorbeiflüge der VEGA- und GIOTTO-Sonden gerade „vor" dem Kometen in Richtung Sonne. Sie konnten so den heranströmenden, „ungestörten" Sonnenwind vermessen und damit eine wichtige Basis liefern für die Interpretation der dann in Kometennähe gemessenen Eigenschaften des Plasmas in der umströmten Kometenumgebung. Mit den UV-Aufnahmen der UVI-Kamera wurde erkennbar, dass sich die „Wasserstoffumgebung" des Kometenkerns in ein gewaltiges, etwa 20 Millionen Kilometer umfassendes Gebiet ausdehnte und dies sogar nahezu isotrop, vom Sonnenwind und der Sonnenstrahlung also nahezu unbeeinflusst (vgl. Abb. 5.11).

SAKIGAKE und SUISEI

Die Halley-Sonden SAKIGAKE und SUISEI waren die ersten japanischen Raumsonden. Sie dienten den Japanern daher auch als „Testflüge", um Erfahrungen zu sammeln. Die Sonden waren baugleich, jedoch unterschiedlich instrumentiert. Auch wenn die Ergebnisse dieser beiden kleinen Missionen nicht mit denen der GIOTTO- und VEGA-Missionen verglichen werden können, galten sie vor diesem Hintergrund als Erfolg.

DEEP SPACE 1

Mit der NASA-Mission DEEP SPACE 1, die am 24. Oktober 1998 gestartet wurde, sollten hauptsächlich neue Technologien getestet werden wie beispielsweise ein Xenon-Ionenantrieb. Das Zielobjekt war zunächst der Asteroid (9969) Braille, den die Sonde am 29. Juli 1999 in nur 26 Kilometern Abstand passierte. Es konnten zahlreiche Daten gewonnen werden, aufgrund einer fehlerhaften Ausrichtung der Kamera entstanden aber nur wenige Bilder aus großer Entfernung.

Da noch „Treibstoff" für das Ionentriebwerk vorhanden war, wurde die Sonde anschließend

5.12 | Der Kometenkern von 19P/Borrelly, aufgenommen von der Raumsonde DEEP SPACE 1 kurz vor ihrem Vorbeiflug.

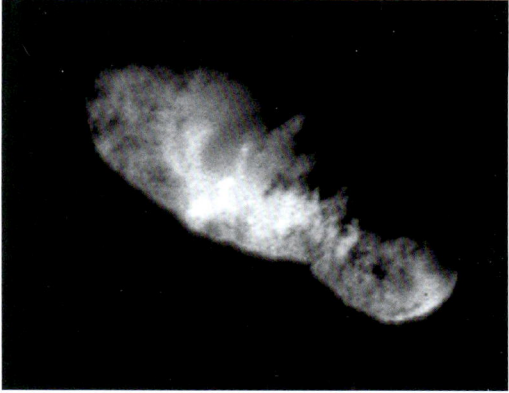

auf eine Bahn zum Kometen 19P/Borrelly gebracht, den sie am 22. September 2001 in nur etwa 2200 Kilometern Abstand passierte. Bei diesem relativ nahen Vorbeiflug wurden zahlreiche Bilder gewonnen (vgl. Abb. 5.12). Die Oberfläche von 19P/Borrelly ähnelt demnach auf den ersten Blick derjenigen des Kometen Halley, wie sie auf den GIOTTO-Bildern erscheint. Erkennbar sind flache Ebenen (wie in Abb. 5.12 leicht oberhalb der Mitte). Bergrücken (als beleuchtete Ausbuchtungen am Rand zum Beispiel), helle und dunkle Flecken sowie unregelmäßiges Terrain („mottled terrain"). Die Ausgasung des Kometen geht offenbar, wie auch schon bei Halley beobachtet, von kleinen, hellen aktiven Gebieten aus. Hell erscheint dabei der Staub, der aus der Oberfläche mitgerissen wurde und an dem das Sonnenlicht gestreut wird.

CONTOUR

Die Raumsonde CONTOUR der NASA, an der auch Deutschland beteiligt war, startete am 3. Juli 2002. Als die Sonde am 15. August 2002 im Perigäum (im erdnächsten Punkt) ihr Triebwerk zündete, um die Erdumlaufbahn zu verlassen, zerbrach sie in drei Teile. Die nachfolgenden Untersuchungen der NASA ergaben als wahrscheinlichste Unglücksursache eine Überhitzung der Sonde durch die Abgase des Feststoffantriebs. In Erwägung gezogen wurden aber auch eine mögliche Explosion des Antriebsmotors oder gar eine (allerdings extrem unwahrscheinliche) Kollision mit einem Meteoroiden oder mit einem Stück „Weltraummüll".

CONTOUR wurde im Rahmen des Discovery-Programms der NASA unter dem politisch vorgegebenen Motto „schneller, billiger und besser" (faster, cheaper, better) geplant und durchgeführt. Vorgesehen waren nahe Vorbeiflüge an den Kometen 2P/Encke im Jahr 2003, 73P/Schwassmann-Wachmann im Jahr 2006 und schließlich am Kometen 6P/d'Arrest 2008. Dabei sollte die Sonde aber flexibel einsetzbar bleiben. Im Fall des Erscheinens eines neuen, hellen Kometen hätte sie sich so – in gewissem Rahmen – auf diesen umdirigieren lassen.

STARDUST und STARDUST-NEXT

Die Sonde STARDUST (zu Deutsch: „Sternenstaub") der NASA wurde am 7. Februar 1999 von Cape Canaveral gestartet. Da sie nach ihrer Primärmission zum Kometen Wild 2 noch funktionstüchtig war, flog die Sonde im Jahr 2011 unter dem Namen STARDUST-NEXT noch am Kometen Tempel 1 vorbei.

STARDUST

Wie schon der Name sagt, war es die Hauptaufgabe der Sonde, „Sternenstaub" einzusammeln. Dies sollte sowohl in der Umgebung des Zielkometen 81P/Wild (Wild 2) geschehen als auch beim Durchflug eines kurz zuvor entdeckten interstellaren Staubstroms, der aus der Richtung des Sternbilds Schütze kommend unser Sonnensystem kreuzt. Auf dem Weg zum Kometen Wild 2 flog STARDUST im Jahr 2002 außerdem in 3300 Kilometern Entfernung am Asteroiden (5535) Annefrank vorbei. Der eingesammelte kometare und interstellare Staub sollte später mit einer Kapsel zur Erde gebracht werden. Parallel dazu waren mehrere Instrumente an Bord, mit denen sowohl Bilder des Kometen Wild 2 aufgenommen werden als auch direkte Untersuchungen des Staubs vor Ort erfolgen sollten, unter anderem mit dem Staubanalysator CIDA (Comet and Interstellar Dust Analyser) aus Deutschland. Beides gelang sehr gut.

Die Aufnahmen zeigten einen Kometenkern mit einer „pockennarbigen" Oberfläche, die offenbar stark durch die Einschläge kleiner Körper geformt wurde. Außer diesen Impaktrelikten fanden sich aber auch ebene Flächen (vgl. Abb. 5.13). Auch bei diesem Kometen zeigte sich, dass die Aktivität von kleinräumigen Flecken („Spots") ausgeht, denn die Fußpunkte der erkennbaren Ausgasungsjets auf der Oberfläche sind offenbar jeweils lokal eng begrenzt.

Staub von Kometen oder aus interstellaren Quellen ist wissenschaftlich besonders interessant, da man hofft, über dieses recht ursprüngliche Material mehr über die Frühphasen unseres Planetensystems oder gar über interstellare prä-

5.13 | Bildmontage des (kurz belichteten) Kerns des Kometen Wild 2 in die (lang belichtete) helle kometennahe Umgebung. Auf dem Kometenkern sind zahlreiche Oberflächenstrukturen erkennbar. Die Umgebung wird durch emittierten Staub sichtbar, der das Sonnenlicht streut. Die Aufnahmen stammen von der NASA-Raumsonde Stardust während ihres nahen Vorbeiflugs am Kometen Wild 2.

biologische Prozesse zu erfahren. Wie man aus astronomischen Beobachtungen an nahen, heißen Sternen weiß, entstehen dort in chemischen Nichtgleichgewichtsprozessen auch (nicht biologische) organische Materialien. Diese Partikel sammeln sich später in interstellaren Wolken, und aus einer solchen ist ja auch einmal unser Sonnensystem entstanden.

Die Stardust-Sonde hatte ein ausgeklügeltes System an Bord, um Staubteilchen sanft abzubremsen und möglichst unverändert einzufangen. Zum Aufsammeln der Partikel benutzte man ein „Aerogel" – ein höchst poröses, extrem leichtes Material, in das die Teilchen hineinschießen und in dem sie langsam, ohne thermische Zerstörung, abgebremst werden. Das „staubangerei-

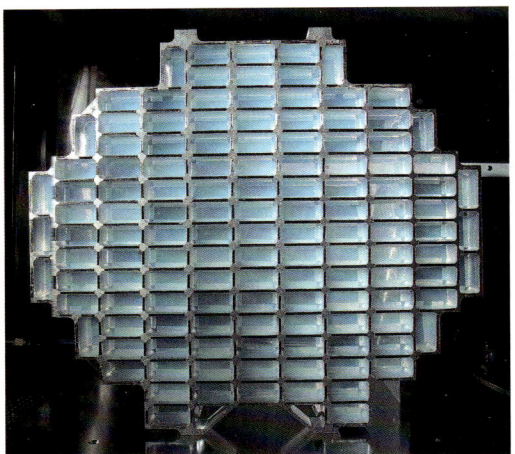

5.14 | Der Staubkollektor der Raumsonde STARDUST war gefüllt mit Aerogel, das die interstellaren und kometaren Staubpartikel sanft abbremsen sollte.

cherte" Material wurde dann am 15. Januar 2006 mit einer Rückkehrkapsel zur Erde gebracht (vgl. Abb. 5.14 und 5.15). Übrigens wurden beim Vorbeiflug am Kometen Wild 2 und beim Durchqueren des interstellaren Staubstroms jeweils unterschiedliche Teile des Aerogels dem Staubeinfall ausgesetzt, so dass die beiden Staubtypen später getrennt vorlagen.

Die Untersuchungen in irdischen Labors ergaben, dass die vom Kometen stammenden Teilchen zumeist ähnliche Isotopenzusammensetzungen aufwiesen, wie wir sie von der Erde oder von Meteoriten kennen. Diese Partikel stammen also aus unserem Sonnensystem. Überdies waren die Teilchen des Kometenstaubs größer als man es für interstellaren Staub erwartete, aus dem sie ja eigentlich entstanden sein mussten. Die Einschlagspuren im Aerogel waren trichterförmig und die Massen vieler Teilchen, die an der Trichterspitze zur Ruhe gekommen waren, deutlich größer als die des interstellaren Staubs.

Zwar wurden im Kometenstaub auch kleine interstellare Staubteilchen gefunden, allerdings nur zu einem sehr geringen Anteil. Erstaunlicherweise fand man aber Silikatkristalle, die im interstellaren Staub überhaupt nicht auftreten beziehungsweise nach ihrer Entstehung im in-

terstellaren Raum „amorphisieren", also ihre kristallinen Eigenschaften verlieren. Die Entstehung der gefundenen Mineralkristalle erfordert hohe Temperaturen weit oberhalb von 1300 Grad Celsius, sonst können sie aus der Schmelze nicht auskristallisieren. Da Kometen aber auch Materialien (Eise) enthalten, die nie wärmer als rund 50 Kelvin waren, deutet dies darauf hin, dass sie aus einem merkwürdigen Gemisch von Partikeln entstanden sind, von denen ein Teil eine heiße Geschichte hat, während ein anderer Teil nie warm war.

Eine mögliche Folgerung daraus lautet: Weil die kristallinen Partikel vermutlich nicht mit dem interstellaren Staub in das frühe Sonnensystem gekommen sind, müssen sie damals „hier" entstanden sein, ehe sie über Jahrmilliarden unverändert am Rande unseres Sonnensystems in den Kometen „abgelagert" wurden. Das aber weist auf eine deutlich stärkere Durchmischung des präplanetaren und präkometaren Materials in unserem frühen Planetensystem hin als bisher angenommen, denn dann müssten die kristallinen Partikel aus den heißen, inneren Gebieten gekommen sein. Vielleicht wurden also all die gesteinsartigen und Metalle (also auch bei hohen Temperaturen schwerflüchtige, refraktäre Elemente) enthaltenden Partikel im frühen Sonnensystem von innen nach außen in die transneptunischen Gebiete gestreut, wo wir sie heute noch in Kometen finden. Dort wurden sie von Wassereis und anderen Eisen leichtflüchtiger Verbindungen ummantelt und wuchsen dort draußen zusammen. Dieser Schluss gilt zumindest für das Material, aus dem der Komet Wild 2 entstanden ist. Die mit STARDUST zur Erde gebrachten Materialien bilden trotz der relativ geringen Menge eine Fundgrube für Bestandteile von Staubteilchen aus anderen Sternumgebungen und aus der frühen Entstehungsphase unseres Planetensystems – und hier sowohl aus seinen inneren und heißen Teilen als auch von weit draußen.

Ein besonders bemerkenswertes Teilchen wurde nach dem Sonnengott der Inkas mit dem Namen „Inti" bezeichnet. Es erinnert in seiner isotopischen, chemischen und mineralogischen Zusammensetzung an die sogenannten CAIs (Calcium-Aluminium-rich Inclusions). Das sind

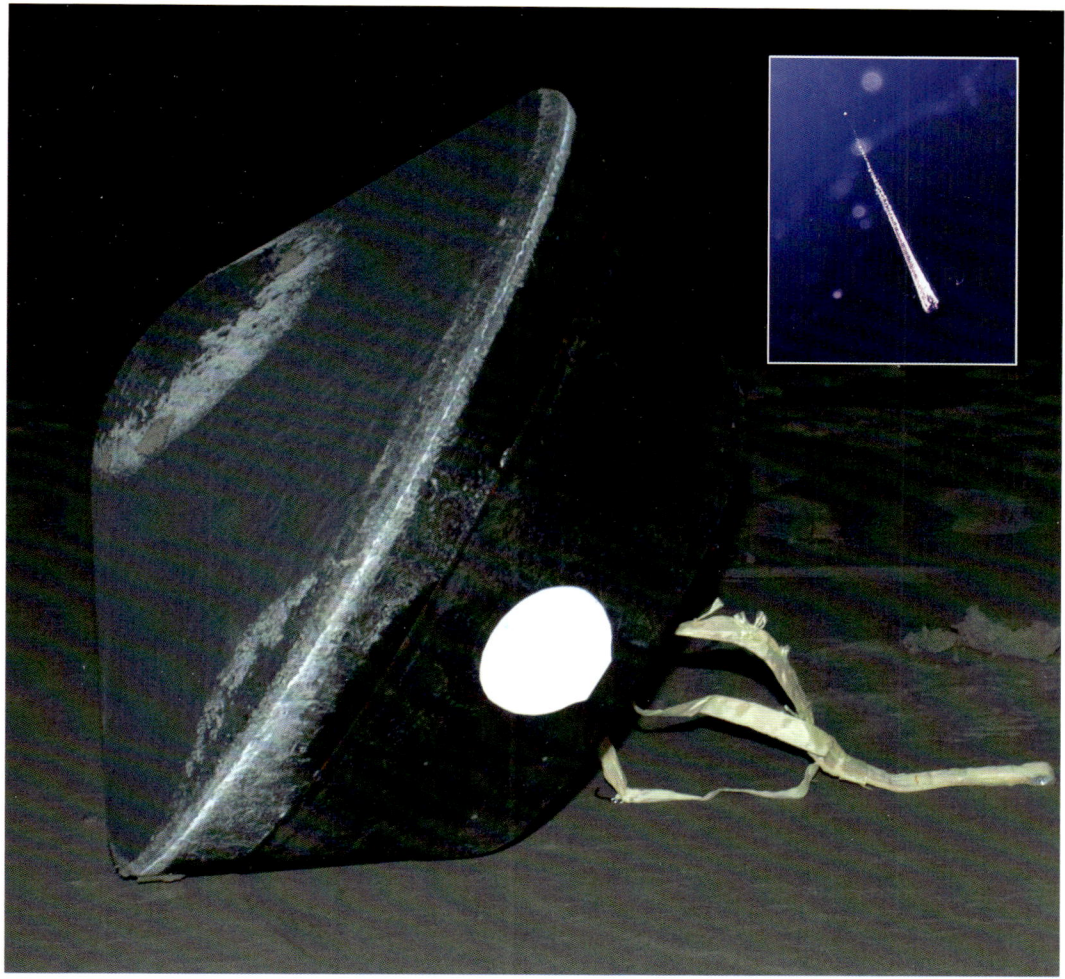

5.15 | Großes Bild: Die Rückkehrkapsel der Raumsonde Stardust nach erfolgreicher Landung in einem Gebiet der US-Luftwaffe in Utah. Kleines Bild: Die trichterförmige Spur eines Staubpartikels im Aerogel.

kalzium- und aluminiumreiche Gebilde, die aus der frühen und heißen Phase der Entstehung des Planetensystems stammen und in einigen Meteoriten enthalten sind (vgl. Abschnitt 4.1). Inti hat ebenfalls feine Einschlüsse, die in der frühen Kondensationsphase heißer Gase zu festen Partikeln entstanden sein müssen. Sie enthalten Verbindungen der Elemente Titan, Vanadium, Stickstoff, Platin, Osmium, Ruthenium, Wolfram und Molybdän.

Interessanterweise wurde in den aufgefangenen und untersuchten Teilchen kometaren Ursprungs auch eine nicht biologische, wohl aber chemisch organische Verbindung gefunden, nämlich Glycin. Die nicht irdische Herkunft des gefundenen Glycins wurde durch eine Kohlenstoffisotopenanalyse belegt, die einen erhöhten Kohlenstoff-13-Anteil aufwies, der für extraterrestrisches Material typisch ist. Glycin wird auf der Erde von lebenden Organismen zum Aufbau von Proteinen verwendet. Dies ist die erste Entdeckung einer Aminosäure in kometarer Materie. Natürlich stärkt dies Spekulationen, nach denen Bestandteile oder Vorstufen

5.16 | Ein von der STARDUST-Landekapsel zur Erde gebrachtes, in Aerogel eingebettetes Teilchen. Es ähnelt stark den aus Meteoriten bekannten (kalzium- und aluminiumreichen) CAI-Partikeln.

von Leben im Universum weit verbreitet und so vielleicht auch zur Erde gebracht und hier zu Keimen unseres Lebens geworden sein könnten.

STARDUST-NEXT

Der Komet 9P/Tempel (Tempel 1) war schon im Jahr 2005 Ziel einer Weltraummission gewesen, und zwar mit der Sonde DEEP IMPACT (siehe den folgenden Abschnitt). Sie hatte einen Kupferkörper in den Kometen geschossen und seine Oberflächeneigenschaften anhand des herausfliegenden Materials untersucht. Im Jahr 2009 wurde die STARDUST-Sonde als Fortsetzung ihrer erfolgreichen Mission – nun als STARDUST-NEXT – auf Kurs zu diesem Kometen gebracht, um das Einschlaggebiet, das der Kupferkörper hinterlassen hatte, abzubilden. Am 14. Februar 2011 flog die Sonde ausreichend nahe am Kometenkern von Tempel 1 vorbei, um Fotos der Region zu gewinnen (vgl. Abb. 5.17 und 5.21 auf S. 101). Details dazu sind im folgenden Abschnitt dargestellt.

Der aus Deutschland stammende Staubanalysator CIDA, den STARDUST auf seinen Missionen mitführte, war – wie erwähnt – eine Weiterentwicklung der schon auf GIOTTO und den VEGA-Sonden eingesetzten Staubmassenspektrometern. Er stammte von Jochen Kissel vom Heidelberger Max-Planck-Institut für Kernphysik und der Raumfahrtfirma von Hoerner & Sulger GmbH in Schwetzingen. Diese Entwicklungen aus Deutschland zur Weltraumforschung gehen aber möglicherweise mit dem Experiment COSIMA auf der ROSETTA-Mission zu Ende, denn die deutsche Raumfahrtforschungspolitik geht zurzeit andere Wege. Vielleicht aber wird diese erprobte Messtechnik in anderen Ländern fortgeführt, ähnlich wie dies zum Beispiel mit dem hervorragenden Alphateilchen-Röntgenspektrometer (APX) aus dem Max-Planck-Institut für Chemie in Mainz geschehen ist, das nun in Kanada weiterentwickelt wird.

DEEP IMPACT und EPOXI

Die NASA-Mission DEEP IMPACT wurde am 12. Januar 2005 von Cape Canaveral in Florida gestartet. Auch sie wurde nach erfolgreich absolvierter Primärmission unter einem anderen Namen – EPOXI – fortgeführt.

DEEP IMPACT

Wie der Name schon andeutet, sollte im Rahmen dieser Mission ein Einschlag in eine Kometen-

5.17 | Der Kern des Kometen Tempel 1, aufgenommen während der NASA-Mission STARDUST-NEXT am 14. Februar 2011.

oberfläche erfolgen. Die Sonde bestand daher aus zwei Teilen. Der eine Teil, die Vorbeiflugsonde, war mit verschiedenen Kameras und einem Infrarotspektrometer ausgestattet und sollte den Zielkometen Tempel 1 und den Einschlag beim Vorbeiflug beobachten und die Daten zur Erde schicken. Der andere Teil war der mit einem eigenen Triebwerk versehene „Impaktor", der mit 372 Kilogramm Masse in die Oberfläche des Kometen Tempel 1 einschlagen und bis zum Einschlag ebenfalls Bilddaten übermitteln sollte – zuletzt mit einer Auflösung von 20 Zentimetern pro Pixel.

Der eigentliche Impaktor war ein hundertprozentiger Kupferkörper mit einer Masse von 113 Kilogramm. Konstruktionsbedingt und da er auch einige Instrumente mit sich führte, bestand das Geschoss insgesamt aber „nur" zu 49 Prozent aus Kupfer. Dieses Metall wurde gewählt, da der Kupfergehalt von Kometen, falls er überhaupt existiert, sehr gering ist. So konnte man in den Messdaten des Impakts und seiner Folgen die Impaktorbestandteile von denen des Kometen trennen.

Der Einschlag des Impaktors in die Kometenoberfläche erfolgte am 4. Juli 2005. Danach wurde der Komet kurzzeitig sechsmal heller als zuvor und Beobachtungen des Röntgenteleskops des Satelliten SWIFT ergaben, dass er noch in den folgenden 13 Tagen verstärkt ausgaste, wobei das Maximum übrigens erst fünf Tage nach dem Einschlag erreicht wurde. Die Einschlaggeschwindigkeit betrug 10,3 Kilometer pro Sekunde und die resultierende kinetische Einschlagenergie $1,96 \times 10^{10}$ Joule. Das entspricht einer Sprengkraft von ungefähr 4,7 Tonnen Dynamit. Etwa fünf Millionen Kilogramm Wasser sowie zehn bis 24 Millionen Kilogramm Staub wurden dabei freigesetzt. Der Impaktoreinschlag in die Kometenoberfläche und der resultierende Gas- und Staubausbruch wurden übrigens nicht nur von der vorbeifliegenden DEEP-IMPACT-Sonde beobachtet (vgl. Abb. 5.20), sondern in einer konzertierten Aktion auch vom HUBBLE-Weltraumteleskop, den Röntgenteleskopen CHANDRA und XMM-NEWTON, dem Infrarotteleskop SPITZER und sogar der ROSETTA-Sonde aus rund 80 Millionen Kilometern Entfernung.

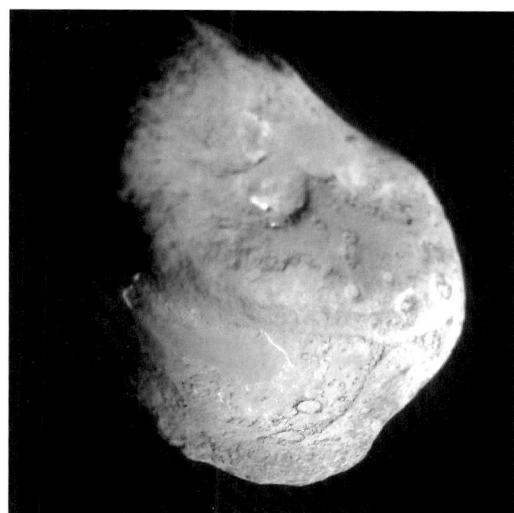

5.18 | Zusammengesetztes Bild der Oberfläche von Tempel 1 aus Aufnahmen von DEEP IMPACT aus dem Jahr 2005. Links, knapp unterhalb der Bildmitte, findet sich eine ausgedehnte erhöhte Ebene, die durch eine halbrunde Abbruchkante zur Mitte hin begrenzt wird. Die (spätere) Einschlagstelle des Impaktors liegt zwischen den beiden benachbarten Kratern am unteren Bildrand.

An den ersten Beobachtungsergebnissen überraschte bereits, dass im Verhältnis mehr Staub ausgeschleudert worden war als Wasser und dass die herausgeschleuderte Materie aus deutlich kleineren Partikeln bestand, als man erwartet hatte. Sie ähnelte eher staubähnlichem, feinem Pulver als Sandkörnern. Nachgewiesen wurden auch Lehm- und Tonminerale, Karbonate, Natrium und kristalline Silikate. Lehme, Tone und auch Karbonate erfordern die Präsenz von flüssigem Wasser bei ihrer Entstehung, was ein noch unverstandenes Rätsel bei der Bildung von Kometen (und „primitiven" Asteroiden) im frühen Sonnensystem ist – ähnlich übrigens wie bei der Bildung kohlig-chondritischer Meteorite (vgl. Kapitel 4). Sind diese Körper vielleicht Relikte eines früheren und wesentlich größeren Mutterkörpers, der auch flüssiges Wasser trug und der beispielsweise bei einem Zusammenstoß zerstört und in viele kleine Körper zerlegt

5.19 | Die Sonde DEEP IMPACT in einer Computergrafik kurz nach dem Abwurf des Kupferimpaktors, der auf dem Kometen Tempel 1 einschlagen sollte.

wurde? Oder gab es Vorgängerkörper, die aufgeheizt durch ihre frühere Radioaktivität im Inneren flüssiges Wasser bilden konnten und so zu den entsprechenden Mineralien führten? Bei der Auswertung der Einschlagdaten stellte sich auch heraus, dass ebenso die tieferen Schichten der Kometenoberfläche aus sehr lockerem Material mit einer Porosität von 75 Prozent bestehen müssen. Möglicherweise ist dieses refraktäre, lockere Gefüge eine Folge der Ausgasung früher vorhandener volatiler Substanzen wie Wasser.

Der Einschlagkrater konnte trotz intensiver Suche auf den Bildern der (sich schnell entfernenden) DEEP-IMPACT-Vorbeiflugsonde wegen der anfänglichen Überstrahlung des Einschlaggebiets durch die helle Staubwolke nicht gefunden werden. Dies gelang erst mit der aus diesem Grund erweiterten STARDUST-Mission unter dem Namen STARDUST-NEXT (siehe den vorigen Ab-

schnitt). Ein Vergleich des Einschlaggebiets aus den Jahren 2005 (vor dem Einschlag) und 2011 ist in der Abbildung 5.21 zu sehen.

EPOXI

Da die Vorbeiflugsonde von DEEP IMPACT noch gut manövrierfähig war, entschloss sich die NASA, auch diese Mission nach ihrem ursprünglich geplanten Ende weiterzuführen, und zwar unter dem Namen „Extrasolar Planet Observation and Deep Impact Extended Investigation", kurz EPOXI. Dabei spielte auch die Überlegung eine Rolle, dass die Forschungsergebnisse des Kometen Tempel 1 ja durchaus nicht für alle Kometen gelten müssten. Möglicherweise hatte man hier gerade einen speziellen und nicht repräsentativen Typ erwischt. Vor diesem Hintergrund sollte also ein weiterer Kometenvorbeiflug erfolgen, und zwar am Kometen 85P/Boethin. Der Komet erschien jedoch nicht zu seiner erwarteten Rückkehr ins innere Sonnensystem. Möglicherweise war er inzwischen zerfallen, was das Schicksal vieler locker gebundener Kometenkerne ist. Die Ursachen dafür sind umstritten und damit letztlich unbekannt. Als nächstes Ziel wurde der Komet 103P/Hartley (Hartley 2) angesteuert, der am 4. November 2010 in einer Entfernung von rund 700 Kilometern passiert wurde. Auf dem erhaltenen Bildmaterial sind außer Oberflächenstrukturen auch etliche Jets durch kleinräumige lokale Ausgasungen in aktiven Gebieten zu erkennen (vgl. Abb. 2.6).

Ende 2011 wurde Deep Impact dann auf eine Bahn gebracht, die die Sonde zum Asteroiden (163249) 2002 GT bringen sollte. Die Ankunft bei diesem Ziel war für das Jahr 2020 geplant. Wegen technischer Probleme wurde die Mission aber im September 2013 beendet.

5.20 | Die sichtbaren Einschlagfolgen auf der Oberfläche von Tempel 1, aufgenommen von der Deep-Impact-Sonde. Der ausgeworfene Staub wird im Sonnenlicht sichtbar.

5.21 | Der Einschlagort des Impaktors. Links: Deep-Impact-Bilddaten vom Juli 2005, vor dem Einschlag. Rechts: Bild von Stardust-NEXT vom 14. Februar 2011. Die Pfeile weisen auf einen Wall am Einschlagort hin. Der Einschlagkrater hat einen Durchmesser von rund 150 Metern.

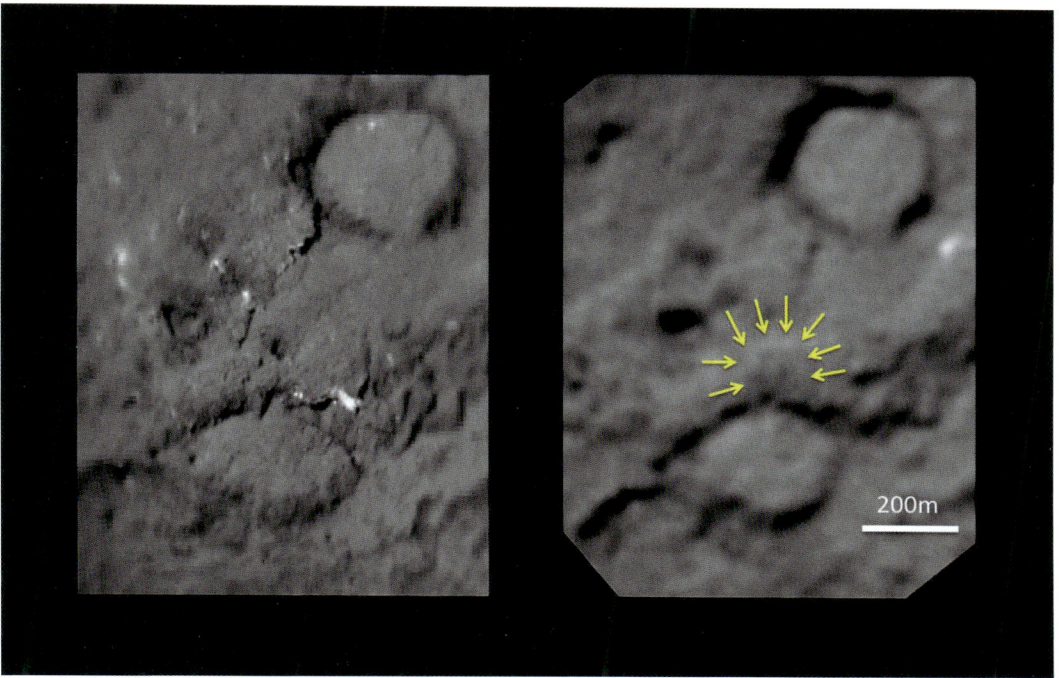

6 | EINE KOMETENMISSION MIT LANDER

6.1 Eine Landeeinheit für ROSETTA

6.2 Die Entwicklung von PHILAE

6.3 Fertigstellung und Startvorbereitungen

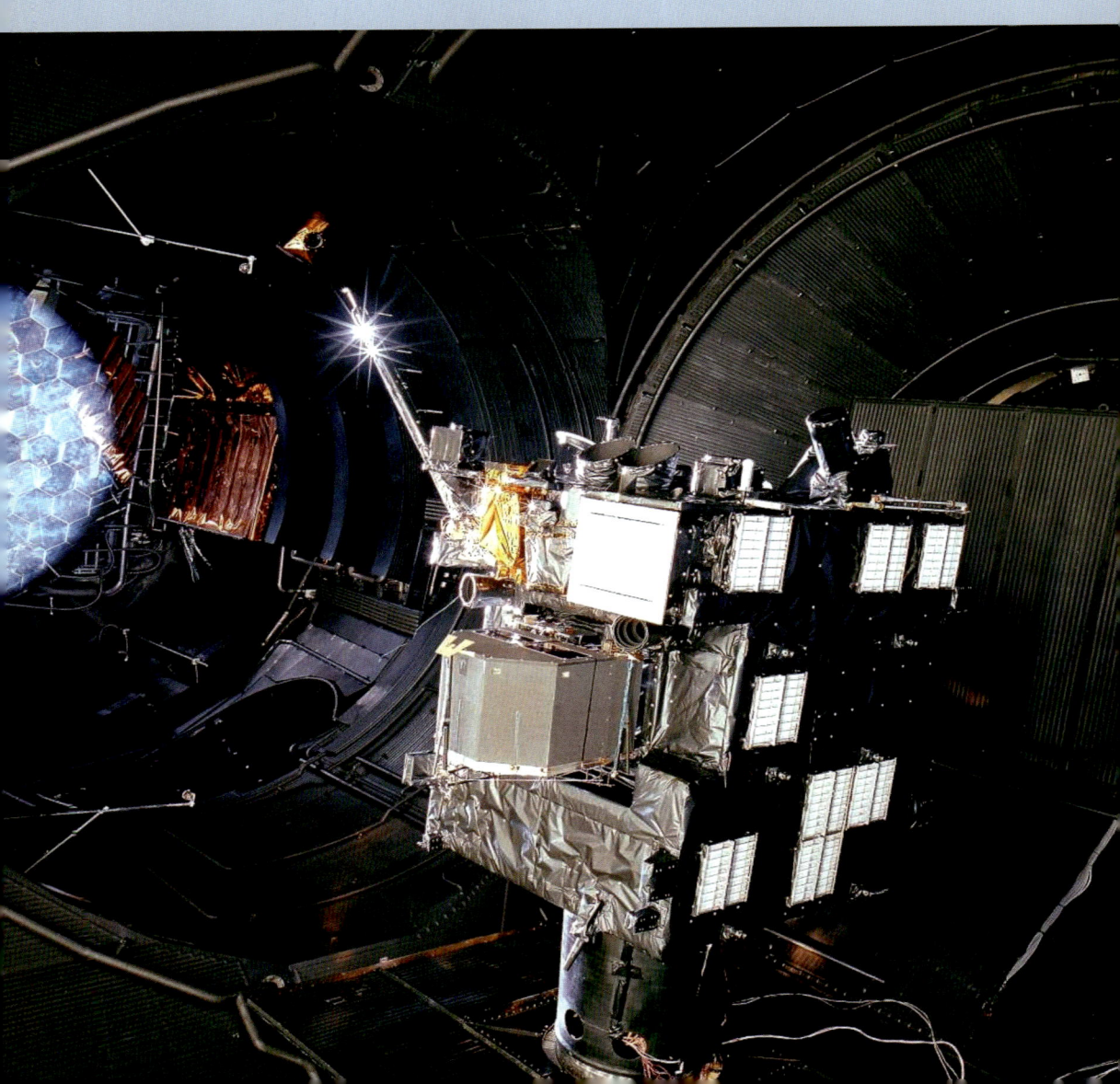

Nachdem die NASA aus einer zunächst gemeinsam geplanten neuen Kometenmission mit der ESA ausgestiegen war, schlug die Geburtsstunde der rein europäischen Kometensonde ROSETTA. In diesem Kapitel werden vor allem die Konzeption und der Bau des Kometenlanders PHILAE beschrieben sowie die Probleme, die mit der später notwendig werdenden Änderung des Zielkometen einhergingen. Details zum ROSETTA-Orbiter findet man in Kapitel 7, wo ebenfalls die technischen Einzelheiten des Landers in seiner heutigen Form beschrieben sind.

6.1 | Eine Landeeinheit für ROSETTA

Im Jahr 1984 legte die ESA mit dem Papier „Horizon 2000" ihre langfristige Planung für die nächsten Jahre und Jahrzehnte vor, in der vier „Cornerstone-Missionen" („Eckpfeiler") vorgesehen waren (s. Kasten). Der planetare Eckpfeiler, also die nächste große Mission zur Erforschung des Planetensystems, sollte eine Kometenmission sein, deren Verwirklichung zunächst gemeinsam mit der NASA geplant war. Diese sogenannte CNSR-Mission (Comet Nucleus Sample Return) war ursprünglich von Johannes Geiss (Universität Bern) und Hugo Fechtig (MPI für Kernphysik, Heidelberg) nach vorangegangenen Beratungen des ESSC (European Space Science Comitee) mit der NASA definiert worden. Bereits 1985, also noch vor dem Halley-Vorbeiflug, wurde ein gemeinsames ESA-NASA-Science-Team gebildet (unter anderem mit Akiba Bar-Nun, Walter Huebner, Elmar Jessberger, Horst Uwe Keller, Kurt Roessler, Gerhard Schwehm, Johannes Stöffler, Heinrich Wänke und Eberhard Grün), das diese Mission gemeinsam mit ESA- und NASA-Ingenieuren konzipieren sollte. CNSR sollte auf dem Mariner-Mark-II-Konzept der NASA aufbauen, das eine Reihe großer Raumsonden zur Erforschung des äußeren Sonnensystems vorsah. Nachdem die NASA aufgrund von Budget-Kürzungen aber ihre Beteiligung an der sogenannten CRAF-Mission (Comet Rendezvous Asteroid Flyby) zugunsten der Saturnsonde CASSINI absagte, war auch eine Beteiligung am CRAF-Nachfolgeprojekt CNSR nicht mehr vorgesehen. Nun wurde in Europa eine alleinige ESA-Mission geplant – eine rein europäische Kometensonde.

Die ESA-Planung „Horizon 2000"

Neben der Raumsonde ROSETTA zur Erforschung von Kometen und der Entstehung des Planetensystems sah das ESA-Planungspapier „Horizon 2000" noch drei weitere wichtige Cornerstone-Projekte vor:

- SOHO & CLUSTER – ein Weltraumobservatorium (SOHO) zur Untersuchung unseres nächsten Sterns, der Sonne, sowie mehrere Satelliten (CLUSTER) zur Erforschung der irdischen Magnetosphäre und ihrer Wechselwirkung mit dem Sonnenwind;
- XMM-NEWTON – ein Röntgen-Weltraumteleskop zur Beobachtung hochenergetischer Prozesse in Sternatmosphären, Pulsaren, Supernova-Überresten, Galaxien und vielem mehr, um den Rätseln von Schwarzen Löchern bis zur Entstehung des Universums auf die Spur zu kommen;
- HERSCHEL – ein Infrarot-Weltraumteleskop zur Untersuchung der entferntesten und kältesten Objekte im Universum, um die Entstehung von Sternen und Galaxien sowie die Entwicklung von Lebensbausteinen zu verstehen.

Im „Rest-Science-Team" der ESA herrschte schon damals die Überzeugung, dass ohne einen Lander wichtige Missionsziele nicht erreicht werden könnten. Im Kölner DLR-Institut für Raumsimulation liefen zu dieser Zeit gerade die Experimente zur Laborsimulation von Prozessen an Kometenoberflächen (KOSI) an (vgl. Abschnitt 5.4), und der „VEGA-erfahrene" Diedrich Möhlmann war auf Initiative von Berndt Feuerbacher, dem Direktor dieses DLR-Instituts, nach Köln gewechselt, um die dortigen Kometenforschungen zu unterstützen. Die neuen Denkanstöße für eine Kometenlander-Mission kamen da gerade richtig. Sie wurden im DLR und insbesondere von Berndt Feuerbacher aktiv aufgegriffen, nachdem sie von Eberhard Grün (MPI für Kernphysik, Heidelberg) und Diedrich Möhlmann in verschiedenen Veranstaltungen vorgestellt und diskutiert worden waren und somit bereits eine gewisse Qualität erreicht hatten. Für das Kölner Institut für Raumsimulation ergab sich damit für die Zeit nach den KOSI-Experimenten ein geeignetes und zukunftsträchtiges Arbeitsfeld, zusätzlich zu den dort betriebenen materialwissenschaftlichen und sonstigen missionsbezogenen Untersuchungen durch das dort angesiedelte Nutzerzentrum für Weltraumexperimente (MUSC).

RoLand und Champollion

Neben den Gesprächen zwischen Eberhard Grün und Diedrich Möhlmann war dem Projekt die

6.1 | Eine erste Konzeptidee für den ROSETTA-Lander mit Zentralharpune und ringförmigem Airbag.

Einladung aller potenziell ansprechbaren und interessierten Personen und Institutionen in Deutschland zu verschiedenen Treffen vorangegangen. So kam es zu den sogenannten SSP-Workshops im DLR in Köln – SSP, weil die ESA damals „nur" an ein kleines „Surface Science Package" dachte. An diesen Treffen nahmen aber auch ESA-Vertreter wie Gerhard Schwehm teil, die die weiteren Entwicklungen hin zu einem „richtigen" Lander förderlich begleiteten. Die Kommunikation fruchtete und bald zeigten auch weitere DLR-, MPG- und Universitätsinstitute Interesse an einer Mitwirkung. Besonders aktiv zeigte sich hier Helmut Rosenbauer, Direktor des Max-Planck-Instituts für Aeronomie in Katlenburg-Lindau (MPAe), das im Jahr 2004 (nach Rosenbauers Pensionierung) umbenannt wurde in Max-Planck-Institut für Sonnensystemforschung (seit 2014 in Göttingen). Schon bald gab es, vor allem durch Rosenbauers aktives Mitwirken, ein realistisches Konzept für einen komplexen Lander anstelle eines kleinen SSP. Neben Helmut Rosenbauer und Berndt Feuerbacher wurde nun auch die DLR-Führungsebene in die weiteren „politisch" notwendig werdenden Bemühungen einbezogen (insbesondere der sehr förderlich wirkende Programmdirektor Raumfahrt, Norbert Kiehne), um ein von Deutschland geführtes Langzeit-Landerprojekt auf die Beine zu stellen. Die Idee gewann an Fahrt.

Es ist vor allem Helmut Rosenbauer zu verdanken, dass das wissenschaftlich und technisch überaus herausfordernde Projekt eines ROSETTA-Landers in Deutschland als Kooperation zwischen der Max-Planck-Gesellschaft (MPG) und dem Deutschen Zentrum für Luft- und Raumfahrt (DLR) zustandegekommen ist. Als „Vater" der Landekonstruktion hat er mit seinem unermüdlichen Ideenreichtum ganz wesentlich dazu beigetragen, Lösungen für die schwierige Aufgabe einer Kometenlandung zu entwickeln. In allen Entwicklungsphasen war er als Ideengeber und Instrumentenentwickler eine der Schlüsselfiguren dieses Projekts. Ihm zur Seite standen hervorragende Ingenieure wie Hermann Hartwig, Reinhard Roll und vor allem Peter Hemmerich, denen es gelang, Rosenbauers Ideen in die Realität umzusetzen und zu testen. Stephan Ula-

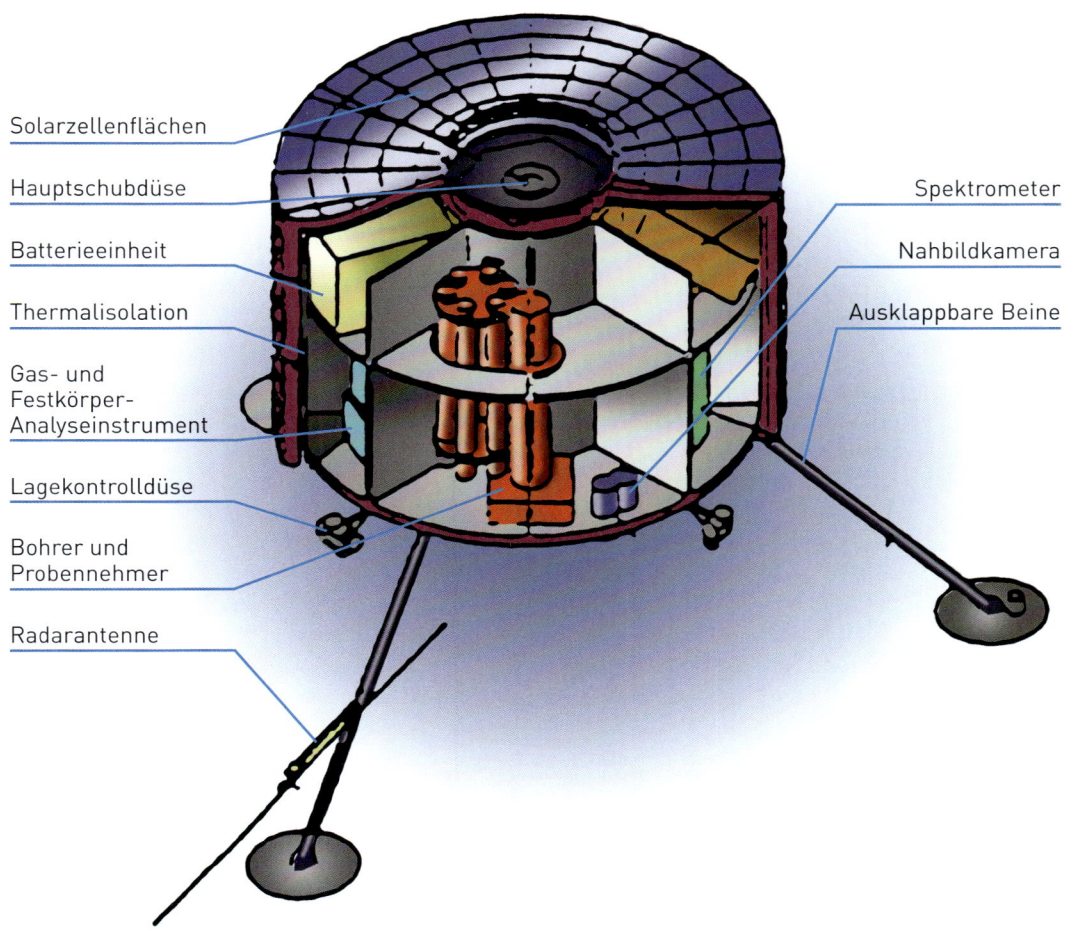

Solarzellenflächen

Hauptschubdüse

Batterieeinheit

Thermalisolation

Gas- und
Festkörper-
Analyseinstrument

Lagekontrolldüse

Bohrer und
Probennehmer

Radarantenne

Spektrometer

Nahbildkamera

Ausklappbare Beine

6.2 | Frühe Konzeption eines ROSETTA-Landers unter dem Namen RoLAND. Abgebildet ist das Design aus dem ersten vorläufigen Exposé von Oktober 1994.

mec, der 1994 von der ESA zum DLR kam, koordinierte zunächst die Zusammenarbeit zwischen DLR und dem MPI in Katlenburg-Lindau als Lander-Systemingenieur und managte später als Projektleiter das wachsende Konsortium aus verschiedenen Institutionen des inzwischen internationalen Projekts. Parallel dazu trug auch Gerhard Haerendel diplomatisch und fachlich signifikant zum erfolgreichen Entstehen des Landerprojekts bei. Er war Direktor am Max-Planck-Institut für Extraterrestrische Physik (MPE) in Garching und der erste Chairman des bald definierten „Lander Steering Committees".

Der von Helmut Rosenbauer und Diedrich Möhlmann damals vorgeschlagene Name für den Lander war bald allgemein akzeptiert: RoLAND – der ROsetta-LANDer. RoLAND sollte ein rotationsstabilisiertes, auf drei Beinen landendes Gerät mit Kaltgassystem (zur potenziellen Beschleunigung des Abstiegs) und Verankerung werden, das trotz seiner relativ geringen Gesamtmasse eine bemerkenswerte Anzahl an wissenschaftlichen Messgeräten zur Untersuchung der Eigenschaften des Kometenkerns und des ihn umgebenden Staubs mit sich führen sollte. Durch Einkleidung des Landers mit Solarzellen zur

Energiebereitstellung sollte eine möglichst lange Lebensdauer der Geräte erreicht werden.

Das endgültige Konzept für den Lander musste allerdings erst noch gefunden werden. Einer der ersten Pläne sah eine Struktur mit einem großen, leicht konischen „Schraubenfuß" vor. Der Lander sollte während des Abstiegs rotieren und sich beim Auftreffen auf die Oberfläche so gleichsam in den Boden schrauben. Andere Ideen beinhalteten Airbags, die durch gezielte Entlüftung ein Abprallen vermeiden sollten. Die Abbildung 6.1 auf Seite 104 zeigt eine sehr frühe Idee für den Lander mit einer zentralen Ankerharpune und einem ringförmigen Airbag anstelle eines Landegestells. Die Abbildung 6.2 auf Seite 105 zeigt ein weiteres Konzept für RoLand aus einem vorläufigen Exposé von 1994. Die Ausführung beinhaltet noch nicht die markante Form mit „Balkon", und der Bohrer war noch im Inneren einer tonnenförmigen Struktur mit radialen Sektoren angesiedelt (vgl. auch Abb. 6.3).

Man entschied sich letztlich für ein Konzept mit einem dreibeinigen Landegestell, einer darauf montierten, drehbaren Hauptstruktur und Ankerharpunen. Der Abstieg sollte rotationsstabilisiert durch ein Schwungrad im Landerinneren erfolgen, das vor dem Abtrennen vom Mutterschiff „aufgesponnen" werden sollte. Dadurch würde ein Kippen oder Trudeln vermieden – genauso wie ein Kreisel seine Lage im Raum behält (vgl. auch Kap. 7.2 und 7.3).

Parallel zu den Aktivitäten in Deutschland gab es übrigens auch seitens der NASA zusammen mit der französischen Raumfahrtagentur CNES Bemühungen um eine Mitwirkung an einer Rosetta-Lander-Nutzlast, und so wurde der ESA ein zweites, ebenfalls „passiv" landendes Gerät mit der Bezeichnung Champollion vorgeschlagen. Der Name geht auf den französischen Ägyptologen Jean-François Champollion zurück, der die Hieroglyphen entzifferte. Es sollte mit 45 Kilogramm die gleiche Masse haben wie RoLand, auf die Kometenoberfläche fallen, dort aber nur eine kurze Lebensdauer haben und alle Messungen innerhalb weniger Stunden durchführen. Die Vorschläge zu Champollion und RoLand wurden am 1. Dezember 1995 bei der ESA eingereicht. Zunächst wurden auch beide Lander als Nutzlast ausgewählt, und man bemühte sich, beide in die Rosetta-Mission zu integrieren. Dabei hatte man übrigens die politisch heikle Frage, welcher Lander zuerst abgesetzt und damit der weltweit erste Kometenlander werden würde, stets vertagt und bei allen Diskussionen sehr vorsichtig gemieden.

Der Lander Philae

Tatsächlich stellte es sich jedoch als schwierig heraus, beide Lander auf Rosetta unterzubringen. Zudem zeigte man sich skeptisch, dass die Massen der Lander wirklich jeweils unter der 45-Kilogramm-Marke bleiben würden. So beschloss die ESA im Sommer 1996 nach erneuter, intensiver Begutachtung der Konzepte, die beiden Lander zu einem „großen" Lander zu vereinigen. Als Grundlage wurde das RoLand-Konzept gewählt. Der Grund für diese Entscheidung lag wohl auch in einem Finanzierungsproblem für Champollion, denn das von der NASA vorgeschlagene Finanzierungsprofil passte nicht mit den von der ESA geforderten Abgabeterminen der Qualifikationsmodelle zusammen. Diese Entscheidung war der Anfang einer sehr intensiven Zusammenarbeit der beteiligten deutschen Institutionen mit der französischen Raumfahrtagentur, dem „Centre National d'Études Spatiales" (CNES), zur Realisierung des Rosetta-Landers, der am 13. Januar 2003 mit einer Ariane-5-Rakete auf den Weg zum Zielkometen 46P/Wirtanen gebracht werden sollte.

Der Name „Rosetta-Lander" blieb übrigens während der gesamten Entwicklungsphase erhalten und ist auch heute noch gebräuchlich. Kurz vor dem Start der Mission wurde allerdings ein Wettbewerb ausgeschrieben, um einen originelleren Namen zu finden. Zur Namensfindung zugelassen waren alle europäischen Kinder und Jugendlichen unter 18 Jahren. Es gewann letztlich der Vorschlag Philae einer Kandidatin aus Italien. Philae war eine Insel im Nil, auf der eine große Tempelanlage mit einem Obelisken gestanden hatte. Der Obelisk befindet sich heute in Kingston Lacy, England. Auch die Tempelanlage steht nicht mehr an ihrem ursprünglichen Ort,

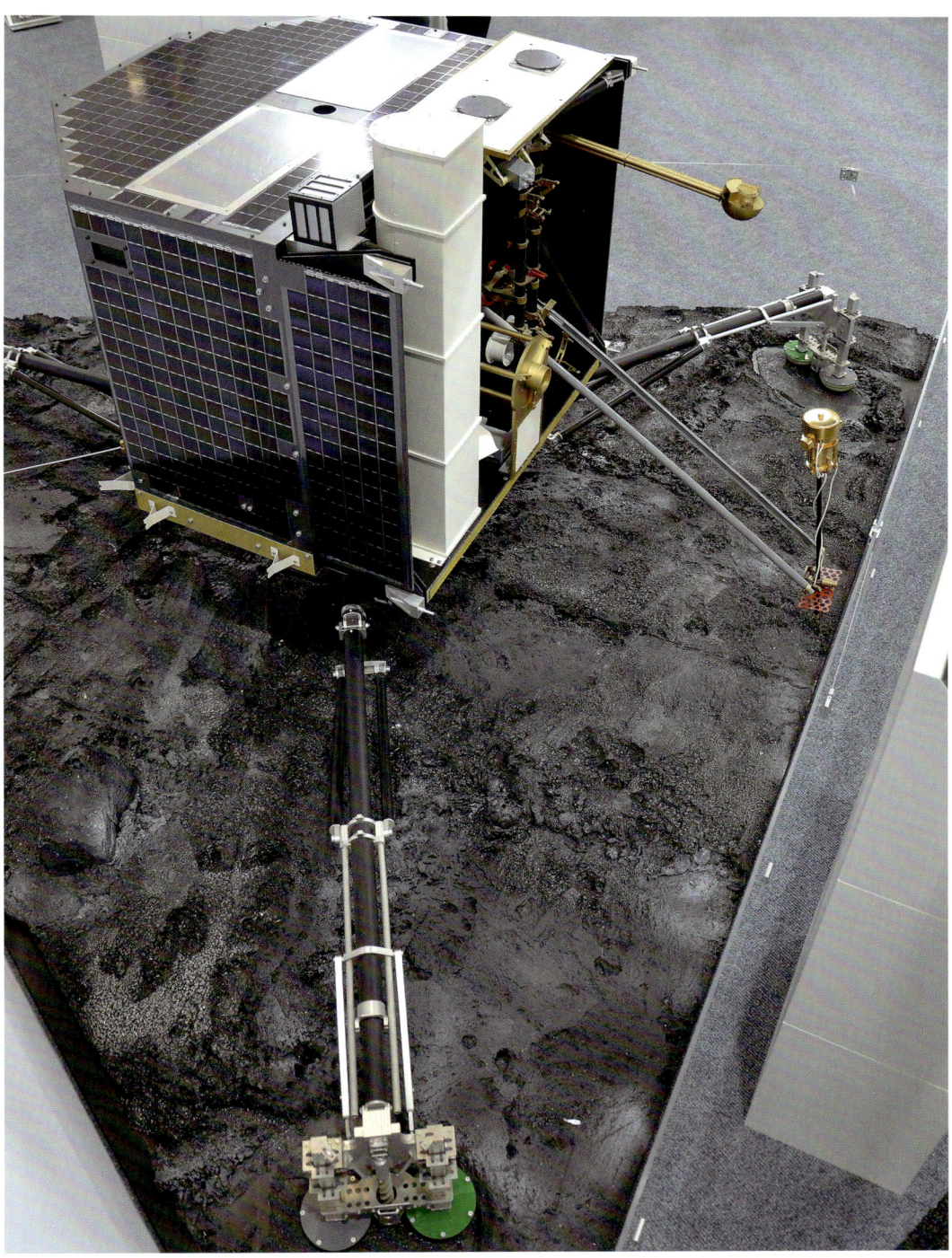

6.3 | Aktuelles Modell des Rosetta-Landers Philae. Zu sehen sind der „Balkon" mit zahlreichen wissenschaftlichen Instrumenten sowie der Penetrator des Experiments MUPUS (vgl. Abschnitt 7.4), der vor dem Lander in den Boden getrieben werden soll.

6.4 │ Das noch weitgehend deutsche RoLand-Team im Jahr 1995 und ein Modell des Kometenlanders RoLand. Von links nach rechts: Stephan Ulamec, Michael Maibaum, Ray Turner (halb verdeckt), H. P. Schmidt, Achim Block, Gerhard Haerendel, Lutz Richter, Eric Sawyer, Peter Hemmerich, Diedrich Möhlmann, Helmut Rosenbauer, Reinhard Frenzel, Karsten Seiferlin, Klaus Wittmann, Wolfgang Kempe, Istvan Szemerey, Berndt Feuerbacher, Jakob Stöcker, Berthold Schiewe und Rainer Schütze.

da sie im Rahmen des Assuan-Staudamm-Projekts in den Jahren 1977 bis 1980 auf die Insel Agilkia umgesiedelt werden musste. Der Obelisk trug eine griechische und ägyptische Inschrift, die den Ägyptologen William Banks und den Physiker Thomas Young die Bedeutung der Kartuschen um die Königsnamen erkennen ließ. So bezeichnet man die im alten Ägypten übliche ovale Kontur, die einen Königsnamen umgibt. Damit war eine Zuordnung von Schriftzeichen zum Text möglich geworden und eine wichtige Grundlage geschaffen worden für die spätere vollständige Entzifferung der Hieroglyphen durch Jean-François Champollion anhand des Steins von Rosetta.

6.2 │ Die Entwicklung von Philae

Gleich nach der ESA-Entscheidung zugunsten eines großen Landers auf der Grundlage des Ro-Land-Konzepts begannen die beteiligten Institute mit den Planungen. Das Lander-Konsortium bestand damals zunächst – neben dem DLR und der MPG – aus dem „Finnish Meteorological Institute" (FMI) in Helsinki, dem britischen „Rutherford Appleton Laboratory" (RAL) sowie dem Grazer Institut für Weltraumforschung (IWF). Bald darauf schlossen sich noch das Institut für

Teilchen- und Nuklearphysik der ungarischen Akademie der Wissenschaften (KFKI) in Budapest und die italienische Raumfahrtagentur „Agenzia Spaziale Italiana" (ASI) an.

Koordination und Organisation

Ein so großes Konsortium war von Anfang an schwer zu koordinieren. Hinzu kam, dass alle Beiträge „contributions in kind" waren, das heißt, es war kein Finanzmittelfluss von einer zur anderen Institution vorgesehen. Dieses Konzept ist zwar durchaus üblich bei Kooperationen zu Raumfahrtprojekten, allerdings war die Anzahl der Partner für ein hochintegriertes (aus vielen Baugruppen zusammengesetztes), kompaktes System ungewöhnlich hoch. So wurde zur programmatischen Koordination des Konsortiums das schon erwähnte „Steering Committee" ins Leben gerufen. Darin waren alle beteiligten Agenturen vertreten, als Vorsitzender wurde einvernehmlich Gerhard Haerendel vom MPE in Garching bestimmt. Projektleiter wurde Klaus Wittmann vom DLR, Chef-Experimentator Helmut Rosenbauer vom MPAe und System-Ingenieur Stephan Ulamec, wiederum vom DLR.

Nach der offiziellen Verschmelzung der beiden kleineren Lander RoLAND und CHAMPOLLION zu einem größeren wurde die Massenobergrenze für das Gerät von der ESA zunächst auf 85 Kilogramm angehoben. Aber auch die Verantwortlichkeiten innerhalb des nun weiter vergrößerten Konsortiums mussten noch einmal angepasst werden. Nachdem der Beitrag der NASA vollständig entfallen war, wurden Vertreter des CNES ins Steering Committee mit aufgenommen und die Funktion des Chef-Experimentators aufgeteilt zwischen Helmut Rosenbauer und Jean-Pierre Bibring vom „Institut d'Astrophysique Spatiale" (IAS) in Paris. Weiterhin wurden zwei Co-Projektmanager bestimmt, von der französischen Raumfahrtagentur CNES war dies Denis Moura und von der italienischen Agentur ASI Raffaele Mugnuolo.

In Deutschland, beim DLR in Köln, verblieben die Projektleitung und die Systemverantwortung sowie die Zuständigkeiten für den Be-

trieb des Landers und sein Thermalsystem. Für die Struktur der Landeeinheit war der DLR-Standort in Braunschweig zuständig, für das Landebein, den Abstoßmechanismus von der Muttersonde, Teile der AIV-Aufgaben („Assembly, Integration and Verification" = Aufbau, Integration und Überprüfung der Komponenten, ein Verfahren zum Qualitätsmanagement) und das Energieversorgungssystem (zusammen mit der TU Budapest) das MPAe in Katlenburg-Lindau. Die Verantwortung für die Harpune sowie für das zentrale Daten-Managementsystem (CDMS) lag beim MPE in Garching, zusammen mit dem KFKI in Ungarn.

Der Beitrag des französischen CNES umfasste die Batterie, das Radio-Kommunikationssystem sowie gemeinsam mit dem DLR den Wissenschaftsbetrieb, während der Bohrer, der Solargenerator und zunächst auch das Kaltgassystem sich in der Verantwortung der italienischen Raumfahrtagentur ASI befanden. Die Thermal-Isolationsfolien (Multi Layer Insulation, MLI) wurde vom englischen RAL bereitgestellt. Die Verantwortung für den CDMS-Massenspeicher lag beim FMI in Helsinki, für den Zentralrechner und die CDMS-Software war das KFKI in Budapest zuständig. Die am Orbiter verbleibende Elektronikeinheit, das „Electrical Support System" (ESS) für die Datenübertragung zwischen Muttersonde und Lander, wurde von „Space Technology Ireland" (STIL) in Maynooth, Irland, beigesteuert. Die Ankertests für den Lander wurden am IWF in Graz durchgeführt.

Der Bau von Testmodellen

Die Entwicklung des ROSETTA-Landers folgte der klassischen ESA-Strategie, die zunächst den Bau von verschiedenen Modellen für umfangreiche Funktions- und Umgebungstests beinhaltet. Dazu gehörte ein sogenanntes Struktur-Thermal-Modell (STM), an dem überprüft werden konnte, ob der Lander während der gesamten Mission den strukturellen und thermalen Anforderungen genügt, sowie ein elektrisches Qualifikationsmodell (EQM) zum ausgiebigen Check von Elektronik und Software. Anschließend wurde

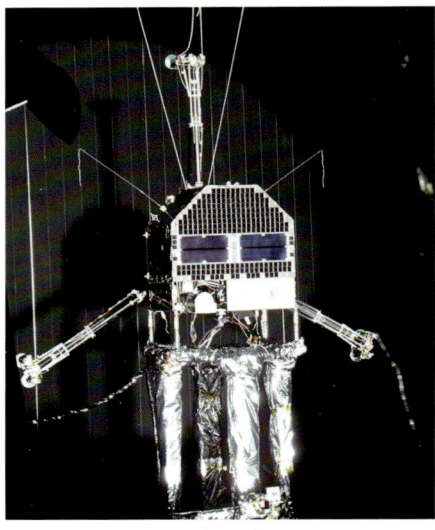

6.5 | Das Flugmodell des ROSETTA-Landers im Jahr 2001 während der Vibrationstests (links) und der Thermal-Vakuum-Tests (rechts) bei der Industrieanlagen-Betriebsgesellschaft (IABG) in Ottobrunn.

ein Flugmodell gebaut. Die Ablieferdaten für die Modelle waren für die Jahre 2000, 2001 und 2002 vorgesehen, womit – gemäß dem ursprünglichen Terminplan – noch etwa ein Jahr Zeit für Tests zusammen mit dem ROSETTA-Mutterschiff und für die Startkampagne geblieben wäre.

Die Entwicklungsmodelle STM und EQM durchliefen unterschiedliche Qualifikationsszenarien. So wurden mit dem STM zunächst die Vibrationstests sowie akustische Tests durchgeführt. Während des Starts sind ROSETTA und ihr Lander starken Vibrationen und einem Höllenlärm ausgesetzt. Später folgten Tests in der Thermal-Vakuum-Kammer, um die thermischen Bedingungen am Kometen zu simulieren. Dazu wurde mit einer „künstlichen Sonne" eine für drei Astronomische Einheiten Abstand angepasste Einstrahlung (rund 0,11-facher Wert der Solarkonstanten) erzeugt, während die stickstoffgekühlte Wand der Kammer den Weltraum beziehungsweise die kalte Kometenoberfläche repräsentierten. Mit dem EQM wurden EMC-Tests (Electromagnetic Compatibility) durchgeführt, um zu checken, ob das elektrische und elektronische Equipment der verschiedenen Sondersysteme einwandfrei funktioniert und kooperiert, und das Modell magnetisch vermes-

sen. Alle diese Tests sowie auch die späteren, kombinierten „Acceptance Tests" mit dem Flugmodell, die die Funktionstüchtigkeit und das Zusammenspiel aller Komponenten belegen sollten, wurden bei der IABG (Industrieanlagen-Betriebsgesellschaft mbH) in Ottobrunn in Bayern durchgeführt.

Um eine Referenz für den zukünftigen Betrieb (und eine mögliche Fehlersuche) zu haben, wurde das EQM später zusammen mit Flugreserveteilen und einigen dezidierten Simulatoren (zum Beispiel dem Sonnengenerator) zu einem Bodenreferenzmodell (Ground Reference Model, GRM) umgebaut. Dieses dient nun im Nutzerzentrum für Weltraumexperimente (MUSC) in Köln für Tests und zur Validierung von Kommandosequenzen sowie teilweise auch als Prüfstand zur Verbesserung der Flugsoftware (vgl. Abb. 8.2 auf S. 138).

Die Integration der Modelle, also der Zusammenbau der von den verschiedenen Konsortiumspartnern gelieferten Subsysteme und Instrumenteneinheiten, fand zum Teil im DLR in Köln und zum (größeren) Teil im MPAe statt. Das Grundelement war dabei jeweils die Kohlefaserstruktur, die im DLR-Institut für Strukturmechanik in Braunschweig gefertigt worden war. Dar-

6.6 | Die Integration des Landers Philae auf den Rosetta-Orbiter im ESA-Technologiezentrum ESTEC in Noord-wijk, Niederlande.

an wurden dann die Instrumente, Mechanismen und Subsysteme befestigt. Die einzelnen Experimente des Projekts wurden unter Anwendung der üblichen NASA-Terminologie durch einen sogenannten PI (Principal Investigator) vertreten, also dem jeweiligen wissenschaftlich und technisch verantwortlichen „Experimentator".

Finanzielle Schwierigkeiten

Die lange Liste der verschiedenen Beteiligungen (mit unterschiedlichen Finanzierungsquellen aus insgesamt acht europäischen Ländern) verdeutlicht, wie schwierig das Management dieses komplizierten Konsortiums war. Da alle Beiträge „contributions in kind" auf „best effort basis" waren, gab es explizit keinen „exchange of funds", das heißt, jede Beteiligung war auf die eigene Finanzierungsquelle angewiesen und konnte nicht auf die anderen Projektpartner hoffen. Die „Durchgriffsmöglichkeiten" der Projektleitung sind in so einem Fall sehr begrenzt, schwerwiegende Probleme (wie etwa der Ausfall eines Beitrags) konnten nur über das Steering Committee gelöst werden.

Ein wichtiger Fortschritt in der programmatischen Entwicklung des Landers wurde auf einer Rosetta-Lander-Tagung im Winter 1999 auf Schloss Ringberg am Tegernsee angestoßen, einer Tagungsstätte der Max-Planck-Gesellschaft. Die Verzögerungen bei der Entwicklung des Landers waren zu diesem Zeitpunkt signifikant und der Mangel an Personal (vor allem im DLR in Köln, wo ja Systemführung und Projektleitung stattfanden) sehr deutlich. Von Roger Bonnet, der damals Wissenschaftsdirektor der ESA war, wurde während der Tagung daher der Vorschlag eingebracht, den Lander in Zukunft durch die ESA als Teil des Rosetta-Projekts zu führen. Dieser Vorschlag war jedoch für die finanzierenden Konsortiumpartner nicht akzeptabel – von manchen wurde er gar als Versuch einer „feindlichen Übernahme" bezeichnet. Die darauffolgenden Diskussionen führten aber letztlich dazu, dass der Lander auch seitens der ESA nun nicht mehr nur als ein Instrument unter vielen, sondern als wesentlicher Bestandteil des Rosetta-

Systems betrachtet wurde. Dies war ein sehr wichtiger Schritt, da das bisherige Herangehen das anspruchsvolle Zusammenspiel von Orbiter und Lander sowie die Komplexität eines kompletten Landesystems einfach zu wenig berücksichtigt hatte.

In der Folge finanzierte die ESA neues Personal beim DLR – Kontraktoren von EADS Astrium wie die neuen Systemingenieure Gerhard Nietner und Georg Abt – und weitere Tests. Berndt Feuerbacher, der Direktor des Kölner DLR-Instituts, übernahm die Projektleitung und ließ sich dafür von seinen Verpflichtungen in der Institutsleitung bis zum Start von Rosetta freistellen. Die Aufgaben des „Schnittstellenmanagers" und des technischen Managers wurden zwischen Hartmut Scheuerle und Stephan Ulamec aufgeteilt.

Die Zusammenarbeit mit der ESA wurde intensiviert und der ESA-Projektverantwortliche, Philippe Kletzkine, setzte zunächst eine ganze Task Force ein, zum Teil, um Verzögerungen im Projektfortschritt aufzufangen, vor allem aber, um das bestehende Konzept zu überprüfen und gegebenenfalls Verbesserungsvorschläge einzubringen. Aber nicht nur bei der ESA wurde die Wichtigkeit des Landers für die Rosetta-Mission neu bewertet. Auch beim DLR wurden von diesem Zeitpunkt an mehr Mittel für die Entwicklung zur Verfügung gestellt. Es ist interessant festzuhalten, dass der wissenschaftliche und auch öffentlichkeitswirksame Anteil der Kometenlandung an der gesamten Mission von mehreren der beteiligten Agenturen erst so spät erkannt wurde.

6.3 | Fertigstellung und Startvorbereitungen

Als der Lander schließlich fertig war, wurde er vom DLR der ESA übergeben, um in die Rosetta-Muttersonde integriert zu werden (vgl. Abb. 6.6, S. 111). Gemeinsam durchliefen Orbiter und Lander noch weitere monatelange Testreihen bei der ESTEC, dem Technologiezentrum der ESA in den Niederlanden.

6.7 | ROSETTAS große Solarzellenflügel bei einem Ausfalttest im ESTEC-Technologiezentrum in Noordwijk, Niederlande, im Mai 2002.

Ein folgenschwerer Fehlstart

Im September 2002 wurde die gesamte ROSETTA-Sonde (mit dem darauf befestigten Lander) nach Französisch-Guayana geflogen (Abb. 6.8). Dort befinden sich in Kourou die Startanlagen für die europäischen ARIANE-Raketen.

Zahlreiche Funktions- und Flugvorbereitungstests schlossen sich im Laufe des Jahres 2002 noch in Kourou an, und alles arbeitete auf den geplanten Starttermin im Januar 2003 hin. Es sollte jedoch anders kommen. Der letzte ARIANE-5-Start, kurz vor dem geplanten ROSETTA-Start, war ein katastrophaler Fehlschlag. Es war der erste

Einsatz einer neuen ARIANE-Version (ARIANE 5 ECA) mit einem schubgesteigerten Vulcain-2-Triebwerk und einer ECA-Oberstufe (Evolution Cryotechnique Type A). Obwohl die neuen Komponenten die Ursache für den Fehlstart waren und für den ROSETTA-Start die Vorgängerversion, eine ARIANE 5G+ mit Vulcain-1-Triebwerk, vorgesehen war, wurde der Start für Januar 2003 nicht freigegeben. Die Analysen des Raketenproblems waren noch nicht abgeschlossen, daher sah man das Risiko als zu hoch an.

Für ROSETTA hatte das dramatische Folgen: Die ursprünglich geplante Mission zum Kometen Wirtanen war nun nicht mehr möglich. Die

5.8 | Der Transport von Rosetta nach Französisch-
Guayana mit einem Antonov-Frachtflugzeug.

Alternativen, vor denen man stand, waren

a) ausweichen auf eine russische Proton-Rakete,
mit der man trotz eines um ein Jahr verzöger-
ten Starttermins „aufholen" und Wirtanen
2012 planmäßig erreichen könnte,

b) etwa fünf Jahre warten, bis zur nächsten Gelegenheit zu Wirtanen zu fliegen, oder

c) einen neuen Zielkometen und ein neues Mis-
sionsszenario finden.

Die Nutzung einer alternativen Rakete ist nicht
trivial, schließlich wurde die Rosetta-Sonde speziell für den Flug mit einer Ariane ausgelegt. Bei
einer Proton-Rakete wird die Integration der
Nutzlast zum Beispiel horizontal durchgeführt,
bei einer Ariane vertikal, wodurch sich unter anderem die Betankungsprozedur von Rosetta ge-
ändert hätte. Auch finanziell wäre der Einsatz
einer russischen Trägerrakete statt der (bezahl-
ten) Ariane nicht einfach gewesen und so wurde
Option a) schnell verworfen. Option b) wurde
nie ernsthaft in Betracht gezogen, da niemand
weitere fünf Jahre auf den Start warten wollte
und dies auch erhebliche Mehrkosten verursacht hätte. Also musste ein neuer Zielkomet
identifiziert werden.

Ein neuer Zielkomet muss her

Die Suche nach einem neuen Ziel gestaltete sich
aber schwieriger als zunächst angenommen. Obwohl es Milliarden von Kometen im Sonnensystem gibt, kamen doch nur ganz wenige als Ziel
für diese Mission in Frage. So durfte zum Beispiel
die Kometenbahn nicht allzu elliptisch sein,
weil die Sonde für ein Rendezvous sonst zu sehr
beschleunigt werden müsste. De facto kamen
nur Kometen der Jupiterfamilie mit einem Aphel in etwa fünf Astronomischen Einheiten Abstand zur Sonne und einem Perihel nahe einer
Astronomischen Einheit in Frage. Weitere Ein-
schränkungen waren, dass die Gesamtflugzeit
zehn Jahre nicht überschreiten und der Start
möglichst im ersten Halbjahr 2004 stattfinden
sollte. Die Rosetta-Sonde durfte außerdem aufgrund ihres Thermaldesigns bei ihrem Flug nie
näher als 0,95 AE an die Sonne herankommen,
was ganz konkret Szenarien mit Venusvorbei-
flügen ausschloss. Und selbstverständlich hielt
man am Ziel fest, einen aktiven Kometen und
nicht etwa einen „ausgebrannten" oder „erlo-
schenen" Kern untersuchen zu wollen.

6.9 | Die Raumsonde Rosetta mit integriertem Lan-
der Philae auf dem konischen Nutzlastadapter
der Ariane-5-Rakete.

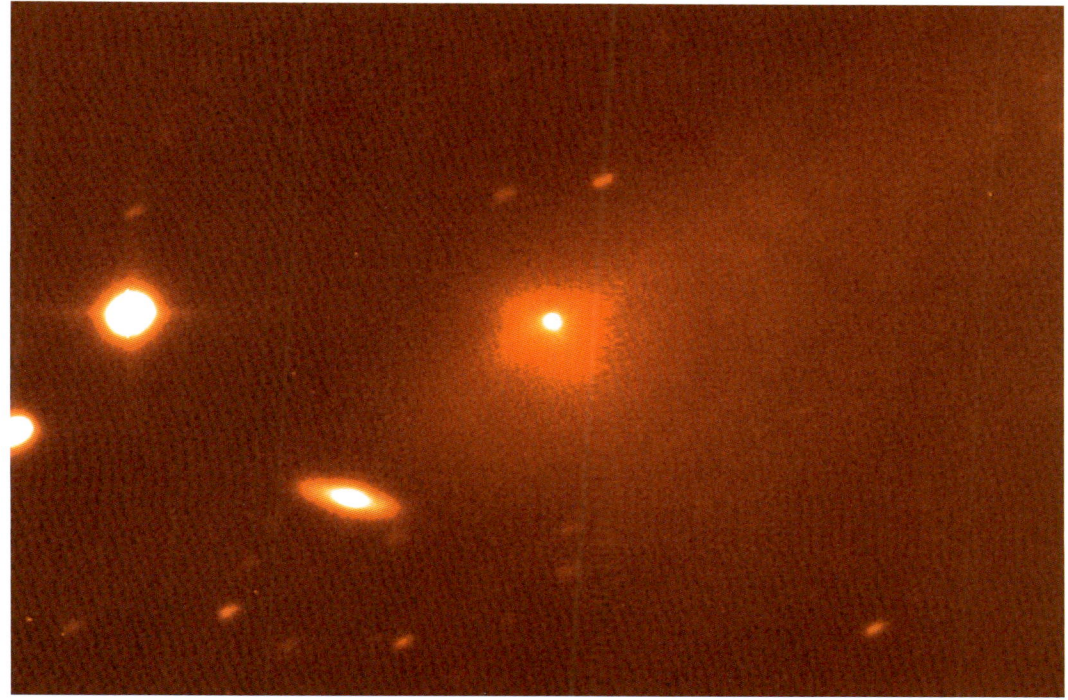

6.10 | Der neue Zielkomet von Rᴏsᴇᴛᴛᴀ, 67P/Churyumov-Gerasimenko (Bildmitte), auf einer Aufnahme der Europäischen Südsternwarte (ESO) aus dem Jahr 2004.

Nach kurzer Suche wurde schließlich im Frühjahr 2003 ein Szenario präsentiert, wonach Rᴏsᴇᴛᴛᴀ im Februar 2004 starten und nach drei Erdvorbeiflügen und einem Marsvorbeiflug im Jahr 2014 den Kometen 67P/Churyumov-Gerasimenko (im Folgenden 67P/CG genannt) erreichen könnte. Dieser Komet ist deutlich größer als Wirtanen, wissenschaftlich jedoch ebenso interessant. Manche Wissenschaftler bevorzugen ihn sogar aufgrund seiner größeren Oberfläche, der etwas „typischeren" Gasproduktion und der Tatsache, dass er erst wenige nahe Periheldurchgänge erfahren hat. Er ist also ein relativ „frischer" Komet mit voraussichtlich nur wenig modifizierter Oberfläche.

Die Wahl von 67P/CG wurde aber nicht von allen begeistert aufgenommen. Vor allem für den Lander, der ja für Wirtanen optimiert worden war, bedeutete ein neuer Zielkomet, bei der Landung ein deutlich höheres Risiko in Kauf zu nehmen. Die Größe von 67P/CG führt nämlich zu einer höheren Landegeschwindigkeit als es bei Wirtanen der Fall gewesen wäre, wodurch der Höhenbereich, in dem das Abtrennen vom Orbiter stattfinden kann, eingeschränkt wird. Letztlich wurde der Missionsvorschlag, mit Vorbeiflügen an den Asteroiden (2867) Šteins und (21) Lutetia, aber von allen Beteiligten getragen – freilich auch ein wenig aus Mangel an besseren Optionen.

Durch das eine Jahr Startverzögerung entstanden nun signifikante Mehrkosten, da die Teams erhalten werden mussten. Jedoch ließ sich die Zeit sehr gut nutzen, um das Landegestell an das neue Ziel anzupassen, Prozeduren und Software zu verbessern und wichtige Systemtests durchzuführen. Die um zwei Jahre verzögerte Ankunftszeit beim Zielkometen wird letztlich nur eine unbedeutende Fußnote in der Geschichte der Raumfahrt sein, auch wenn im Jahr 2003 dieses Ziel für viele noch in unerfreulich ferner Zukunft lag.

7 ROSETTA UND IHR LANDER PHILAE

7.1 Der Kometenorbiter Rosetta

7.2 Der Aufbau des Landers Philae

7.3 Das Abstiegs- und Landeszenario

7.4 Wissenschaft auf Philae

7.5 Der Betrieb von Rosetta und Philae

Die Kometenmission ROSETTA ist die dritte der vier wichtigen Cornerstone-Missionen, die die ESA in ihrem wegweisenden Wissenschaftsprogramm „Horizon 2000" festgeschrieben hat (vgl. Kap. 6). Sie wurde im Jahr 1993 vom „Science Programme Committee" (SPC) der ESA genehmigt und beinhaltet die erste Sonde, die einen Kometen umkreisen, und den ersten Lander, der weich auf einem Kometenkern landen soll. Die Mission ist eines der technisch und wissenschaftlich anspruchsvollsten europäischen Raumfahrtprojekte.

7.1 | Der Kometenorbiter ROSETTA

Die wissenschaftliche Zielsetzung von ROSETTA beruht auf der Annahme, dass die Untersuchung von Kometen Hinweise auf die Entstehung des Sonnensystems und des Lebens gibt. Da Kometen Überbleibsel aus der frühesten Entwicklungsphase unseres Sonnensystems vor etwa 4,6 Milliarden Jahren sind und sich seither wenig verändert haben, erlaubt die Analyse ihrer Zusammensetzung einen höchst aufschlussreichen Vergleich mit der Zusammensetzung der Erde oder auch der von Mond- oder Meteoritenmaterial. Man geht auch davon aus, dass auf Kometen präbiologisches Material (etwa in Form von Aminosäuren) existiert. Solche Moleküle spielen für die Entstehung des Lebens eine entscheidende Rolle und könnten durch Kometen auf die frühe Erde – aber auch auf die anderen Planeten – gelangt sein.

Die **wissenschaftlichen Ziele** der ROSETTA-Mission sind daher:

- die Analyse der Zusammensetzung und Morphologie des Oberflächenmaterials
- die chemische, mineralogische und isotopische Analyse flüchtiger Komponenten sowie des Staubs
- die Untersuchung der Prozesse, die zur Aktivität des Kometen und zur Ausbildung des Schweifs führen
- die Untersuchung der Interaktion der Koma mit dem interplanetaren Medium
- die Bestimmung der physikalischen Eigenschaften des Kometenkerns (zum Beispiel Temperatur, Wärmeleitfähigkeit, Härte und Porosität)
- die Bestimmung dynamischer Eigenschaften des Kometen
- die globale Charakterisierung des gesamten Kometenkerns

Struktur und Aufbau

Die Raumsonde ROSETTA hat eine annähernd kubische Struktur mit den Abmessungen 2,8 Meter x 2,1 Meter x 2,0 Meter und besteht aus einer Aluminiumlegierung. Die wissenschaftlichen Instrumente sind hauptsächlich an der Oberseite der Box untergebracht, der Lander an einer der Seiten. Die Startmasse betrug insgesamt etwa 2900 Kilogramm, davon entfiel mehr als die Hälfte (1700 Kilogramm) auf Treibstoff, der Lander trägt mit 110 Kilogramm bei und die Instrumente auf der „Muttersonde" (dem Orbiter) wiegen 165 Kilogramm. Zwei große Flügel mit Solarpaneelen sorgen dafür, dass die Sonde auch in großer Entfernung von der Sonne betrieben werden kann. Diese Solarzellenflächen haben von einem Ende zum anderen eine Länge von 32 Metern. Trotz ihrer Gesamtfläche von etwa 64 Quadratmetern musste die Sonde jedoch in den Bahnbereichen, die sich jenseits von 4,3 AE Entfernung zur Sonne befanden, in einen „Winterschlaf" („hibernation phase") versetzt werden. In diesem Modus wurde ROSETTA rotationsstabilisiert und war weitgehend inaktiv. Auch ein Kontakt zur Erde war in dieser Phase nicht möglich (vgl. Abschnitt 8.4). Im sonnenfernsten Punkt der Reise bei etwa 5,25 AE lieferte der Solargenerator noch eine elektrische Leistung von etwa 395 Watt. ROSETTA ist die erste Raumsonde, die in dieser großen Entfernung mit Solarzellen betrieben wird.

7.1 | Die Raumsonde ROSETTA in einer künstlerischen Darstellung mit ausgeklappten (nicht vollständig sichtbaren) Solarpaneelen, ihrer schwenkbaren Parabolantenne und dem montierten Lander (vorne in der Mitte).

Für die Kommunikation mit der Erde wird eine schwenkbare Parabolantenne mit 2,2 Metern Durchmesser verwendet. Zudem gibt es noch Antennen mit breiterer Abstrahlcharakteristik („Medium-" und „Low-gain-Antennen"), um bei einer möglichen fehlerhaften Ausrichtung der Sonde doch noch eine Verbindung zur Erde herstellen zu können. Wenn Daten nicht direkt übertragbar sind – etwa, weil ROSETTA keinen Kontakt zu einer Bodenstation hat oder die Sonde sich hinter der Sonne befindet –, werden sie gespeichert und bei der nächsten Gelegenheit gesendet.

Der ROSETTA-Orbiter wurde im Auftrag der ESA von EADS Astrium als hauptverantwortlichem Industriepartner entwickelt. Die einzelnen Arbeitspakete für den Bau der Sonde waren dabei zwischen Industrieunternehmen aus praktisch allen ESA-Mitgliedsstaaten aufgeteilt.

ROSETTAS Nutzlast

Auf der ROSETTA-Muttersonde sind neben dem Lander PHILAE und einem Detektor zur Erfassung hochenergetischer Teilchenstrahlung (Standard Radiation Environment Monitor, SREM) insgesamt elf Instrumente untergebracht, die wissenschaftliche Daten zum Kometen sammeln sollen, zum Teil aus der Ferne (Remote Sensing) – wie etwa die Kamera OSIRIS –, zum Teil aber auch durch In-situ-Messungen (direkt vor Ort) zum Beispiel am Gas und Staub im kometennahen Raum. Die Tabelle auf Seite 120 und die Abbildung 7.3 geben einen Überblick über alle Instrumente, die verantwortlichen Projektleiter (Principal Investigators, PIs) und Institute. Wie bei der ESA üblich, werden die Instrumente von den beteiligten Instituten bereitgestellt und über nationale Agenturen finanziert.

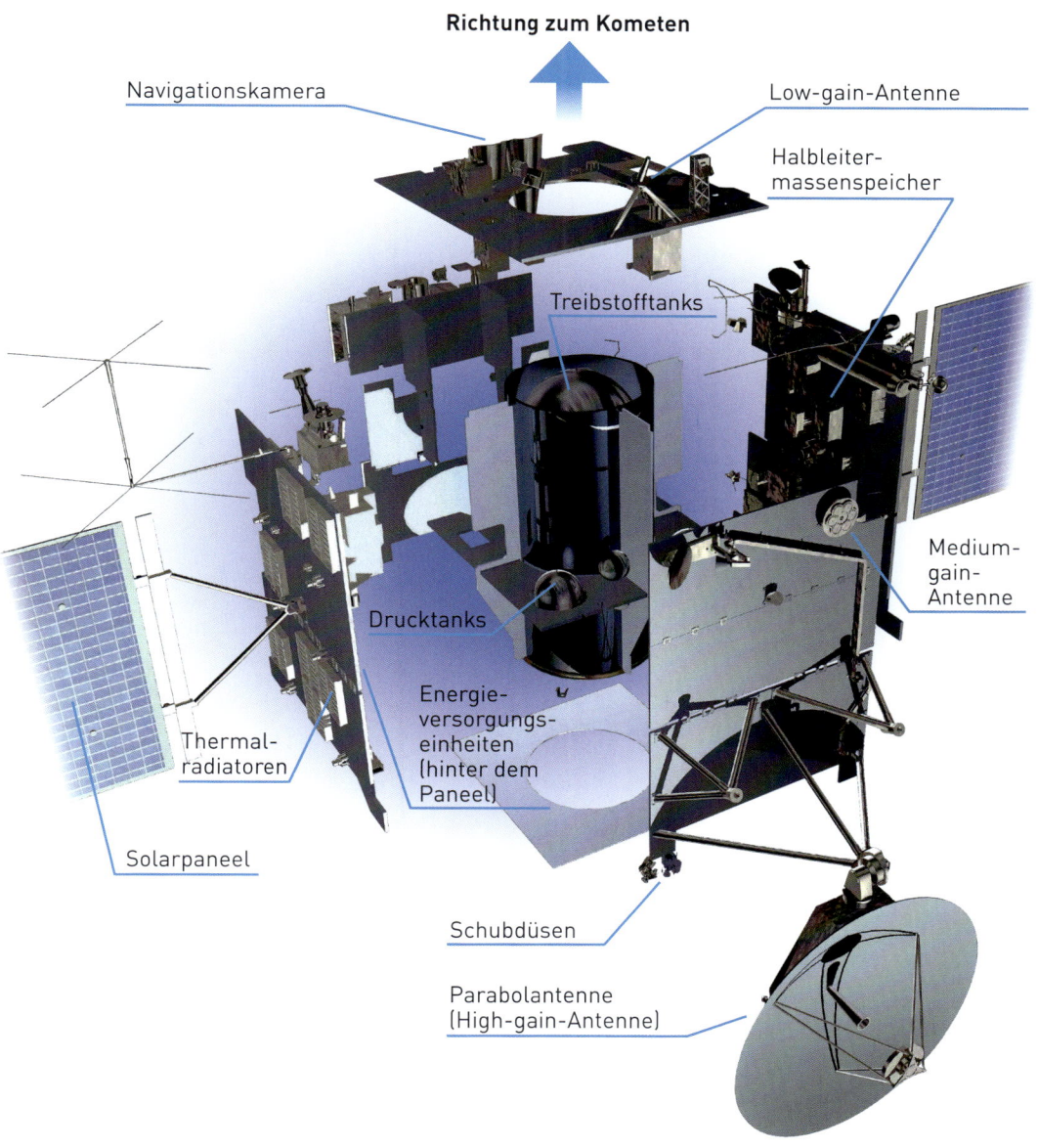

Richtung zum Kometen

Navigationskamera

Low-gain-Antenne

Halbleiter-
massenspeicher

Treibstofftanks

Medium-
gain-
Antenne

Drucktanks

Energie-
versorgungs-
einheiten
(hinter dem
Paneel)

Thermal-
radiatoren

Solarpaneel

Schubdüsen

Parabolantenne
(High-gain-Antenne)

7.2 „Explosionsbild" zur Darstellung der Hauptkomponenten der Rosetta-Sonde. Zu sehen ist unter anderem die Unterbringung von Tanks, Antennen, Schubdüsen, Speicher und der Navigationskamera.

Name	Art des Instruments	Projektleiter (PI)	Verantwortliches Institut
OSIRIS	Hochauflösendes Kamerasystem (UV, sichtbares Licht, IR; 250–1000 nm) mit Tele- und Weitwinkelkamera	Holger Sierks (früher Horst Uwe Keller)	Max-Planck-Institut für Sonnensystemforschung (MPS), Göttingen (früher Katlenburg-Lindau)
ALICE	UV-Spektrometer (70–205 nm)	Alan Stern	Southwest Research Institute (SwRI), Boulder, USA
VIRTIS	Spektrometer im sichtbaren und infraroten Bereich (0,25–5 µm)	Fabrizio Capaccioni (früher Angioletta Coradini)	Istituto di Astrofisica e Planetologia Spaziali (INAF-IAPS), Rom, Italien
MIRO	Mikrowellen-Spektrometer (1,6 mm und 0,5 mm)	Samuel Gulkins	Jet Propulsion Laboratory (NASA-JPL), Pasadena, USA
RSI	Radiowellen-experiment	Martin Pätzold	Universität Köln
CONSERT	Radiowellenexperiment (Radartomograf)	Wlodek Kofman	Institut de Planétologie et d'Astrophysique de Grenoble (IPAG), Frankreich
ROSINA	Neutralgas- und Ionen-massenspektrometer	Kathrin Altwegg (früher Hans Balsinger)	Universität Bern, Schweiz
COSIMA	Staubmassen-spektrometer	Martin Hilchenbach (früher Jochen Kissel)	Max-Planck-Institut für Sonnen-systemforschung (MPS), Göttingen (früher Katlenburg-Lindau)
MIDAS	Staubmikroskop	Mark Bentley (früher Klaus Torkar, Willibald Riedler)	Institut für Weltraumforschung (IWF), Graz, Österreich
GIADA	Staubanalysator	Allessandra Rotundi (früher Luigi Colangeli)	Osservatorio Astronomico di Capodimonte (INAF), Neapel, Italien
RPC	Plasma-Analysegeräte	Anders Eriksson (früher Rolf Boström), James Burch, Karl-Heinz Glaßmeier, Hans Nilsson (früher Rickard Lundin), Jean-Pierre Lebreton (früher Jean-Gabriele Trotignon), Christopher Carr	Swedish Institute of Space Physics IRF), Uppsala, Schweden; Southwest Research Institute (SwRI), San Antonio, USA; TU Braunschweig (IGEP); Swedish Institute of Space Physics (IRF), Kiruna, Schweden; Laboratoire de Physique et Chimie de l'Environnement et de l'Espace (LPCE/CNRS), Orléans, Frankreich; Imperial College, London, England

Die Instrumente an Bord der ROSETTA-Muttersonde sowie die Projektleiter (PIs) und verantwortlichen Institute. Der obere Tabellenteil (bis zum Experiment CONSERT) listet die Fernerkundungsinstrumente auf, der untere Teil die Instrumente für die In-situ-Messungen (vgl. auch Abb. 7.3 und den nachfolgenden Text).

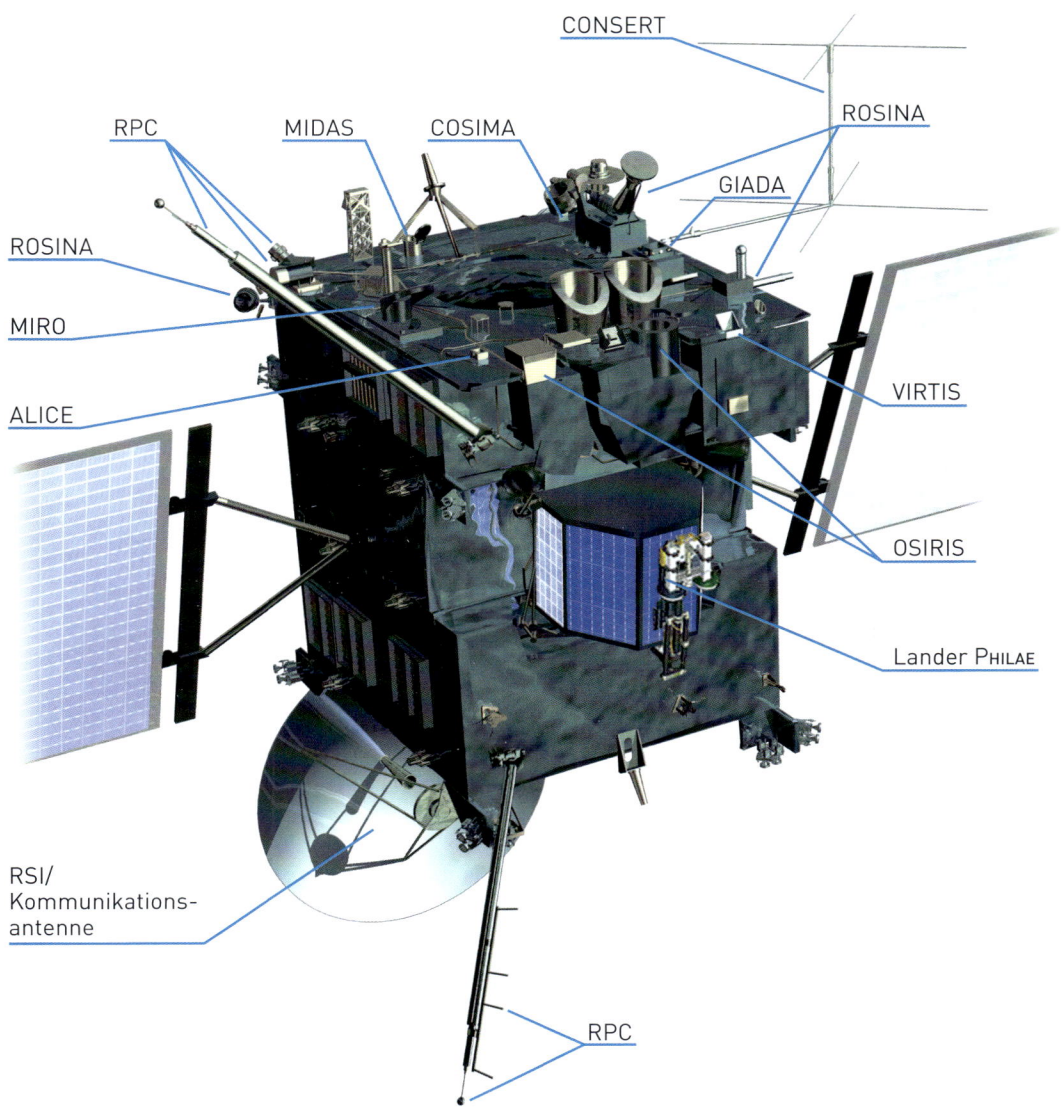

CONSERT

ROSINA

RPC   MIDAS   COSIMA

GIADA

ROSINA

MIRO

VIRTIS

ALICE

OSIRIS

Lander PHILAE

RSI/
Kommunikations-
antenne

RPC

7.3 Die Experimente auf der Raumsonde Rosetta und der Lander Philae. Die Seite der Sonde, die in der Abbildung nach oben weist, wird typischerweise zum Kometen gerichtet sein. Hier befindet sich die Mehrzahl der Orbiterinstrumente.

7.4 | Die Telekamera des Kamerasystems OSIRIS. Mit ihr sollen hochaufgelöste Bilder von der Kometenoberfläche entstehen, wobei sich Rosetta dem Kometen bis auf wenige Kilometer nähern soll. Die Auflösung beträgt dann etwa zehn Zentimeter pro Pixel.

Wissenschaftliche Experimente

Im Folgenden werden die Experimente (unterteilt nach Fern- und Naherkundungsinstrumenten) und ihre Zielsetzungen erläutert:

Fernerkundungsinstrumente:

OSIRIS
Das „Optical, Spectroscopic and Infrared Remote Imaging System" ist das zentrale Kamerasystem an Bord von Rosetta. Seine Hauptaufgaben sind die Erfassung von Form, Größe und Rotationseigenschaften sowie auch der chemisch-mineralogischen Zusammensetzung der Kometenoberfläche. Zugleich sollen die dort ablaufenden Prozesse verfolgt und die Ausgasungsaktivität sowie die Entwicklung der Oberfläche beobachtet werden. Eine ganz besondere Rolle wird das Kamerasystem gleich zu Beginn der Untersuchungen in Kernnähe mit der Suche nach einem geeigneten Landplatz für Philae spielen.

ALICE
Die Aufgaben dieses Ultraviolett-Spektrometers beinhalten Messungen zur Häufigkeit von Edelgasen wie Helium, Neon, Argon, Krypton, woraus sich Informationen über die Temperatur zum Zeitpunkt der Kometenentstehung ableiten lassen. Weiterhin sucht es in der Kometen-

koma nach den wichtigsten Muttermolekülen wie Wasser, Kohlenmonoxid und Kohlendioxid, nach atomarem (und teilweise auch ionisiertem) Wasserstoff, Kohlenstoff, Stickstoff, Schwefel, Sauerstoff und misst die Verteilung von Wassermolekülen, anderen Gasen und Staub in der Koma. Das Instrument erstellt auch Abbildungen des Kometenkerns im UV-Licht.

VIRTIS
Das „Visible and Infrared Thermal Imaging Spectrometer" (vgl. auch Abb. 5.5) ist ein abbildendes Spektrometer im sichtbaren und infraroten Bereich. Aus seinen Messdaten lassen sich Rückschlüsse auf die Temperatur, die chemische und mineralogische Zusammensetzung des Kometenkerns und der Koma sowie die räumliche Verteilung der gefundenen Elemente und Verbindungen ziehen.

MIRO
Das „Microwave Instrument for the Rosetta Orbiter" kombiniert ein Mikrowellenradiometer und ein Spektrometer. Mit dem Radiometer werden die Temperaturen auf dem Kometen und in seiner Koma gemessen. Das Spektrometer soll mit Hilfe von Mikrowellen die Absolutmengen der wichtigsten leicht flüchtigen Elemente sowie ihre Verdampfungsraten bestimmen.

RSI
Für die „Radio Science Investigation" sollen die auf der Erde empfangenen Kommunikationssignale des Orbiters genutzt werden. Ihre Veränderungen lassen über Modellrechnungen unter anderem Schlüsse auf die Masse, Dichte und Gravitation des Kometenkerns zu. Darüber hinaus ermöglicht das Experiment Untersuchungen der inneren Koma und liefert Informationen zur Umlaufbahn des Kometen.

CONSERT
Das „COmet Nucleus Sounding Experiment by Radiowave Transmission" soll Informationen über den inneren Aufbau des Kometenkerns liefern und mit Hilfe des Landers Philae eine Tomografie des Kometenkerns durchführen. Der Orbi-

ter, der den Kometenkern umkreist, wird dazu Radarsignale zum Lander schicken, die dieser wiederum zum Orbiter zurückschickt. Aus den Signalveränderungen können dann über Modellrechnungen Aussagen zur Zusammensetzung und Struktur des Kometenkerns abgeleitet werden.

Naherkundungsinstrumente:

ROSINA

Das „ROSETTA Orbiter Spectrometer for Ion and Neutral Analysis" besteht aus einem Drucksensor und zwei Massenspektrometern, mit denen Ionen und Neutralgasteilchen sowie ihre Wechselwirkungen untersucht werden können. Dabei soll die chemische, isotopische und molekulare Zusammensetzung der Kometenatmosphäre sowie die Temperatur und Geschwindigkeit der expandierenden Gase bestimmt werden.

COSIMA

Mit dem „COmetary Secondary Ion Mass Analyser" (vgl. auch Abb. 5.3) wird die massenspektrometrische Staubanalyse vorgenommen. Dabei wird der aus dem Kometenkern kommende Staub auf seine quantitativen atomaren, molekularen und isotopischen Bestandteile hin untersucht. So können die Staubkörner chemisch und mineralogisch erfasst und charakterisiert werden, und zwar sowohl im Hinblick auf anorganische als auch auf organische Komponenten.

MIDAS

Das „Micro-Imaging Dust Analysis System" enthält ein hochauflösendes sogenanntes Rasterkraftmikroskop (Atomic Force Microscope), das dreidimensionale Bilder von Staubteilchen mit einer Auflösung von einigen Nanometern erzeugen soll. Darüber hinaus wird es statistische Parameter über Staubflüsse und die Staubverteilung sowie Größe, Volumen und Form der Staubkörner sammeln.

GIADA

Der „Grain Impact Analyser and Dust Accumulator" soll bestimmen, wie viel Staub der Kometenkern verliert. Dazu misst er Anzahl und Massen sowie die Impuls- und Geschwindigkeitsverteilung der Staubpartikel.

RPC

In dem „ROSETTA Plasma Consortium" sind fünf Plasma-Messinstrumente mit gemeinsamer Elektronik vereinigt. Sie dienen der Erfassung von geladenen Teilchen und Feldern und sollen Aufschluss geben über die physikalischen Eigenschaften des Kometenkerns, die Struktur der inneren Koma, die Kometenaktivität und die Wechselwirkung mit dem Sonnenwind.

7.2 | Der Aufbau des Landers PHILAE

Der ROSETTA-Lander PHILAE ist ein weitgehend selbstständiges Raumfahrtsystem mit einer Größe von knapp einem Kubikmeter, das während der langen Reisephase und der Annäherung an den Zielkometen an einem Seitenpaneel der ROSETTA-Muttersonde befestigt ist. Bis zur Separation, die den Abstieg auf die Kometenoberfläche einläutet, ist er über eine „Nabelschnur" mit der Hauptsonde verbunden. Über sie können elektrische Heizer sowie der Lander selbst betrieben werden. Auch der Datenaustausch geschieht vor der Trennung im Normalfall über diese direkte Kabelverbindung. In den Abbildungen 7.1 und 7.3 auf den Seiten 118 und 121 ist ROSETTA mit dem montierten Lander dargestellt, die Abbildung 7.5 auf Seite 124 zeigt den Lander noch einmal separat in seiner Reisekonfiguration.

Das Design des Kometenlanders stellte die Konstrukteure vor große Herausforderungen. Zu dem prinzipiell schon hohen Anspruch, ein Landegerät für eine interplanetare Mission zu entwickeln, kam die große Unsicherheit bezüglich der Umgebungsbedingungen beim Kometen und bei der Landung. Masse, Oberflächentemperatur und -härte des Zielobjekts waren und sind unbekannt, zu Beginn des Projekts war auch die Rotationsperiode (der Tag-Nacht-Zyklus) unbekannt. Dies alles verlangte eine extrem

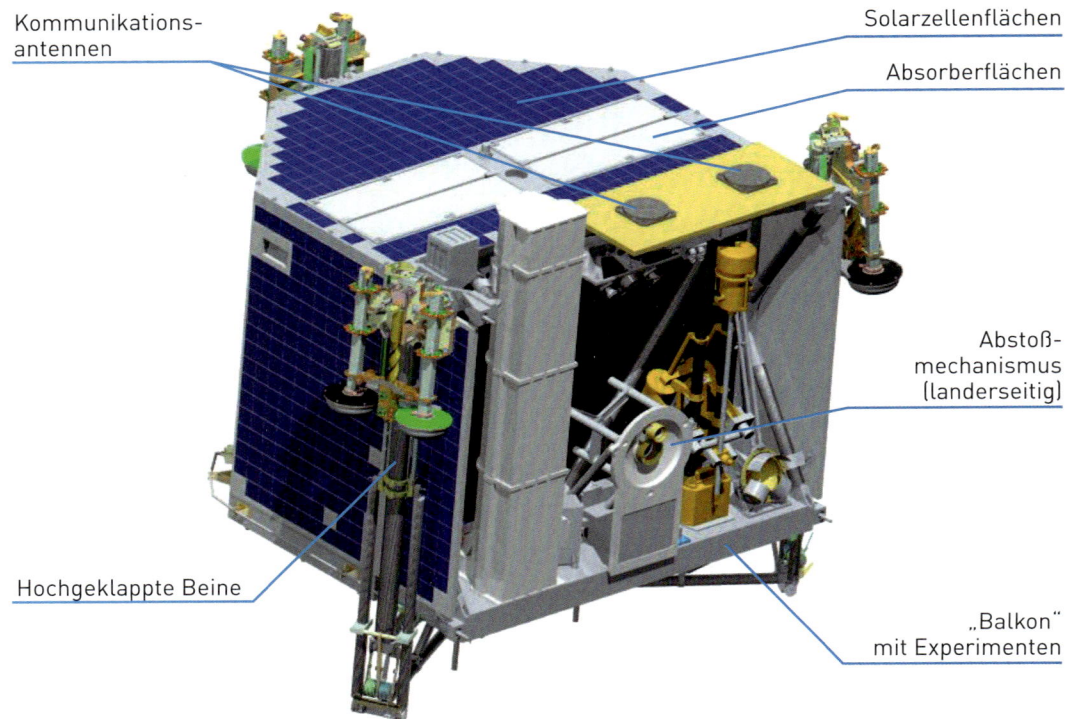

Kommunikations-
antennen

Solarzellenflächen

Absorberflächen

Abstoß-
mechanismus
(landerseitig)

Hochgeklappte Beine

„Balkon"
mit Experimenten

7.5 | Der ROSETTA-Lander PHILAE in Start- und Reisekonfiguration mit hochgeklappten Landebeinen.

hohe Flexibilität, die der Mission bei der notwendigen Änderung des Zielkometen nach Abschluss der Entwicklungsarbeiten sehr zugutekam. Anders als der Orbiter wurde der Lander nicht von der Industrie, sondern fast vollständig von wissenschaftlichen Einrichtungen gebaut. Federführend war dabei das Deutsche Zentrum für Luft- und Raumfahrtfahrt, der wichtigste Partner die Max-Planck-Gesellschaft (vgl. Kap. 6).

Der Lander hat eine Masse von rund 98 Kilogramm, wovon etwa 27 Kilogramm auf wissenschaftliche Experimente entfallen. Weitere Elemente werden ihm zugerechnet, obwohl sie nach der Separation auf dem Orbiter verbleiben. Dazu zählen der Abstoßmechanismus und ein Teil des Kommunikationssystems wie S-Band-Transmitter, -Empfänger und -Antennen. Das S-Band umfasst Frequenzen im Mikrowellenbereich zwischen zwei und vier Gigahertz, die zur Kommunikation zwischen Orbiter und Lan-

der genutzten Frequenzen liegen bei etwa zwei Gigahertz. Die Tabelle auf der rechten Seite zeigt die Massen der verschiedenen Subelemente.

Die Landerstruktur wurde im Wesentlichen aus Kohlefaser hergestellt, wodurch eine hohe Steifigkeit bei geringer Masse gewährleistet ist. In der Hauptsache besteht sie aus einer Basisplatte, die den sogenannten „Balkon", einen aus Paneelen gefertigten Experimentträger, mit einschließt, und der oberen polygonalen Abdeckung. Die Paneele bestehen aus Aluminiumhonigwaben, die von Kohlefaserdeckschichten umgeben sind. Die Abbildung 7.6 auf S. 126 gibt einen Einblick ins Innere von PHILAE und zeigt auch den Experimentträger mit einigen darauf befestigten Einheiten.

Das Thermalsystem des Landers muss gewährleisten, dass die Instrumente auch in der großen Sonnenentfernung von 3 AE noch überleben. Das ursprüngliche ROLAND-Design hatte

Subsystem	Masse [Kilogramm]
Struktur	18,0
Thermalsystem (davon Isolationsfolien)	3,9 (2,7)
Energieversorgungssystem (davon Elektronik/Batterien/Solargenerator)	12,2 (2,0/8,5/1,7)
Kaltgassystem	4,1
Schwungrad	2,9
Landegestell	10,0
Ankersystem	1,4
Kommando- und Daten-Managementsystem (CDMS)	2,9
Radio-Kommunikationssystem	2,4
Elektronikbox	9,8
Separationssystem (am Lander), Wuchtmasse, Kabelbaum	3,6
Nutzlast (Instrumente)	26,7
Gesamtmasse des Landers	**97,9**
Elektrische Schnittstelle und Radio-Kommunikationssystem (am Orbiter)	4,4
Separationssystem (am Orbiter) mit Kabelmasse	8,7
Gesamtmasse aller PHILAE-Einheiten	**111,0**

Die Massen der einzelnen Subsysteme auf dem ROSETTA-Lander PHILAE

dazu die Verwendung von sogenannten Radio-nuklidheizern (Radioisotope Heater Units, RHUs) vorgesehen. Diese Heizer basieren auf der Zerfallswärme von radioaktivem Material, im konkreten Fall des Isotops Plutonium 238. Die Anschaffung solcher RHUs aus Russland war auch bereits geplant. Es sollten die gleichen sein wie jene, die für die russische MARS-96-Sonde entwickelt und qualifiziert worden waren. Im Zuge der Verschmelzung von ROLAND und CHAMPOLLION zum größeren ROSETTA-Lander PHILAE wurde dann aber beschlossen, auf diese Technologie zu verzichten. Die Nutzung von Plutoniumheizern auf Raumsonden ist politisch und sicherheitstechnisch problematisch. Es muss zum Beispiel ge-

währleistet werden, dass auch im Fall eines Startfehlers kein Plutonium in die Erdatmosphäre oder in den Ozean gelangt.

Das aktuelle Design des PHILAE-Thermalsystems basiert daher ausschließlich auf elektrischen Heizern, Absorberflächen auf der Oberseite der Abdeckung und einer besonders guten Thermalisolierung. Diese geschieht über „Isolationszelte" (Multi Layer Insulation, MLI), letztlich also einer Art „mehrlagiger Thermoskanne". Im Inneren des Landers soll die Temperatur nie unter –55 Grad Celsius sinken, da dies eine kritische Grenze für viele Elektronikkomponenten ist. Noch strengere Temperaturbeschränkungen gelten für die Batterie: Unter null Grad Cel-

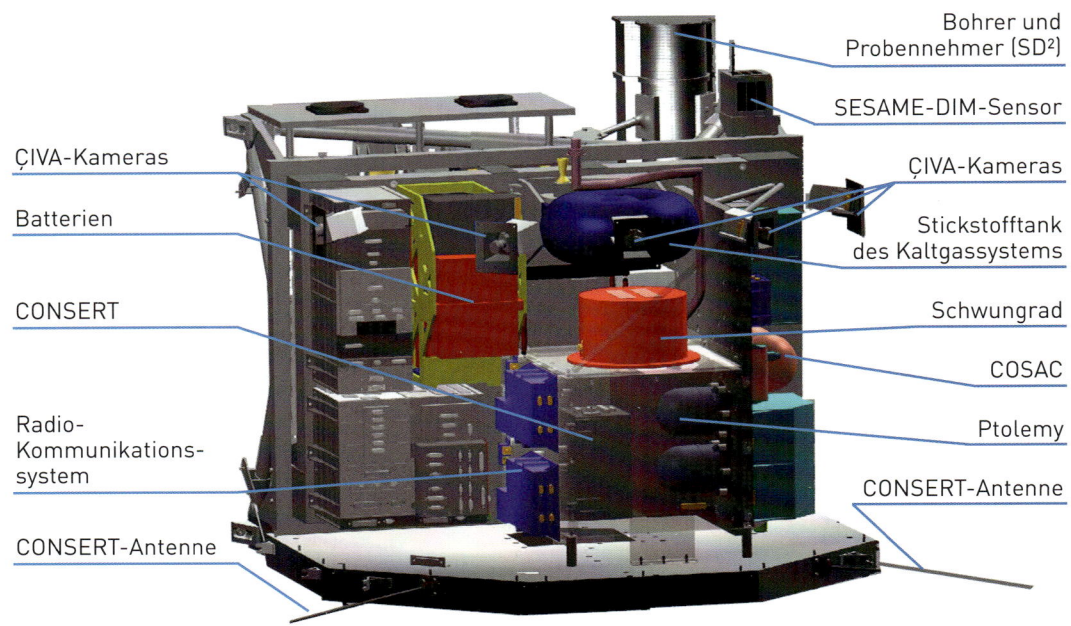

Bohrer und
Probennehmer (SD²)

SESAME-DIM-Sensor

ÇIVA-Kameras

Batterien

CONSERT

Radio-
Kommunikations-
system

CONSERT-Antenne

ÇIVA-Kameras

Stickstofftank
des Kaltgassystems

Schwungrad

COSAC

Ptolemy

CONSERT-Antenne

7.6 | Das Innere des Landers PHILAE. Die Verkleidung mit dem Solargenerator ist auf diesem Bild entfernt, ebenfalls nicht dargestellt sind die Thermal-Isolationsfolien sowie die Verkabelung. Die wissenschaftlichen Experimente SD², SESAME, ÇIVA, COSAC, CONSERT und Ptolemy werden zusammen mit der weiteren Nutzlast im Abschnitt 7.4 erläutert.

sius kann sie nicht mehr wieder aufgeladen werden.

Das Stromversorgungssystem von PHILAE basiert auf mehreren Säulen. Die Primärbatterie hat eine hohe Energiedichte, ist jedoch nicht wieder aufladbar. Sie soll für die erste wissenschaftliche Sequenz (First Scientific Sequence) eingesetzt werden, die etwa 50 bis 60 Stunden dauern wird. Ihre Kapazität beträgt rund tausend Wattstunden. Damit soll sichergestellt werden, dass nach der Landung jedes Experiment zumindest einmal betrieben werden kann; selbst dann, wenn der Lander in einem Gebiet mit schlechter Beleuchtung (oder im traurigen Extremfall in einem Spalt oder einer tiefen Mulde) landen sollte.

Der ersten wissenschaftlichen Sequenz folgt der Langzeitbetrieb (Long Term Science), bei dem die etwa 120 Wattstunden fassende Sekundärbatterie über den Solargenerator periodisch wieder aufgeladen wird. So können sequenziell weitere Experimente durchgeführt werden und man hofft, Messungen über Wochen oder sogar Monate auf der Kometenoberfläche durchführen zu können. Irgendwann wird der Lander jedoch den Betrieb einstellen müssen, entweder wegen Überhitzung nahe der Sonne oder wegen Staubbedeckung der Solarzellen. Vielleicht wird er auch ins All gerissen, da durch die Ausgasung des Kometen der Untergrund verschwindet.

Die verwendeten Solarzellen sind die gleichen wie beim Orbiter. Es handelt sich um sogenannte LILT-Zellen (Low Intensity, Low Temperature), die speziell für Raumflugmissionen entwickelt wurden und noch in großer Entfernung zur Sonne eingesetzt werden können. Zum Landezeitpunkt von PHILAE, also in einer Sonnenentfernung von 3 AE, beträgt die Sonneneinstrahlung nur elf Prozent von derjenigen auf der Erde, die gewonnene Leistung auf der Tagseite der Kometenoberfläche beträgt dann nur etwa zehn Watt.

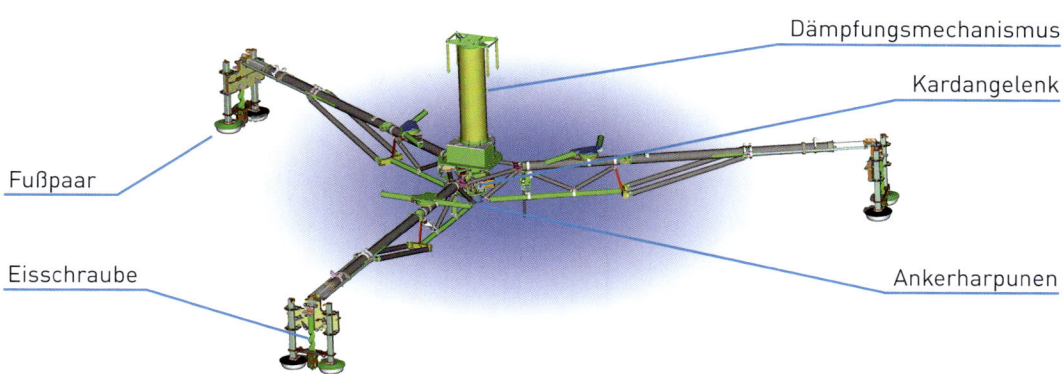

Dämpfungsmechanismus

Kardangelenk

Fußpaar

Eisschraube

Ankerharpunen

7.7 | Das Landegestell von Philae mit den drei Fußpaaren sowie Dämpfungs- und Verankerungselementen.

Besondere Aufmerksamkeit galt bei der Entwicklung von Philae natürlich dem Landeszenario. Verschiedene Konzepte wurden angedacht wie beispielsweise ein komplexes Kaltgassystem, das ein kontrolliertes, gesteuertes Landen ermöglicht hätte, oder eine mit relativ hoher Geschwindigkeit zur Oberfläche „geschossene" Schraube als Anker. Das tatsächlich realisierte Konzept basiert auf einem einstellbaren Abstoßmechanismus vom Orbiter, einem internen Schwungrad zur Lagestabilisierung des Landers, einem steuerbaren Kaltgassystem zur Beschleunigung des Landers „nach unten" und zur Verhinderung des Abprallens sowie einem sehr komplizierten Landegestell mit Dämpfungsmechanismus, Eisschrauben und zwei Ankerharpunen (vgl. Abb. 7.6 und 7.7). Die Abbildung 7.9 auf Seite 131 zeigt den Lander mit ausgeklappten Beinen, so wie er nach der Landung aussehen soll.

7.3 | Das Abstiegs- und Landeszenario

Die Abtrennung des Landers Philae von der Rosetta-Muttersonde soll in etwa drei Kilometern Höhe aus dem Orbit um den Kometen erfolgen. Der Abtrennmechanismus verwendet drei Schraubenspindeln, die den Lander (auf dem sich die entsprechenden Gegenmuttern befinden) mit einer einstellbaren Geschwindigkeit von fünf bis 50 Zentimetern pro Sekunde vom Orbiter wegstoßen. Diese Konstruktion arbeitet akkurater als etwa Federn, die ihre Eigenschaften über mehrere Jahre im Weltraum verändern können. Der Lander wird dann – wegen der geringen Schwerkraft des Kometenkerns – langsam Richtung Oberfläche fallen, die er mit einer Geschwindigkeit von etwa einem Meter pro Sekunde erreicht.

Sobald er Bodenkontakt hat, werden die beiden Ankerharpunen in die Oberfläche geschossen, die dafür sorgen sollen, dass der Lander nicht einfach abprallt. Zum gleichen Zweck sind in den Landefüßen drehbare Eisschrauben angebracht, die sich, von dem kurzzeitigen Landeandruck angetrieben, in den Boden bohren sollen. Zudem drückt das Kaltgassystem den Lander auf die Oberfläche, indem die Schubdüse auf der dem Boden entgegengesetzten Seite aktiviert wird. Das Landegestell selbst, ein Dreibein, leitet die Impaktenergie über ein Zentralrohr zu einem Dämpfungsmotor im Inneren des Landers. So wird die kinetische Energie des Landers zu einem großen Teil über den Motor – betrieben wie ein Generator – in elektrische Energie umgewandelt. Auch dies ist dazu gedacht, ein Abprallen zu verhindern.

Vorgesehen ist, dass der Lander auf drei Beinen mit jeweils zwei „Füßen" steht (vgl. Abb. 7.7) und dann möglichst lange aktiv wissenschaft-

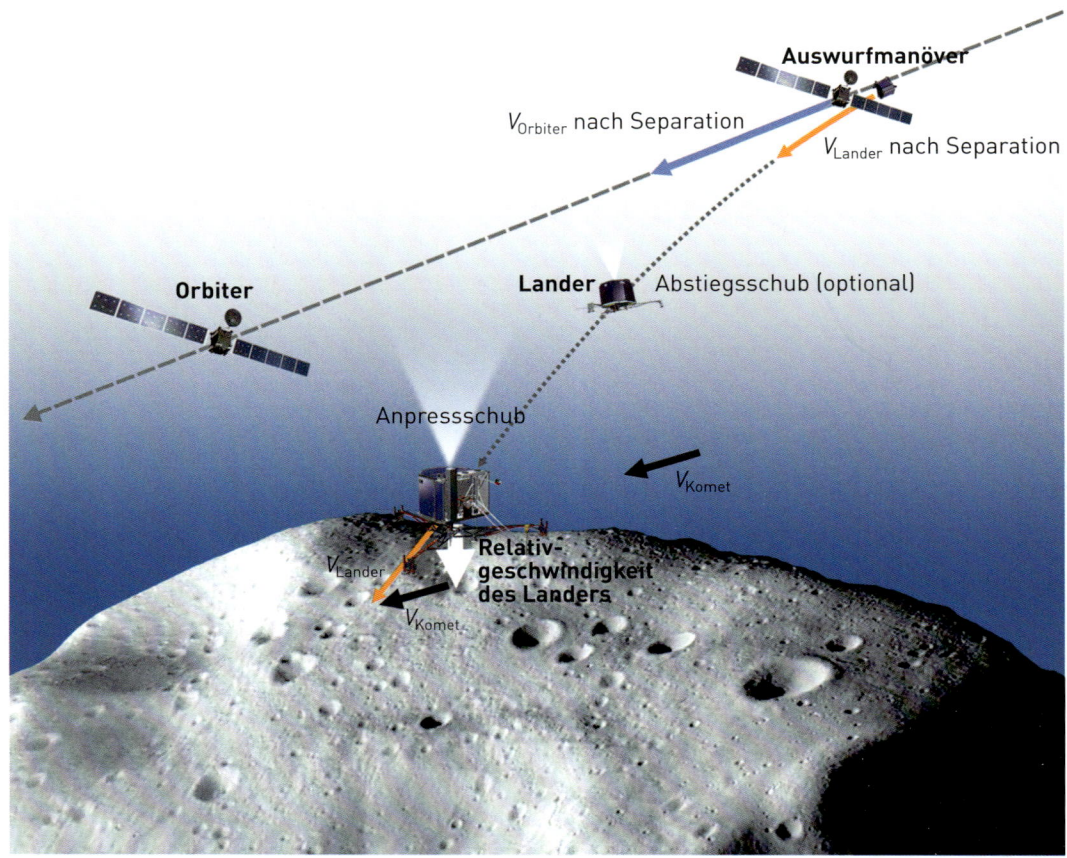

Auswurfmanöver

V_{Orbiter} nach Separation

V_{Lander} nach Separation

Orbiter

Lander Abstiegsschub (optional)

Anpressschub

V_{Komet}

Relativ-geschwindigkeit des Landers

V_{Lander}

V_{Komet}

7.8 | Das Landeszenario von PHILAE. Damit der Lander korrekt auftrifft, muss seine Relativgeschwindigkeit senkrecht zur Kometenoberfläche sein. Das Kaltgassystem presst PHILAE dann auf den Boden und soll zusammen mit den Dämpfungs- und Verankerungselementen verhindern, dass der Lander abprallt.

liche Untersuchungen am Kometenkern durchführt. Das für die Landung geeignete Gebiet wird erst aus den Bilddaten bestimmt, die von der ROSETTA-Sonde aus der Umlaufbahn aufgenommen, zur Erde geschickt und hier ausgewertet werden. Erst danach kann auch die genaue Landeprozedur geplant werden.

Vor der Abtrennung muss der Orbiter in eine Orientierung gebracht werden, die dazu führt, dass der Lander vertikal zur Oberfläche auftrifft – also mit den Beinen nach unten – und auch der Geschwindigkeitsvektor vertikal zur Oberfläche ist (vgl. Abb. 7.8). Natürlich mussten hierfür große Toleranzen eingeplant werden, da die Topografie des Kometen unbekannt ist und man

eventuelle Hügel berücksichtigen muss. Auch die Landeellipse, also die Unsicherheit, einen bestimmten Landeplatz zu erreichen, ist groß. Man rechnet zurzeit mit einer Landeunsicherheit im Bereich von etwa einem Quadratkilometer. Dieser hohe Wert ergibt sich hauptsächlich daraus, dass der Einfluss der Kometenkoma und damit die Größe des Gasströmungswiderstands unbekannt ist.

Während des Abstiegs wird die Achse des Landers durch das interne Schwungrad wie ein Kreisel stabilisiert. Der Abstieg dauert – abhängig von der momentan noch unbekannten Kometenmasse – wenige Stunden. In dieser Zeit wird das Landegestell ausgefahren, und es be-

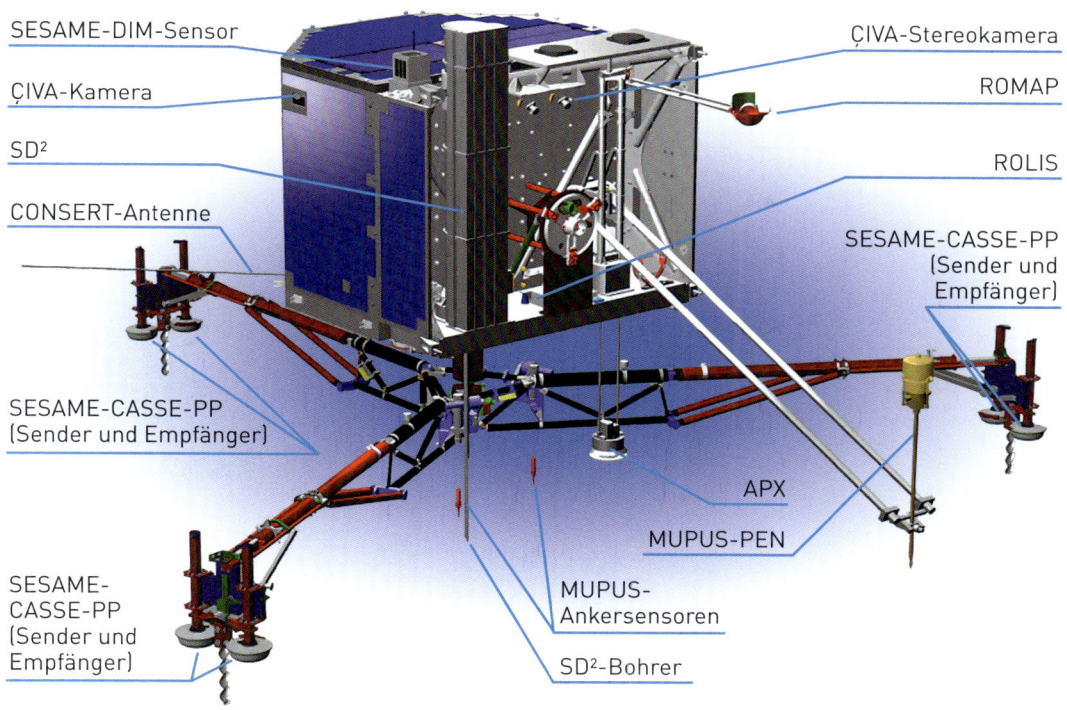

SESAME-DIM-Sensor

ÇIVA-Kamera

SD²

CONSERT-Antenne

SESAME-CASSE-PP
(Sender und Empfänger)

SESAME-
CASSE-PP
(Sender und
Empfänger)

ÇIVA-Stereokamera

ROMAP

ROLIS

SESAME-CASSE-PP
(Sender und
Empfänger)

APX

MUPUS-PEN

MUPUS-
Ankersensoren

SD²-Bohrer

7.9 | Der Lander Philae in der Konfiguration, die er während seiner Untersuchungen auf der Kometenober-
fläche einnehmen soll. Hier und in Abbildung 7.6 sind die verschiedenen Experimente dargestellt.

Analyser" (EGA). Die von SD² gesammelten Bodenproben werden in den erwähnten Öfchen
stufenweise bis auf mehrere Hundert Grad Celsius erhitzt, wobei die volatilen Komponenten
entweichen und über ein Rohrsystem durch die
Gaschromatografen sowie zu den Massenspektrometern der jeweiligen Instrumente strömen.

COSAC ist speziell dafür ausgelegt, organische Komponenten zu erkennen, sogar die Chi-
ralität (die räumliche Anordnung von Atomen)
mancher Moleküle kann detektiert werden. Die
Stärke von Ptolemy hingegen liegt in der Analyse von Isotopenverhältnissen leichter Elemente.
So soll zum Beispiel bei Sauerstoff das $^{16}O/^{17}O$-
Verhältnis bestimmt werden oder bei Stickstoff
dasjenige von $^{14}N/^{15}N$.

APX

Das Alpha-Röntgen-Fluoreszenzspektrometer
(„Alpha Particle X-ray spectrometer") misst die

Elementzusammensetzung des Oberflächenmaterials. Dazu werden Proben durch die Alpha-
strahlung einer radioaktiven Curiumquelle
angeregt und senden in der Folge ein charakte-
ristisches Spektrum an Alpha- und Röntgen-
strahlung ab. Das Experiment ist fast baugleich
zu entsprechenden Einheiten auf den NASA-
Marsrovern und geht auf das gleiche wissenschaftliche Team beim Max-Planck-Institut für
Chemie in Mainz zurück.

Zwei Instrumente auf dem Lander sind **abbil-
dende Systeme**, sie erzeugen also Bilder ihrer
Umgebung:

ROLIS

Das „Rosetta Lander Imaging System" ist eine
„nach unten" blickende Kamera, die schon während des Abstiegs Bilder von der Kometenoberfläche aufnehmen soll. Diese Bilder werden

später auch zur genauen Bestimmung des Landeplatzes verwendet. Nach der Landung soll RO-LIS das Oberflächenmaterial unterhalb des Landers mit hoher Auflösung fotografieren.

ÇIVA

Der „Comet Infrared and Visible Analyser" besteht aus insgesamt sieben Kameraköpfen zur Erstellung von Panoramabildern sowie einem Mikroskop und einem Infrarotspektrometer. Einige der oben erwähnten Öfchen besitzen Saphirfenster und ermöglichen eine optische Materialuntersuchung mit dem ÇIVA-Mikroskop. Das Infrarotspektrum von Proben ermöglicht Aussagen über ihre Mineralogie. Die Panoramabilder zeigen die topografische Umgebung des Landegebiets und gehören mit zu den ersten Daten, die von der Kometenoberfläche zur Erde übertragen werden. Der PI des Instruments, Jean-Pierre Bibring, vertritt auch als einer von zwei wissenschaftlichen Sprechern (Lead Scientists) den Lander in Forschungsbelangen gegenüber der ESA.

Zur Messung der **physikalischen Eigenschaften des Kometenkerns** sind vor allem die Instrumente MUPUS und SESAME geeignet:

MUPUS

Das Experiment „MUlti-PUrpose Sensors for Surface and Subsurface Science" besteht aus mehreren Sensoren. Der auffälligste Teil des Instruments ist ein Penetrator, ein „Stachel" (PEN), der in den Kometenboden gehämmert wird und dadurch Aussagen über die Härte des Materials ermöglicht. Nach der Platzierung des Penetrators können thermische Messungen durchgeführt werden. Dies geschieht zum einen passiv durch die Messung der Temperatur in unterschiedlichen Tiefen in Abhängigkeit von der Zeit, aber auch aktiv durch Beheizen und Analyse der Abkühlkurve, die eine Bestimmung der Wärmeleitfähigkeit ermöglicht. Signifikante Beiträge zum Mechanismus von PEN wurden übrigens in Polen entwickelt.

Zusätzlich zum PEN gehören zum MUPUS-Experiment außerdem ein Temperatursensor auf dem Lander, der die Infrarotabstrahlung und damit die Oberflächentemperatur des Kometen misst, sowie in jedem Harpunenprojektil jeweils ein Thermalsensor und ein Akzelerometer (ein Beschleunigungssensor), der die Abbremsung der Harpunen registriert und so Rückschlüsse auf die Stärke und Härte der Oberfläche zulässt. MUPUS ist ein Beitrag des DLR in Berlin, wurde aber von der Universität Münster vorgeschlagen.

SESAME

Das „Surface Electrical, Seismic and Acoustic Monitoring Experiment" ist ein Zusammenschluss von drei Instrumentvorschlägen: CASSE (Cometary Acoustic Sounding Surface Experiment) ist ein akustisches Seismometer, DIM (Dust Impact Monitor) ein Staubimpaktmonitor und PP (Permittivity Probe) eine Permeabilitätssonde. Die wissenschaftlichen Vorschläge stammten ursprünglich von Diedrich Möhlmann und Hermann Kochan (DLR) für CASSE, von Istvan Apathy (KFKI, Budapest) für DIM und von Harri Laasko und Walter Schmidt (FMI, Helsinki) für PP. Nach der Zusammenführung der drei Vorschläge zum gemeinsamen Instrument SESAME, dessen gesamte Elektronik von der Firma von Hoerner & Sulger in Schwetzingen geschaffen wurde, hatte Diedrich Möhlmann bis zum Start von ROSETTA die PI-Rolle inne. Diese Aufgabe wird nun von Klaus Seidensticker (DLR) wahrgenommen.

Mit dem SESAME-Experiment sollen Messungen zu den elektrischen und mechanischen Eigenschaften des kometaren Oberflächenmaterials am Landeort vorgenommen werden sowie mit DIM auf dem Dach des Landers die Detektierung von Staub, der wieder zur Kometenoberfläche zurückfällt. Dies geschieht über piezoelektrische Elemente, die durch Druck Strom erzeugen. Die elektrischen und mechanischen Experimente verwenden jeweils einen Fuß von jedem der drei Fußpaare zum Senden von akustischen und elektrischen Signalen. Der jeweils andere Fuß der beiden „gegenüberliegenden" Fußpaare dient zum Empfang der Signale, die sich nach dem Durchlaufen des Kometenbodens verändert haben. Aus diesen modifizierten Signalen können über entsprechende Modellrechnungen zum Beispiel elektrische Leitfähigkeiten, der Wassergehalt und auch mechanische Eigenschaften des Bodenmaterials bestimmt werden.

Zwei weitere Instrumente untersuchen **globale Eigenschaften des Kometenkerns:**

CONSERT

Das „COmet Nucleus Sounding Experiment by Radiowave Transmission" wurde auch schon bei den Instrumenten des ROSETTA-Orbiters beschrieben. Es soll die globale Struktur des Kometenkerns erforschen und besteht aus einer Einheit am Lander und einer am Orbiter, zwischen denen Radiowellen mit einer Frequenz von 90 Megahertz hin und her gesendet werden. Während einer Kometenrotation und durch die Eigenbewegung des Orbiters kann so der Kometenkern mit vielen Schnitten (Scans) „durchleuchtet" werden. Über die Veränderung der Signale können dann ein dreidimensionales Bild des Kometenaufbaus und Informationen über seine Zusammensetzung gewonnen werden.

ROMAP

Auch der „ROSETTA MAgnetometer and Plasma sensor" ist ein Zusammenschluss von ursprüng-

7.10 | Das Hauptgebäude des ESA-Satellitenkontrollzentrums ESOC in Darmstadt. Von hier aus werden alle Kommandos an ROSETTA und PHILAE geschickt und ihre „Antworten" empfangen.

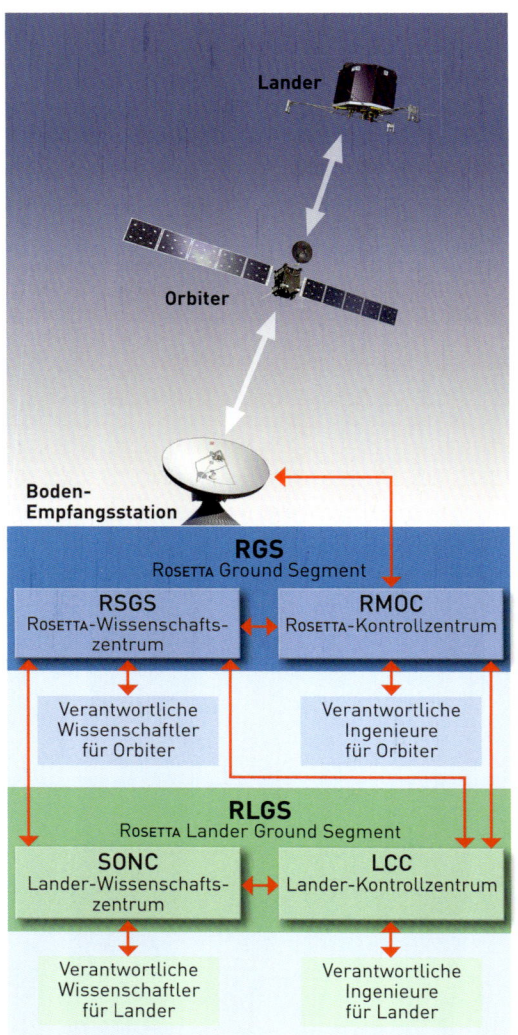

7.11 | Betriebsschema von Philae mit den Lander-Zentren LCC und SONC sowie den für den gesamten Rosetta-Betrieb zuständigen ESA-Zentren RMOC und RSGS.

7.5 | Der Betrieb von Rosetta und Philae

Der Betrieb der Raumsonde Rosetta erfolgt über das ESA-Satellitenkontrollzentrum ESOC in Darmstadt. Alle Telemetriedaten und Kommandos an beziehungsweise von Rosetta werden über das „Rosetta Mission Operations Center" (RMOC) bei der ESOC geleitet. RMOC ist verantwortlich für den gesamten Rosetta-Betrieb. Zur Kommunikation werden die Bodenantennen der ESA-Empfangsstationen in New Norcia (Australien), Cebreros (Spanien) und Malargüe (Argentinien) genutzt. In kritischen Phasen können bei Bedarf auch die Antennen des „NASA Deep Space Network" (DSN) in Kalifornien (USA), bei Madrid (Spanien) und bei Canberra (Australien) zugeschaltet werden. Die Radiosignale, die sich mit Lichtgeschwindigkeit fortbewegen, benötigen bis zu 45 Minuten, bis sie die Raumsonde in Hunderten Millionen Kilometern Entfernung erreichen.

Die wissenschaftliche Planung für die Rosetta-Mission geschieht im „Rosetta Science Ground Segment" (RSGS) im ESA-Weltraumastronomiezentrum ESAC in Spanien, nahe Madrid. RMOC und RSGS werden auch gemeinsam als „Rosetta Ground Segment" (RGS) bezeichnet (vgl. Abb. 7.11).

Das RGS koordiniert neben den verantwortlichen Wissenschaftlern und Ingenieuren für die Rosetta-Subsysteme auch die Einheiten des „Rosetta Lander Ground Segment" (RLGS). Das ist zum einen ein eigenes Kontrollzentrum für Philae, das „Lander Control Center" (LCC) im Nutzerzentrum für Weltraumexperimente (MUSC) im DLR in Köln (Abb. 7.13), zum anderen das „Science Operations and Navigation Center" (SONC) bei der französischen Raumfahrtagentur CNES in Toulouse. Vom LCC erfolgte – über RMOC – schon die Kommandierung des Landers während der langen Reisephase (Cruise Phase) und hier liegen auch die Kontrolle und Verantwortung für Philae in der heißen „Kometenphase". Das LCC steht in ständigem Kontakt mit den Verantwortlichen für die einzelnen Philae-Untersysteme. SONC ist ver-

lich zwei Experimentvorschlägen. Er vermisst das Magnetfeld während des Abstiegs und nach der Landung und die Plasmaumgebung des Kometen. Dabei registriert der SPM („Simple Plasma Monitor", vorgeschlagen von Istvan Apathy vom KFKI, Budapest) die Elektronen- und Ionendichte und MAG, ein Magnetometer, vorgeschlagen von Ulrich Auster, das Magnetfeld.

antwortlich für die wissenschaftliche Planung der Landermission und die Verteilung der Landerdaten an die einzelnen Wissenschaftsteams.

Der Betrieb von PHILAE beim Kometen ist in drei Phasen unterteilt: Zunächst erfolgt die Landesequenz mit den Komponenten Separation, Abstieg und Landung (Separation-Descent-Landing, SDL), die abhängig von den Kometeneigenschaften einige Stunden dauern wird. Daran schließt sich die erste wissenschaftliche Sequenz (First Scientific Sequence, FSS) an, ein erster Experimentlauf, bei dem jedes Instrument mit Hilfe der Primärbatterie zumindest einmal betrieben wird. Danach erfolgt der wissenschaftliche Langzeitbetrieb (Long Term Science, LTS), in dem die für den Betrieb notwendige Energie vom Solargenerator geliefert werden muss und der im besten Fall mehrere Monate dauern kann. Aktuell werden die Betriebsszenarien (und auch einige mögliche Fehlerfälle) mit dem Bodenreferenzmodell in Köln vorbereitet und ausgiebig getestet, um für den „Ernstfall" gewappnet zu sein (vgl. Abb. 8.2).

7.12 | Die 35-Meter-Antenne der ESA-Bodenstation nahe der Stadt Malargüe in Argentinien ist erst seit Anfang 2013 in Betrieb.

7.13 | Blick ins ROSETTA-Lander-Kontrollzentrum (LCC) im Nutzerzentrum für Weltraumexperimente (MUSC) des DLR in Köln.

8 ROSETTAS LANGE REISE

8.1 Start und Inbetriebnahme
8.2 Die Swing-bys
8.3 Die Asteroiden-Vorbeiflüge
8.4 ROSETTA auf der Zielgeraden

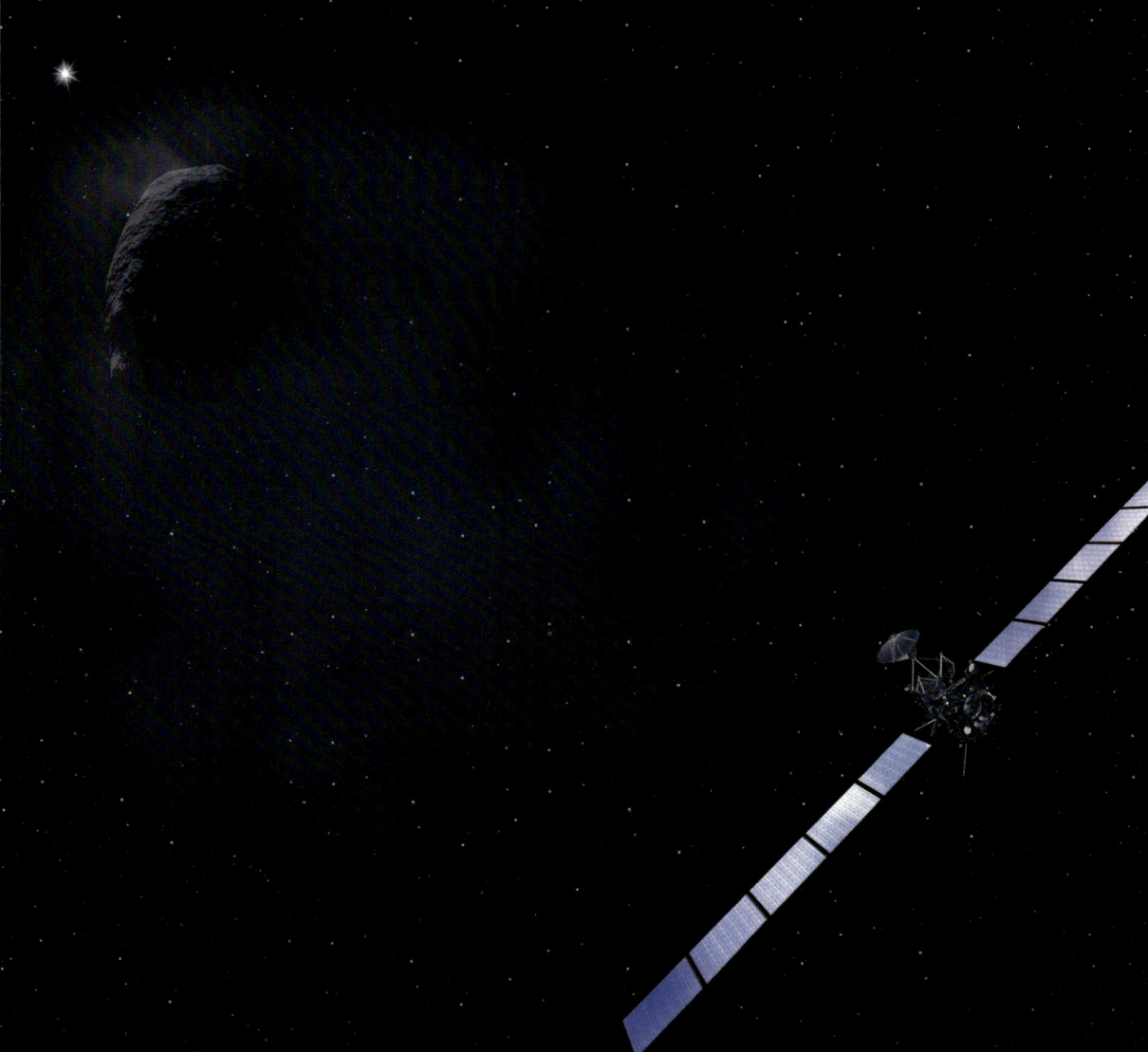

Der Start von ROSETTA zum Kometen 46P/Wirtanen war ursprünglich für den 13. Januar 2003 vorgesehen, der Termin konnte aber wegen des Scheiterns der vorhergehenden ARIANE-Mission nicht eingehalten werden. Als neuer Starttermin für die nun umdefinierte Mission zum Kometen 67P/Churyumov-Gerasimenko wurde der 26. Februar 2004 festgelegt. Der Countdown musste allerdings noch zweimal abgebrochen werden, einmal wegen widriger Witterungsbedingungen, das andere Mal wegen einer notwendigen Reparatur an der Verkleidung der ARIANE-Rakete, und so startete ROSETTA ihre lange Reise schließlich erst am 2. März 2004.

8.1 | Start und Inbetriebnahme

Die Trägerrakete vom Typ ARIANE 5G+ hob um 8:17 MEZ von der Startrampe in Kourou, Französisch-Guayana, ab. Der Start war perfekt und der Einschuss in die vorgesehene Bahn sehr genau, so dass ein Teil der Treibstoffreserven an Bord der Sonde, die für eventuelle Bahnkorrekturen kurz nach dem Loslösen von der Raketenoberstufe vorgesehen waren, nun für zusätzliche Bahnmanöver über die nächsten Jahre zur Verfügung stand. Daher konnten zu diesem Zeitpunkt auch die geplanten Vorbeiflüge an den Asteroiden (2867) Steins und (21) Lutetia endgültig bestätigt werden.

Eine der ersten Aktivitäten nach dem Start war das Öffnen der vier Befestigungsbolzen (launch locks), die PHILAE während der Startphase fest am Mutterschiff fixiert hatten. ROSETTA sollte von nun an nur noch sehr geringe Beschleunigungen erfahren, daher waren sie nicht mehr nötig. Die Bolzen wurden schon sehr früh geöffnet, damit thermische Spannungen vermieden werden konnten, da die Struktur von PHILAE aus Kohlefaser, die von ROSETTA jedoch aus Aluminium besteht – zwei Materialien mit sehr unterschiedlicher Wärmeausdehnung. Im weiteren Verlauf des Jahres 2004 fand dann die Inbetriebnahme der Sonde statt (das sogenannte „Commissioning"), das einen Test fast aller Subsysteme und Instrumente beinhaltete. Man wollte sicherstellen, dass alle Elemente den Start gut überstanden hatten. Auch der Lander wurde getestet – mit Ausnahme weniger Einheiten wie zum Beispiel dem Abstoßmechanismus, der logischerweise nicht betätigt werden konnte.

8.1 | Der lang ersehnte Start von ROSETTA am 2. März 2004 mit einer ARIANE-5G+-Rakete vom Weltraumbahnhof Kourou in Französisch-Guayana.

Eine Überraschung bot das Thermalsystem des Landers. Kurz vor dem Start erwies sich dort ein (redundantes) Elektronik-Board als defekt. Nach einer eingehenden Analyse der Risiken sah man von einem Austausch des Boards jedoch ab, weil dazu der gesamte Lander noch einmal hätte geöffnet werden müssen. Also verzichtete man lieber auf die Redundanz. Nach dem Start allerdings (und bis zum heutigen Tag) funktionierte

8.2 | Mit dem Bodenreferenzmodell des ROSETTA-Landers PHILAE werden die Betriebsszenarien beim DLR in Köln gründlich vorbereitet und getestet.

diese Elektronik plötzlich wieder einwandfrei. Ein Raketenstart ähnelt hier ganz offensichtlich dem sprichwörtlichen „Dagegentreten". Das hilft ja auch manchmal, wie viele frustrierte Besitzer defekter elektronischer Geräte sicher schon erfahren durften. Vermutlich ist dies aber das erste Mal in der Geschichte der Raumfahrt, dass durch die Startbelastung ein Element eines Raumfahrzeugs „repariert" worden ist!

Im Anschluss an den Start folgte die lange Reisephase. Noch nie hatte die ESA eine Mission absolviert, bei der der Zeitraum zwischen dem Start und dem Erreichen des eigentlichen Ziels so lang war wie hier mit rund zehn Jahren. Die Frage, wie das umfangreiche Wissen über den Betrieb der Sonde und die vielen Details des Systems und der Instrumente nach den intensiven Testphasen vor und unmittelbar nach dem Start für 2014 bewahrt werden könnte, entpuppte

sich als essenziell. Dokumentation alleine war keine Lösung für das Problem, denn oft und speziell in kritischen Situationen kann die Zeit zu knapp sein, um in meterlangen Aktenregalen nach einer Lösung zu suchen.

Als überaus hilfreich hat sich hierbei das Bodenreferenzmodell herausgestellt. Ein Modell des Landers, zusammengestellt aus Reserveeinheiten, Qualifikationseinheiten sowie Simulatoren für gewisse Subsysteme wie den Solargenerator oder die Harpunen, steht daher im DLR in Köln. An ihm können alle Kommandos und Sequenzen durchgespielt werden, bevor sie zur eigentlichen Flugeinheit gesendet werden. Mit Hilfe dieses Bodenreferenzmodells ist es auch möglich, das Team im Training zu halten und neue Mitarbeiter zu schulen. Da gewisse Fehlermodi jedoch nicht mit dem Referenzmodell getestet werden können, wurde zusätzlich ein

Lander-Software-Simulator mit einem originalen PHILAE-Zentralcomputer (CDMS) erstellt. Auch von der ROSETTA-Muttersonde gibt es übrigens einen irdischen Zwilling zu Testzwecken.

8.2 | Die Swing-bys

Um auf die Bahn zu ihrem Zielkometen zu gelangen, musste ROSETTA insgesamt vier sogenannte Swing-by-Manöver durchführen, davon drei an der Erde und eines am Mars (vgl. Abb. 8.5). Solche Swing-bys sind ein „Trick" zum Einsparen von Treibstoff auf interplanetaren Bahnen, denn durch den nahen Vorbeiflug an einem Planeten kann eine Raumsonde erheblich an Relativgeschwindigkeit gewinnen. De facto wird dabei der Planet auf seiner Bahn ein kleines bisschen abgebremst und die Raumsonde entsprechend beschleunigt (oder andersherum). Da die Geschwindigkeitsänderungen aber dem umgekehrten Massenverhältnis entsprechen und die Erde zum Beispiel zwei Trilliarden (2×10^{21}) Mal mehr Masse hat als ROSETTA, kann der Effekt bei

8.3 | Mondaufgang über der Erde. Das Bild wurde mit der OSIRIS-Kamera an Bord der Raumsonde ROSETTA während eines Swing-bys an der Erde aufgenommen.

einem Planeten nicht nachgewiesen werden. Die Geschwindigkeitszunahme von ROSETTA jedoch war deutlich, sie betrug bei den Erdvorbei-

Die insgesamt vier Swing-by-Manöver von ROSETTA an Erde und Mars

Manöver	Geschwindigkeitsänderung	Datum	Bemerkung
Erd-Swing-by #1	5,9 Kilometer pro Sekunde (21.240 Stundenkilometer)	4. März 2005	
Mars-Swing-by	–2,3 Kilometer pro Sekunde (–8280 Stundenkilometer)	25. Februar 2007	Die Sonde wurde durch den Mars abgebremst, damit sie wieder zur Erde zurückkam.
Erd-Swing-by #2	5,2 Kilometer pro Sekunde (18.720 Stundenkilometer)	13. November 2007	
Erd-Swing-by #3	6,35 Kilometer pro Sekunde (22.860 Stundenkilometer)	13. November 2009	
Gesamte Geschwindigkeitsänderung durch Swing-bys	**19,75 Kilometer pro Sekunde (71.100 Stundenkilometer)**		

8.4 | Blick auf die Marsoberfläche, teilweise verdeckt von einem Rosetta-Solarpaneel. Die Aufnahme entstand mit der ÇIVA-Panoramakamera des Landers Philae während des Mars-Swing-bys.

flügen jedes Mal rund 20.000 Stundenkilometer (s. Tab. S. 139). Die Geschwindigkeitsänderung hingegen, die mit Hilfe der etwa 1500 Kilogramm Raketentreibstoff an Bord erreicht werden kann, beträgt zum Vergleich insgesamt nur etwa 7900 Stundenkilometer (oder 2,2 Kilometer pro Sekunde).

Der erste Vorbeiflug an der Erde fand am 4. März 2005 statt, also fast exakt ein Jahr nach dem Start. Rosetta näherte sich dabei der Erdoberfläche bis auf 1955 Kilometer und konnte bereits mit einem Feldstecher gesehen werden. Der Vorbeiflug wurde für Kameratests genutzt, auch der Lander war aktiviert.

Etwa zwei Jahre später, am 25. Februar 2007, fand der Swing-by am Mars statt. Dabei wurde die Sonde leicht „abgebremst", um die Bahn für die folgenden beiden Erdvorbeiflüge zu optimieren. Bei der größten Annäherung befand sich Rosetta nur 250 Kilometer über der Marsoberfläche, allerdings auf der erd- und sonnenabgewandten (Nacht-)Seite. Dies behinderte die Beobachtungen mit den Instrumenten an Bord des

Mutterschiffs, die wegen der zeitweiligen Sonnenabschattung durch den Mars nicht durchgehend betrieben werden konnten. Da der Lander jedoch über eine eigene, wieder aufladbare Batterie verfügt und im Prinzip unabhängig von der Muttersonde betrieben werden kann, war es möglich, Messungen mit den Instrumenten auf Philae durchzuführen. So konnte beispielsweise das Magnetometer ROMAP die „Bugwelle" (den „Bow shock") detektieren, die infolge der Umströmung des induzierten Marsmagnetfelds durch den Sonnenwind entsteht, und der Panoramakamera von ÇIVA gelangen spektakuläre Aufnahmen der Marsoberfläche.

Die Abbildung 8.4 zeigt eine Aufnahme, die von der seitlich blickenden Panoramakamera aus etwa tausend Kilometern Entfernung zur Marsoberfläche gemacht worden ist. Im Vordergrund sieht man einen Teil der Rosetta-Sonde sowie die Rückseite eines Solarpaneels – man beachte, dass im Streulicht sogar die Verkabelung zu erkennen ist. Im Hintergrund ist die Marsoberfläche zu sehen. Die Auflösung des Bildes beträgt etwa 300 Meter pro Pixel. Die rötliche Farbe wurde nachträglich (aus den Daten anderer Marsmissionen) hinzugefügt, denn die ÇIVA-Kameras besitzen keine Farbfilter.

Der zweite Vorbeiflug an der Erde fand ebenfalls im Jahr 2007 statt, und zwar am 13. November. Kurz zuvor wurde dem „Minor Planet Center" die Entdeckung eines Objekts gemeldet, das die Erde sehr nah passieren würde. Es erhielt die vorläufige Bezeichnung 2007 VN$_{84}$. Bald stellte sich jedoch heraus, dass es die Raumsonde Rosetta war, die hier versehentlich für einen Kleinkörper des Sonnensystems gehalten worden war. So hat ausgerechnet die Kometen- und Asteroidensonde Rosetta kurzfristig zu Verwirrung bei diesem Thema geführt. Der dritte und letzte Swingby erfolgte dann genau zwei Jahre später am 13. November 2009.

8.5 | Abbildung rechte Seite: Die Bahn der Raumsonde Rosetta (rot) während ihres zehnjährigen Flugs zu ihrem Zielkometen 67P/Churyumov-Gerasimenko.

8.3 | Die Asteroiden-Vorbeiflüge

Zusätzlich zu den für die Mission notwendigen Swing-bys konnten in das ROSETTA-Bahnszenario auch zwei Vorbeiflüge an Asteroiden eingebaut werden (s. Tab. S. 142 und Abb. 8.5). Die Passagen von (2867) Šteins und (21) Lutetia erbrachten wichtige wissenschaftliche Ergebnisse, und das schon vor dem Erreichen des eigentlichen Ziels, des Kometen 67P/Churyumov-Gerasimenko.

Der Asteroid (2867) Šteins

Am 5. September 2008 flog die Sonde in 800 Kilometern Entfernung am etwa fünf Kilometer großen Asteroiden (2867) Šteins vorbei. Er war damals 2,14 AE von der Sonne entfernt (und 2,41 AE von der Erde). Die Relativgeschwindigkeit zwischen Sonde und Asteroid war mit 8,6 Kilometern pro Sekunde oder 30.960 Stundenkilometern relativ gering. Durch die Verwendung eines neuartigen Navigationsverfahrens konnte ROSETTA den Asteroiden in einem exakt geplanten Abstand passieren.

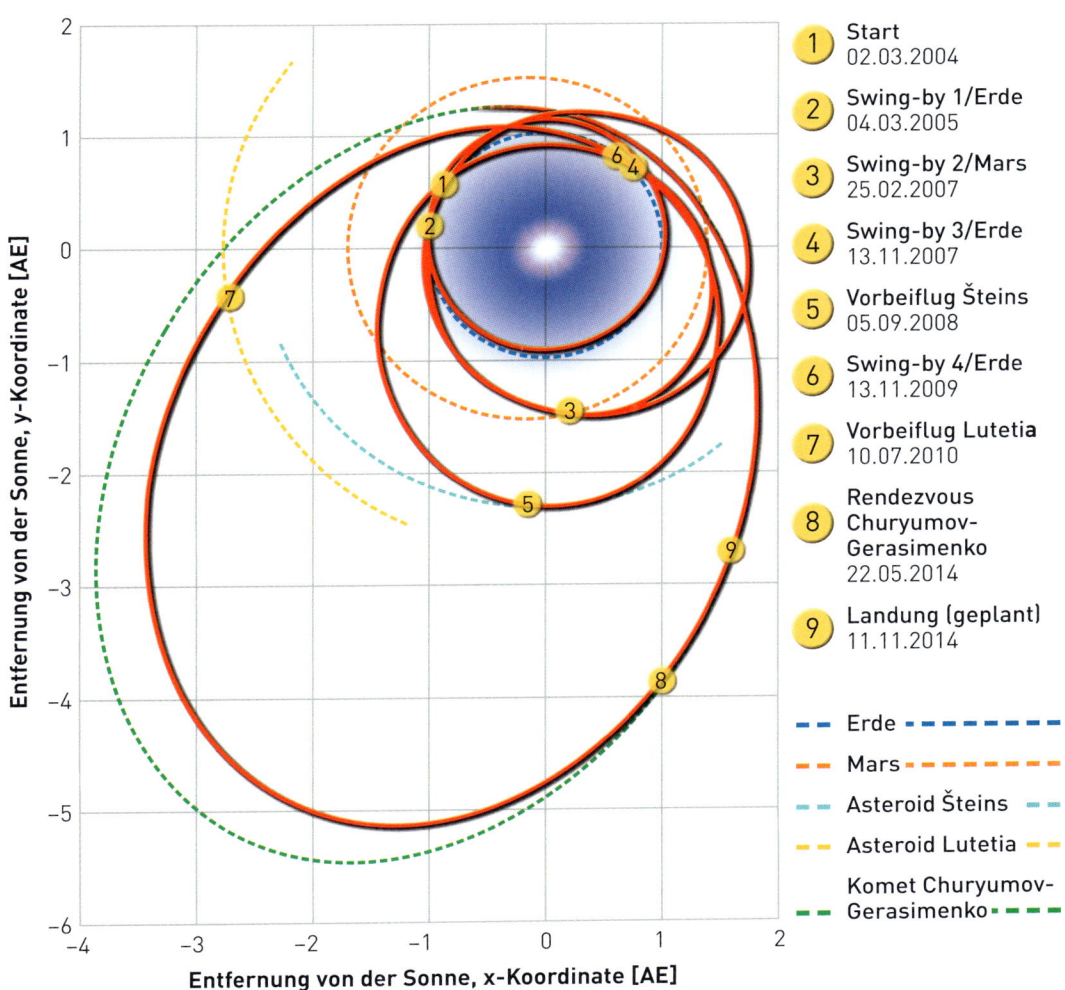

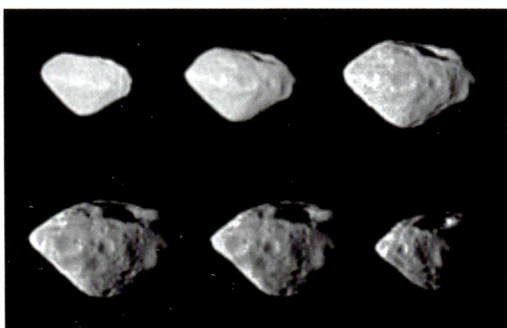

8.6 | Verschiedene Ansichten des Asteroiden (2867) Šteins, aufgenommen mit der OSIRIS-Kamera von Rosetta. Gut sichtbar sind ein großer Krater, unten auch eine Kraterkette.

Šteins ist ein seltener E-Typ-Asteroid, er besteht in erster Linie aus silikatischem Gestein und ist vermutlich ein Bruchstück eines größeren, differenzierten – also aus Mantel und Kern aufgebauten – Körpers. Der Asteroid ist mit Kratern überzogen, auffällig sind ein besonders großer Krater mit rund zwei Kilometern Durchmesser (siehe Abb. 8.6) und eine ganze Kraterkette. Bemerkenswert an Šteins ist auch seine markante Form, die zu seinem Spitznamen „Diamond of the Sky" geführt hat. In einigen Internetforen wurde sogar diskutiert, ob es sich bei Šteins vielleicht um ein außerirdisches Raumschiff handeln könnte – ein schönes Beispiel für die menschliche Fantasie.

Der Asteroid (21) Lutetia

Ein weiterer und aus wissenschaftlicher Sicht sogar noch interessanterer Vorbeiflug fand am 10. Juli 2010 statt, als Rosetta den Asteroiden (21) Lutetia in etwa 3170 Kilometern Entfernung passierte. Lutetia wurde 1852 von dem deutsch-französischen Astronomen Hermann Mayer Salomon Goldschmidt entdeckt und zu Ehren seines Wohn- und Arbeitsorts benannt (Lutetia ist der lateinische Name für das antike Paris). Spektroskopische Beobachtungen von der Erde aus erlaubten keine klare Klassifizierung des Asteroiden, die Oberfläche zeigte sowohl Hinweise auf einen Typ C (einen primitiven, chondritischen Körper) als auch auf einen Typ M (mit metallischer Oberfläche). Zum Zeitpunkt des Vorbeiflugs war Lutetia mit etwa hundert Kilometern Durchmesser der bei weitem größte Asteroid, der von einer Raumsonde direkt untersucht werden konnte. Der Beobachtung aus der Nähe sah man also mit besonderer Spannung entgegen.

Die Oberfläche von Lutetia (vgl. Abb. 8.7) erwies sich als äußerst komplex, was auf eine bewegte Geschichte hindeutet. Zahlreiche Krater, Linienstrukturen und Gebirge zeigten sich auf den mit der Rosetta-Kamera OSIRIS gewonnenen Aufnahmen. Darüber hinaus scheint es an der Oberfläche eine dicke Schicht von feinkörnigem Regolith zu geben. Dafür sprechen die geringe Wärmekapazität sowie das Verhältnis von Kraterdurchmesser zu -tiefe. Die Zusammensetzung von Lutetia ist jedoch weiterhin ungeklärt. Die Spektren der Oberfläche weisen – zusammen mit der ungewöhnlich hohen Dichte von rund 3,5 Gramm pro Kubikzentimeter – sowohl auf Ähnlichkeiten mit Meteoriten hin, die zu den kohligen Chondriten gezählt werden, als auch mit solchen, die zu den Enstatit-Chondriten gehören. Die Analyse der Rosetta-Bilder ergab, dass die Neigung von Lutetias Rotationsachse etwa 96 Grad beträgt. Das bedeutet, dass sich

Die Vorbeiflüge von Rosetta an den Asteroiden Šteins und Lutetia

Asteroid	Datum des Vorbeiflugs	Kleinste Entfernung (zur Oberfläche)	Vorbeifluggeschwindigkeit
(2867) Šteins	5. September 2008	800 Kilometer	8,6 Kilometer pro Sekunde
(21) Lutetia	10. Juli 2010	3170 Kilometer	15,0 Kilometer pro Sekunde

der Asteroid retrograd (rückläufig) dreht und seine Achse nahezu in der Ekliptik liegt. Die Situation ist ähnlich der des Planeten Uranus und führt zu extremen Jahreszeiten.

Auch einige Instrumente auf PHILAE waren während des Lutetia-Vorbeiflugs in Betrieb. Das Magnetometer ROMAP konnte jedoch kein Magnetfeld detektieren und die Massenspektrometer von COSAC und Ptolemy fanden keine Moleküle oder Atome einer möglichen Exosphäre.

8.4 | ROSETTA auf der Zielgeraden

Aber auch abseits der verschiedenen Vorbeiflüge waren ROSETTA und PHILAE zu zahlreichen Anlässen in Betrieb (vgl. Tab. S. 144/145 für den Lander). Sogenannte „Payload Checkouts" (PCs) wurden genutzt, um Instrumente beziehungs-

8.7 | Der Asteroid (21) Lutetia, aufgenommen mit der ROSETTA-Kamera OSIRIS. Die Oberfläche zeigt zahlreiche Krater, Rillen und Gebirge.

Flugereignis (englisch)	Datum	Dauer [h]	Bemerkungen
Draconide Encounter	08.09.–10.09.2004	45	ROMAP-Messungen
CONSERT Pointing	01.10.2004	18,5	Kalibrationsmessungen mit CONSERT und Orbiter
Earth Swing-by #1	01.03.–06.032005	168	ROMAP-Kalibration und ÇIVA-Test
PC 0 (passive)	28.03.–01.04.2005	5	Standardfunktionsprüfung
STCB-Update	21.06.2005	3	Vorbereitung der nächsten Standardfunktions-prüfung
DPU-1 Investigation	23.06.2005	0,5	Untersuchung eines nicht nominalen Verhaltens eines DPU-Prozessormoduls im Lander-CDMS
DPU-1 Troubleshouting	21.09.2005	6	Systemtests mit beiden Lander-Prozessoren
PC 1 (passive)	30.09.–04.10.2005	6	Standardfunktionsprüfung
PC 2 (passive)	07.03.–08.03.2006	10	Standardfunktionsprüfung
Battery charging sequence	08.05.–09.05.2006	21	Laden der Sekundärbatterie auf 25 %, erforderlich wegen hoher Selbstentladungsrate
PC 3 (passive)	28.08.–29.08.2006	10	Standardfunktionsprüfung
PC 4 (active)	28.11.–08.12.2006	166	Autonomer Lander-Test (Betrieb über Sekundär-batterie) als Vorbereitung auf Mars-Swing-by; Softwareverbesserungen für ÇIVA, ROLIS, MUPUS und CDMS; Aktivierung von Ptolemy (Massen-spektrometer), SESAME und CONSERT; Laden von Sekundärbatterie
Thermal Characterization #1	07.01.–08.01.2007	13,5	Vortest für Mars-Swing-by, Thermaltest von Orbiter und Lander
LOR-2 Upload	24.01.2007	1	Vorbereitung auf Mars-Swing-by (LOR = Lander Operational Request)
LOR-2 Verification	29.01.2007	1,5	Vorbereitung auf Mars-Swing-by
Mars Swing-by	22.02.–25.02.2007	64	ROMAP- und ÇIVA-Beteiligung, Lander-Betrieb über eigene Batterie
MUPUS contingency slot	03.05.–05.05.2007	19	Analyse von MUPUS-Ausfall während PC 4 und MUPUS-Softwareergänzung; Betrieb von MUPUS konnte nicht wieder aufgenommen werden; weitere Tests mit CDMS
MUPUS contingency slot re-run	17.05.2007	6	MUPUS-Inbetriebnahme Teil 1 erfolgreich
PC 5 (passive)	18.05.–22.05.2007	9,5	Standardfunktionsprüfung

Zusammenstellung der Philae-Aktivitäten nach der ersten Inbetriebnahme bis zum Eintritt in den „Winter-schlaf" (die Hibernationsphase)

Flugereignis (englisch)	Datum	Dauer [h]	Bemerkungen
PC 6 (active)	17.09.–01.10.2007	62,5	Vollständige Inbetriebnahme von MUPUS und Kalibration während des Flugs, Aktivierung von COSAC (Test der Andockstation an die Proben-öfchen), SD^2 (Bohrerrotation), CONSERT, SESAME (Softwareverbesserung), ÇIVA (Versuch der Soft-wareverbesserung) und Ptolemy (Versuch der Öffnung des Heliumtanks)
Earth Swing-by #2	07.11.–20.11.2007	324	ROMAP-Kalibration mit Orbiter-Instrumenten
PC 7 (passive)	04.01.–08.01.2008	–	Keine Lander-Beteiligung
Šteins Rehearsal	24.03.–25.03.2008	15,5	Test von ROSETTA für Vorbeiflug an Šteins, dabei auch Solargeneratortest von PHILAE
PC 8 (active)	09.07.–02.08.2008	247,5	Upload von CDMS-Softwareversion 6.98
Šteins Fly-by	04.09.–06.09.2008	43,5	Wissenschaftliche Untersuchungen von ROMAP und SESAME, MUPUS-Kalibration
COSAC contingency slot	11.11.–14.11.2008	77	Analyse des COSAC-Ausfalls bei Softwarever-besserung und Inbetriebnahme während PC 8; Test mit ÇIVA
PC 9 (passive)	30.01.–03.02.2009	17	Standardfunktionsprüfung
Thermal Characterization #2	16.02.–19.02.2009	78	Test für Lutetia-Vorbeiflug; Thermaltests des Landers, Kalibrationsmessungen für MUPUS und SESAME
PC 10 (active)	21.09.–05.10.2009	182	Systemtests; Tests von Instrumenteninterferenzen und verschiedene Nutzlasttests
SESAME RW-listening #1	15.10.–04.11.2009	18	Unterstützung bei Fehlersuche beim Orbiter
SESAME RW-listening #2	02.02.–11.02.2010	20	Reaktion auf Geräusch der Orbiter-Drallräder
Lander Power System Test	24.02.2010	5	Test des Solargenerators
Lutetia Rehearsal	13.03.–15.03.2010	60	Vorbereitung auf Lutetia-Vorbeiflug im Juli
PC 12 (active)	25.04.–13.05.2010	168	Vorübergehender Upload der CDMS-Softwarever-sion 8.07; Überprüfung von Massenspeichern und Kommunikationstechnik
Lutetia Flyby	07.07.–10.07.2010	14	Messungen von Ptolemy, COSAC und ROMAP
PC 13 (active)	01.12.–08.12.2010	101	Upload der CDMS-Softwareversion 8.14; eingeschränkter Separations-Abstiegs-Landetest (SDL) mit Flugmodell

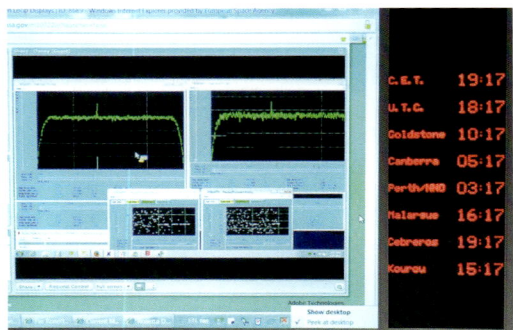

8.8 Das lang ersehnte erste Signal von Rosetta aus 807 Millionen Kilometern Entfernung nach 31 Monaten Winterschlaf am 20. Januar 2014.

weise den Lander zu testen, Kalibrationen durchzuführen und verbesserte Software hochzuladen. Dabei erlaubten „passive PCs" lediglich das Durchlaufen einer lange vorher festgelegten Sequenz, während bei „aktiven PCs" interaktiv in den Ablauf eingegriffen werden konnte. Bei der Vorbereitung der Checkouts des Landers stellte sich das Bodenreferenzmodell wieder als äußerst wertvoll heraus. Mit ihm konnten alle Sequenzen vor dem Hochladen zu Rosetta gründlich getestet werden. Auch bei der Entwicklung einer verbesserten On-board-Software war es überaus nützlich.

Vom Start bis zum Eintritt in den „Winterschlaf" – eine Periode ohne Betrieb der Geräte (s. u.) – war der Lander insgesamt 2496 Stunden aktiviert. Am 8. Dezember 2010 schließlich, nach dem Hochladen einer verbesserten Software für den Zentralcomputer, wurde er abgeschaltet und wenige Monate danach, im Juni 2011, wurde auch Rosetta in den „Winterschlaf" geschickt. Dieser sogenannte Hibernationsmodus war notwendig, weil die Sonde zwischen Mitte 2011 und Anfang 2014 zu weit von der Sonne entfernt war, um alle Systeme aktiviert zu lassen. Da Rosetta ohne radioaktive Heizelemente oder Stromgeneratoren konzipiert wurde, ist die Sonde stets auf die Sonnenenergie angewiesen. Am sonnenfernsten Punkt ihrer Bahn, den Rosetta im Oktober 2012 passiert hat, war sie 5,3 AE (rund 795 Millionen Kilometer) von der Sonne entfernt. Der Strom aus dem Solargenerator

reichte dann noch, um die Sonde warm zu halten, einen Radioempfänger und die On-board-Uhr laufen zu lassen. Die Lageregelung jedoch, Computer, Radiotransmitter oder gar Instrumente konnten nicht mehr betrieben werden.

Rosettas Erwachen

Das Ende von Rosettas Winterschlaf war für Anfang 2014 vorgesehen, der „Wecker" war auf den 20. Januar 2014, 11:00 Uhr (MEZ) gestellt. Ab diesem Zeitpunkt sollte die Sonde automatisch „Vorbereitungen treffen", um ein Signal zu senden, das auf der Erde ab 18:30 Uhr (MEZ) erwartet wurde. Das Erwachen von Rosetta nach 957 Tagen Winterschlaf gestaltete sich dann als spannendes Ereignis. Im ESA-Kontrollzentrum ESOC in Darmstadt wurde dazu ein Medienevent veranstaltet, zu dem Journalisten und an der Mission Beteiligte vom morgentlichen Weckerklingeln bis zum erwarteten Eintreffen des S-Band-Signals an der Goldstone-Antenne der NASA in Kalifornien eingeladen waren. Die Antenne ist Teil des „Deep Space Network" der NASA, das bei Bedarf den ESA-Empfangsstationen zugeschaltet werden kann.

Nach dem Aufwachen musste Rosetta zunächst aufgewärmt werden und von ihrem rotationsstabilisierten Zustand während der Hibernationsphase wieder in einen dreiachsstabilisierten Modus versetzt werden. Anschließend sollte die Hauptantenne auf die Erde ausgerichtet werden. Bange Minuten vergingen im Kontrollraum, als um 19:00 Uhr noch immer nichts von Rosetta „zu hören" war. Ja, man wusste, es könnte länger dauern, bis das Signal eintrifft, aber jetzt sollte es doch eigentlich kommen. Um 19:18 Uhr war es dann endlich soweit. Ein kleiner Zacken über dem Radiospektrum des Hintergrundrauschens erschien. Zunächst hielt man sich noch zurück, denn man wollte ganz sicher gehen. Kurze Zeit später aber war klar: Rosetta lebt! Der „Wake-up" hatte funktioniert und die Mission konnte nun in die spannendste Phase gehen kann. Großer Jubel und riesige Erleichterung machten sich im Kontrollraum und bei den Gästen breit. Später wurde auch der Grund für die verzögerte Wach-

8.9 | Riesiger Jubel im Kontrollraum der ESOC, nachdem eindeutig feststand: Rosetta ist aufgewacht!

meldung von Rosetta bekannt: Der Bordrechner der Sonde fuhr zunächst nicht richtig hoch und musste ein zweites Mal starten.

Zu den ersten Aktivitäten nach dem Eintreffen des gefeierten Signals zählten ein Leistungstest, das Aktivieren der Datenspeicher und das Anschalten des leistungsstärkeren X-Band-Transmittersystems von Rosetta. Das X-Band umfasst Mikrowellenfrequenzen zwischen etwa acht und zwölf Gigahertz, Rosetta kommuniziert bei 8,4 Gigahertz. Zwei Tage später wurden auch die Drallräder aktiviert, die Rosetta seitdem wieder zur Lageregelung nutzen kann.

Alles Weitere spielt sich erst nach der Drucklegung dieses Buches ab. Geplant ist, in den folgenden Wochen und Monaten, zunächst das gesamte Rosetta-System und dann die Nutzlast zu testen. Das erste zu prüfende Instrument wird das Kamerasystem OSIRIS sein, der Lander Philae wird am 28. März erstmals wieder aktiviert. Für ihn folgt zwischen dem 8. und 23. April eine detaillierte Testphase (das sogenannte „Post Hi-bernation Commissioning") – also die Wiederinbetriebnahme nach dem Winterschlaf.

Das Rendezvous mit dem Kometen

Um Rosetta schließlich in die unmittelbare Nähe des Kometen 67P/Churyumov-Gerasimenko (67P/CG) zu bringen, ist noch ein großes Bahnmanöver mit einer Geschwindigkeitsänderung von etwa 2900 Stundenkilometern (oder 0,8 Kilometern pro Sekunde) notwendig. Da die Sonde über kein schubkräftiges Haupttriebwerk verfügt, sondern für alle Bahnmanöver stets ihre relativ kleinen Lageregelungsdüsen verwendet, benötigt dieses Manöver (in mehreren Abschnitten) insgesamt fast 20 Stunden Brennzeit.

Danach kommen die Navigationskamera und das Kamerasystem OSIRIS zum Einsatz, um die Bahn des Kometen möglichst exakt zu bestimmen. Im Lauf des Sommers wird Rosetta dann zunächst in sogenannte „Pyramidenorbits" um

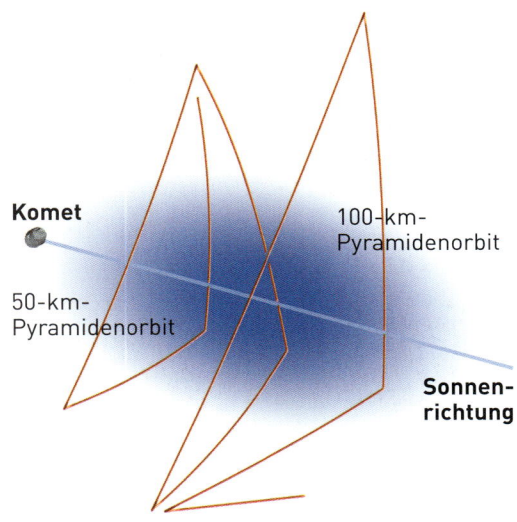

Komet

100-km-Pyramidenorbit

50-km-Pyramidenorbit

Sonnenrichtung

8.10 | Vom 6. August bis 3. September 2014 umläuft Rosetta den Kometen Churyumov-Gerasimenko in sogenannten Pyramidenorbits und sucht nach möglichen Landegebieten für Philae.

den Kometenkern gelenkt (vgl. Abb. 8.10). Die Annäherung an 67P/CG erfolgt stufenweise, und die gewonnenen Daten können in den dazwischenliegenden Zeiträumen interpretiert werden. Vom 6. bis 17. August umläuft Rosetta den nur rund vier Kilometer großen Kometenkern in einem Abstand von etwa 100 Kilometern, vom 24. August bis 3. September dann in 50 Kilometer Abstand. In dieser Zeit muss er vom Orbit aus genau kartiert, das Schwerefeld bestimmt und die Oberflächenzusammensetzung analysiert werden, um eine erste Auswahl möglicher Landegebiete für Philae vornehmen zu können.

Diese Gebiete werden dann im September und Oktober hochauflösend kartiert, um den endgültigen Landeort auszuwählen. Wesentlich für die Wahl des Landegebiets ist neben der groben und schließlich der genauen Form (mit wenigen Metern Auflösung) auch die Bestimmung der Rotationsachse des Kometenkerns (wo ist Winter, wo ist Sommer?). Darüber hinaus ist die

8.11 | Künstlerische Darstellung der Raumsonde Rosetta im Orbit um Churyumov-Gerasimenko. Im September und Oktober 2014 wird Rosetta den Kometen hochauflösend kartieren, um einen endgültigen Landeplatz für Philae zu finden.

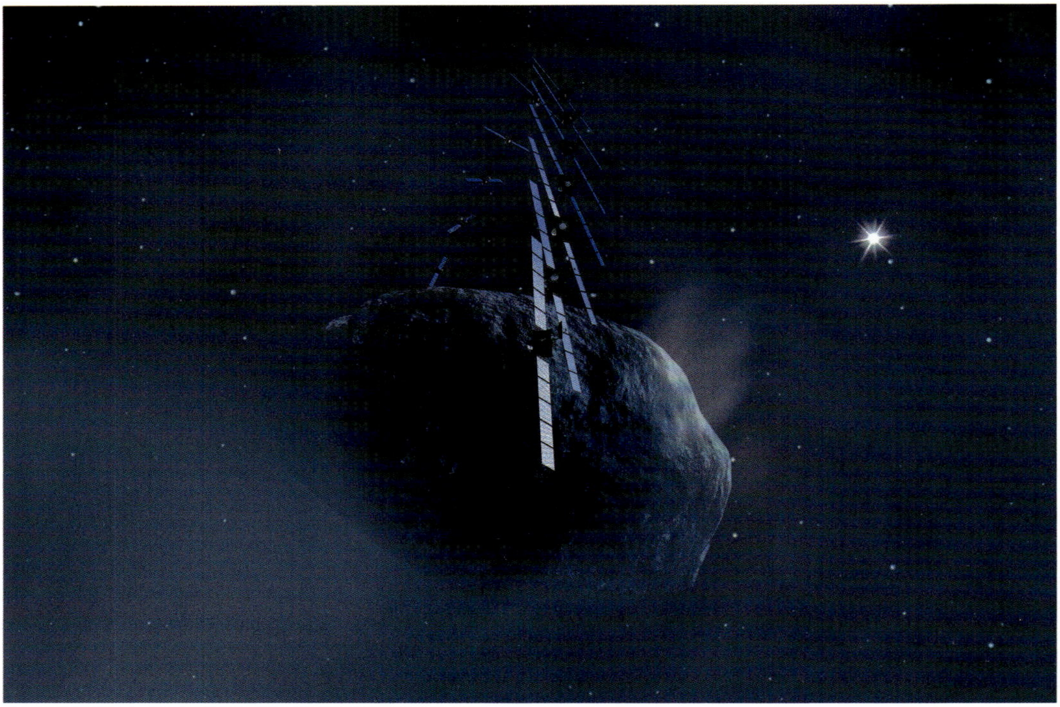

8.12 | Der Abwurf des Rosetta-Landers Philae auf den Kometen 67P/Churyumov-Gerasimenko – hier in der Darstellung eines Künstlers – ist für November 2014 vorgesehen.

Kenntnis durchschnittlicher Hanglagen in den potenziellen Landegebieten wichtig. Letztere erhält man durch die Erstellung eines digitalen Terrainmodells (DTM) des Kometenkerns. Dazu werden Stereobilder des Orbiterkamerasystems OSIRIS und der Navigationskameras verwendet und die winkelabhängige Reflexion des Sonnenlichts an der Oberfläche analysiert (Photoklinometrie). Für diese Untersuchungen wird Rosetta in elliptische Orbits um den Kometen gebracht, zunächst in 30 Kilometer Höhe, später, wenn die Aktivität des Kometen dies zulässt, bis in zehn Kilometer Höhe. Die Relativgeschwindigkeit zwischen Komet und Sonde wird in dieser Phase bis auf wenige zehn Zentimeter pro Sekunde reduziert.

Für den 11. November 2014 ist dann schließlich die erste weiche Landung einer Raumsonde auf einem Kometenkern vorgesehen. 80 Tage davor werden fünf mögliche Landegebiete ausgewählt, 60 Tage vor der Landung will man sich auf ein nominales und ein Ausweichlandegebiet festlegen. Mitte Oktober werden dann Landeort und Abstiegsszenario endgültig festgesetzt. Ab dann will man die geplante (und vollkommen autonom ablaufende) Landesequenz nur noch bei einem plötzlich auftretenden technischen Defekt oder einem völlig unerwarteten Ereignis am Kometen stoppen.

Natürlich hofft man aber, dass alles nach Plan läuft. Dann wird Philae von der Rosetta-Muttersonde abgestoßen und zu seiner spannenden Erkundung von 67P/Churyumov-Gerasimenko aufbrechen. Der Orbiter Rosetta wird den immer aktiver werdenden Kometen noch bis Dezember 2015 auf seinem Weg um die Sonne herum begleiten – ebenfalls ein Novum in der Geschichte der Raumfahrt.

Danksagung

Die Autoren dieses Buches möchten allen an der ROSETTA-Mission der ESA Beteiligten sehr für die anstrengenden Arbeiten zum Gelingen dieses großen Projektes danken, und es sei ihnen gestattet, aus diesem sehr großen Kreis insbesondere diejenigen Kollegen namentlich hervorzuheben, die zum Gelingen dieses Buches direkt beigetragen haben.

Hugo Fechtig aus Heidelberg hat mit der Darstellung seiner Erinnerungen sowohl zu den GIOTTO- und VEGA-Missionen als auch zu dem von ihm später intensiv vorangetriebenen ROSETTA-Projekt sehr geholfen, den Werdegang solcher intellektuell, finanziell, technisch und auch persönlich aufwendiger internationaler Vorhaben der Weltraumforschung zu beschreiben.

Dies gilt in gleicher Weise für Eberhard Grün, der die Arbeiten von Hugo Fechtig bis heute fortsetzt und der einen sehr wesentlichen Beitrag beim Start des ROSETTA-Projekts im DLR und in Deutschland leistete.

Hervorzuheben ist auch die Unterstützung durch Jochen Kissel, der ebenfalls damals in der Heidelberger Gruppe um Hugo Fechtig arbeitete. Der Dank bezieht sich sowohl auf die gemeinsamen experimentellen Arbeiten als auch auf die Dokumentation der Abläufe eines solchen Großprojekts der unbemannten Weltraumforschung, die mit diesem Buch nun auch der Öffentlichkeit zugänglich werden.

Berndt Feuerbacher, der sich beim DLR in Köln dem Gelingen der ROSETTA-Mission und dabei insbesondere dem Lander-Projekt intensiv verschrieben hatte, ist an dieser Stelle für seine Beratung beim Schreiben dieses Buches ebenfalls zu danken.

Auch Arne Richter vom MPAe in Katlenburg-Lindau (heute MPS, Göttingen) sei sehr gedankt für seine Darstellung der Entwicklungen und Geschehnisse bei den ersten wirklich internationalen Kometenforschungsprojekten in der Weltraumerkundung: der GIOTTO-Mission der ESA und den beiden VEGA-Missionen, die von der damaligen Sowjetunion getragen wurden.

Die Autoren danken darüber hinaus Martin Hilchenbach vom Max-Planck-Institut für Sonnensystemforschung in Göttingen für Idee und Entwurf der Faltbögen zum Bau der PHILAE-Papiermodelle (S. 152/153).

Abbildung linke Seite: Der ROSETTA-Orbiter fliegt über den Lander PHILAE hinweg, kurz nachdem dieser auf dem Kometen 67P/Churyumov-Gerasimenko gelandet ist. Künstlerische Darstellung aus dem Jahr 2002.

Papiermodelle des Rosetta-Landers Philae

Wenn Sie sich in den Monaten der Kometenerkundung durch Rosetta vom Lander Philae begleiten lassen möchten, können Sie sich eine Papierausführung des Landers basteln und sie auf Ihren Schreibtisch oder ins Regal stellen. Dazu gibt es ein leicht nachzubauendes Modell in Form eines Würfels, das den Lander in Reisekonfiguration mit hochgeklappten Beinen darstellt (vgl. Abb. unten).

Ein etwas aufwendiger zu bastelndes „Expertenmodell" zeigt den Lander mit ausgeklappten Beinen (vgl. Abbildungen auf Seite 153). Die Bauanleitungen für beide Modelle können Sie sich unter www.kosmos.de in der Rubrik „Astronomie" beim Buch *Raumsonde Rosetta* herunterladen und jeweils farbig auf DIN-A4-Papier ausdrucken.

3D-Würfelmodell

Schneiden Sie das Modell entlang der äußeren Umrandung aus. Falten Sie das Papier an den Kanten des Landers und knicken Sie die eingezeichneten Laschen nach innen. Kleben Sie anschließend die obere und untere Abdeckung von Philae an den Laschen fest.

3D-Next-Generation-Modell

Für den Zusammenbau des „Expertenmodells" benötigen Sie etwas mehr Zeit. Die obere Abbildung auf Seite 153 zeigt eine Kurzanleitung zum Zusammenbau des Landerkörpers, die untere Abbildung beinhaltet eine Bauanleitung für die Landerbeine. Schneiden, falten und kleben Sie das Papier jeweils gemäß der gezeichneten Anleitung. Es empfiehlt sich, die Landerbeine am Schluss mit Draht (Büroklammern) oder Karton zu versteifen.

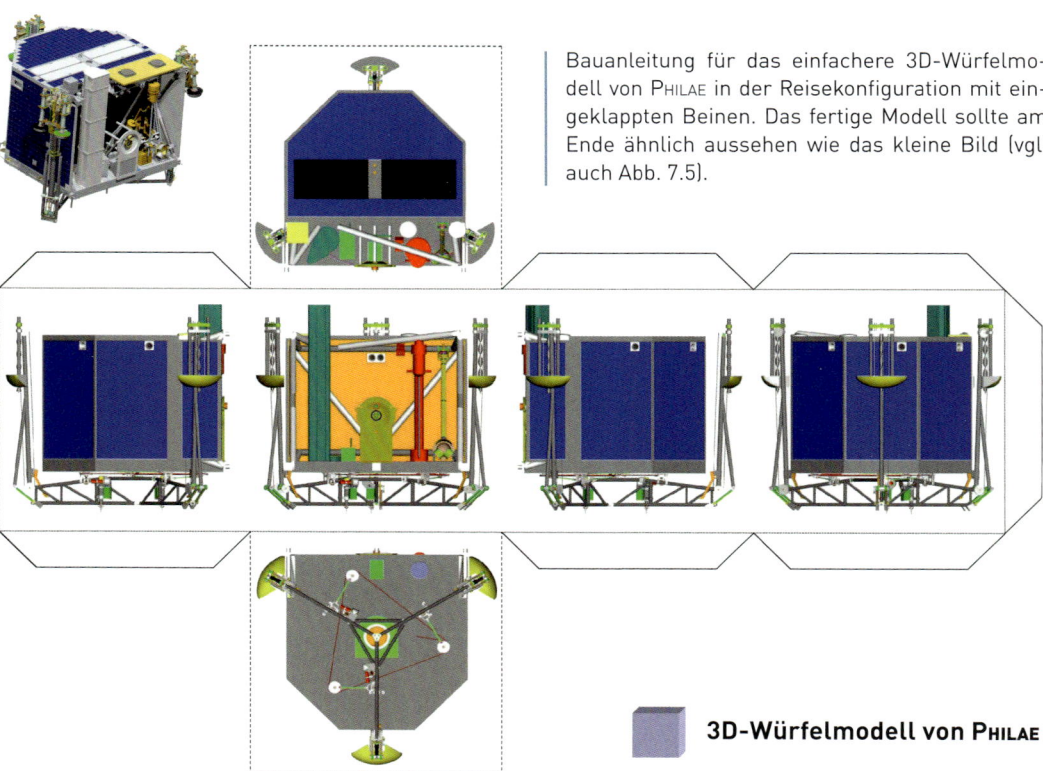

Bauanleitung für das einfachere 3D-Würfelmodell von Philae in der Reisekonfiguration mit eingeklappten Beinen. Das fertige Modell sollte am Ende ähnlich aussehen wie das kleine Bild (vgl. auch Abb. 7.5).

3D-Würfelmodell von Philae

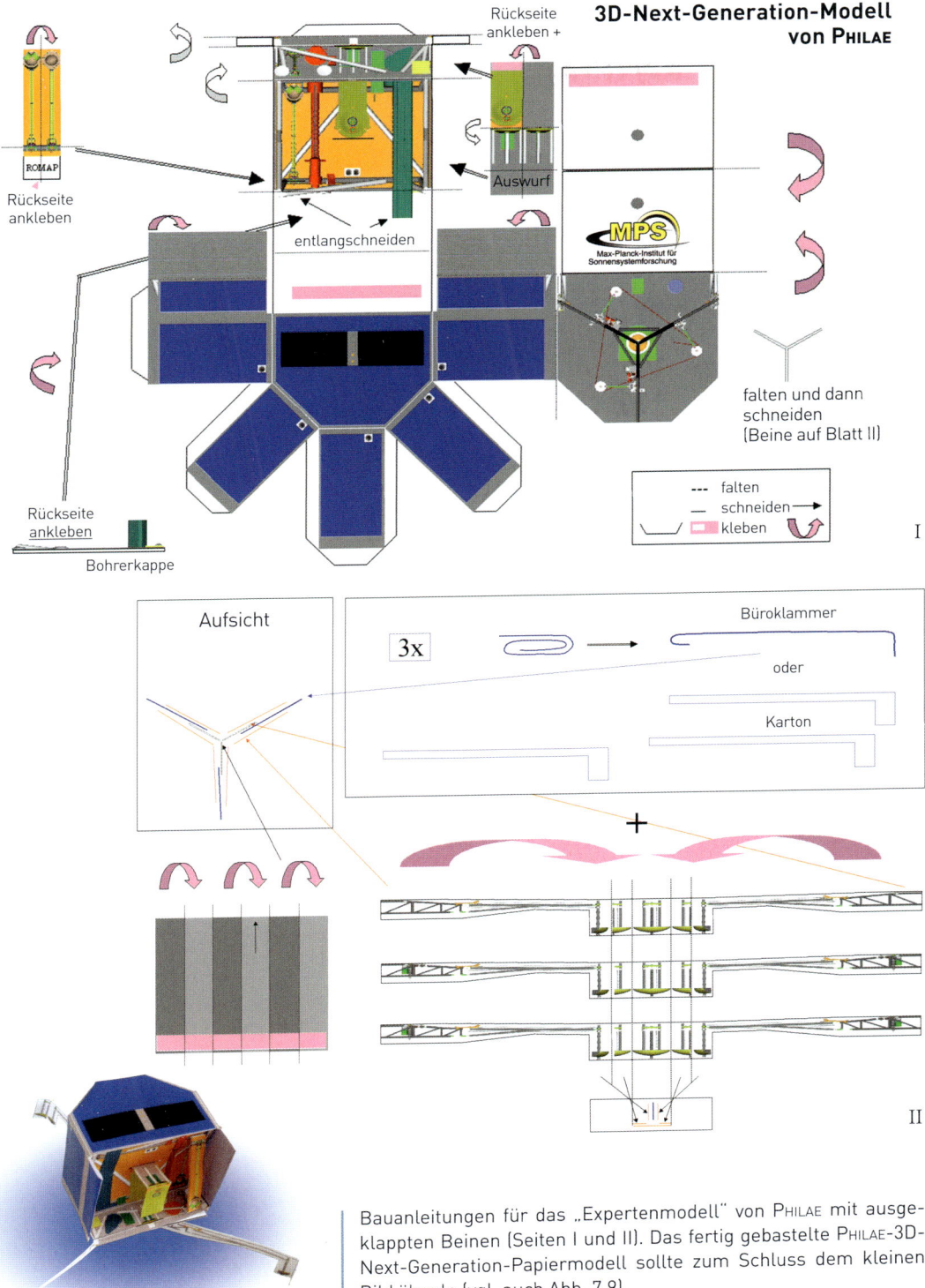

3D-Next-Generation-Modell
von PHILAE

Rückseite ankleben +

Rückseite ankleben

Rückseite ankleben

Bohrerkappe

entlangschneiden

Auswurf

Max-Planck-Institut für Sonnensystemforschung

falten und dann schneiden (Beine auf Blatt II)

```
---    falten
—      schneiden →
⌣  ▭   kleben
```

I

Aufsicht

3x   Büroklammer

oder

Karton

+

II

Bauanleitungen für das „Expertenmodell" von PHILAE mit ausge-klappten Beinen (Seiten I und II). Das fertig gebastelte PHILAE-3D-Next-Generation-Papiermodell sollte zum Schluss dem kleinen Bild ähneln (vgl. auch Abb. 7.9).

Literatur/Internet

Bücher

Altwegg, K., Balsinger, H., Hugi, B.: Archäologie im All: Die Suche nach dem Ursprung des Lebens. Haupt-Verlag, Bern 2009

Brandt, J. C., Chapman, R. D.: Introduction to Comets. Cambridge University Press, Cambridge 2004

Calder, N.: Jenseits von Halley. Springer, Heidelberg/New York 1994

Celnik, W., Hahn, H.-M.: Astronomie für Einsteiger. Kosmos, Stuttgart 2013

Emmerich, M., Melchert, S.: Astronomie. Kosmos, Stuttgart 2013

Hahn, H.-M.: Unser Sonnensystem. Kosmos, Stuttgart 2004

Herrmann, D. B.: Die große Kosmos Himmelskunde. Kosmos, Stuttgart 2012

Herrmann, J.: Welcher Stern ist das? Kosmos, Stuttgart 2014

Keller, H.-U.: Kompendium der Astronomie. Kosmos, Stuttgart 2008

Möhlmann, D.: Kometen. C. H. Beck, München 1997

Moore, Sir P., Couper, H.: Halley's Comet Pop-up Book. Littlehampton Book Services Ltd, Worthing 1985

Pilz, U., Leitner, B.: Kometen – Eine Einführung für Hobby-Astronomen. Oculum-Verlag, Erlangen 2013

Seargent, D.: The Greatest Comets in History. Springer, Heidelberg/New York 2009

Schilling, G.: Das Kosmos-Buch der Astronomie. Kosmos, Stuttgart 2011

Schulz, R., Alexander, C., Boehnhardt, H., Glassmeier, K.-H. (Hrsg.): ROSETTA – ESA's Mission to the Origin of the Solar System. Springer, Heidelberg/New York 2009

Steel, D.: Zielscheibe Erde. Kosmos, Stuttgart 2001

Stoyan, R.: Atlas der Großen Kometen. Oculum-Verlag, Erlangen 2013

Internetlinks

Aktuelles zur ROSETTA-Mission:
ESA-Seiten, englisch:
http://sci.esa.int/rosetta/www.esa.int/
    Our_Activities/Space_Science/Rosetta
DLR-Seite, deutsch:
www.dlr.de/dlr/desktopdefault.aspx/
    tabid-10394/
Seite des Max-Planck-Instituts für Sonnensystemforschung, deutsch:
www.mps.mpg.de/1158852/Rosetta

Überblick über die ROSETTA-MISSION:
ESA-Seiten, englisch:
www.esa.int/Our_Activities/Operations/
    Rosetta_operations
http://azchallengereducation.org/uploads/
    Rosetta.pdf
www.youtube.com/watch?v=2ofUqfgUNjo
DLR-Seiten, deutsch:
www.dlr.de/pf/desktopdefault.aspx/tabid-1371/
www.dlr.de/rd/desktopdefault.aspx/tabid-
    2448/3635_read-16452/
NASA-Seiten, englisch:
http://solarsystem.nasa.gov/missions/
    profile.cfm?MCode=Rosetta
http://nssdc.gsfc.nasa.gov/nmc/
    spacecraftDisplay.do?id=2004-006A
verschiedene Spezialseiten, deutsch:
www.raumfahrer.net/raumfahrt/
    raumsonden/rosetta.shtml
www.bernd-leitenberger.de/rosetta.shtml

Hintergrundartikel zur ROSETTA-Mission:
ESA-Seite, deutsch:
www.esa.int/ger/ESA_in_your_country/
    Germany/Kometenmission_Rosetta_Auf_
    der_Suche_nach_der_Urmaterie_Special
DLR-Seite deutsch:
www.dlr.de/rosetta/en/desktopdefault.aspx/
    tabid-242/382_read-2680/gallery-1/gallery_
    read-Image.7.1305/
Spezialseite, deutsch:
www.scinexx.mobi/dossier-120-1.html

Register

*Kursive Einträge beziehen sich
auf Bildlegenden*

1950 DA, Asteroid 75
2002 GT, Asteroid 101
2005 YU55, Asteroid 75

Abstoßmechanismus, Philae
124, *124*, 125, 127, 129, 137
Abt, Georg 112
Åkerblad, Johan David 9
Akkretion 19, 69
ALICE, Rosetta-Experiment
120–122
Altwegg, Kathrin 120
Aluminium 97
Amateurastronomen 17, 18, *23*,
26, 52, 57, 59, *59*, *158*
Amor-Gruppe, Asteroiden
71, *71*
Amorphes Material 27, 96
Annefrank, Asteroid 74, 94
Apathy, Istvan 132, 134
Aphel *36*, 38, 43, 114
Apollo-Gruppe, Asteroiden
71, *71*, 75
Apophis, Asteroid 75
APX, Philae-Experiment 98, 130,
131, *131*
Arend-Rigaux, Komet 31
Ariane 5, Rakete 64, 106, 113,
114, 114, 137, *137*
Aristoteles 14
Aspaugh, Erik 53
Asteroiden 30, 33, 44, 59, 63, 67,
70, 73, 74, 99, 141
-bahnen 67, 70, 71, 75
-benennung 69
-einschläge 75
-entdeckungen 51, 52, 68, 69
-entstehung 69
-exzentrizität 70, 71, 72
-familien 69
-gruppen 71
-typen 70, 142
Asteroidengürtel 68, 70, *71*, *72*
Astronomische Einheit 14
Aten-Gruppe, Asteroiden 71,
71, 75
Auster, Ulrich 84, 130, 134
Axford, Ian 82
Azur, Satellit 90

Bahnelemente 35, *35*, *36*, 37,
44, 50, 51, 65
Bahnellipse 35, *38*, 39, 47
Bahnneigung 40, *40*, 41
Balsinger, Hans 120
Banks, William 108
Bar-Nun, Akiba 103
Barnard 3, Komet 17
Barnard, Edward Emmerson 17
Batteriesystem, Philae 109, 125,
126, *126*, 135, 140, 144
Bayeux, Teppich von 11, *11*
Benkhoff, Johannes 90
Bennet, Komet 32

Bentley, Mark 120
Benz, Willy 53
Bertaux, Jean-Loup 81
Bessel, Friedrich Wilhelm 14,
39, 49
Bibring, Jean-Pierre 109, 130
Biela, Komet 45, 62, *62*
Biermann, Ludwig 25, 31
Biermann, Wolfgang 83
Blamont, Jacques 81
Block, Achim *108*
Bode, Johann Elert 68
Bodenreferenzmodell, Philae
110, 135, 138, *138*, 146
Bodenstation 134, *134*, *135*, 146
Boethin, Komet 101
Bonnet, Roger 112
Bopp, Thomas 59, 60
Borelli, Giovanni Alfonso 14
Borrelly, Komet *93*, 94
Boström, Rolf 120
Brahe, Tycho *12*, 14
Braille, Asteroid 74, *93*
Brooks 2, Komet 61, 62
Brooks, William Robert 17
Bunsen, Robert Wilhelm 15
Burch, James 120

CAIs *70*, 96, *98*
Calder, Nigel 85
Capaccioni, Fabrizio 120
Carr, Christopher 120
Cassini, Sonde 103
CDA, Cassini-Experiment 82
CDMS, Philae-Datenmanage-
mentsystem 109, 125, 139,
144, 145
Central Bureau for Astronomi-
cal Telegrams (CBAT) 44, 52,
56, 59, 60
Ceres, Zwergplanet 67, *68*, 74
Champollion, Jean-François *8*,
9, 106, 108
Champollion, Rosetta-Lander
106, 109
Chandra, Röntgen-Weltraum-
teleskop 99
Chernykh, Komet 62
Chiron, Komet 44, 45, 63
CHON-Teilchen 88
Chondren *70*
Churyumov-Gerasimenko,
Komet 7, 9, 31, *63*, 64, 65, 115,
115, 123, 137, *140*, *141*, 148,
148, 149, *149*, 151, 158, *158*
Churyumov, Klim Ivanovich
64
CIDA, Stardust-Experiment
82, 94, 98
ÇIVA, Philae-Kamera *126*,
129, 130, *131*, 132, 140, *140*,
144, 145
Clairaut, Alexis 47, 48
Cluster, Satelliten 103
CNES, frz. Raumfahrtagentur
106, 109, 134
CNSR-Mission 81, 103
Colangeli, Luigi 120
CONSERT, Rosetta-Experiment
120, *121*, 122, *126*, 129, 130,
131, 133, 144, 145

CONTOUR, Sonde 94
Copernicus, Satellit 32
Coradini, Angioletta 120
COSAC, Philae-Experiment *126*,
129, 130, 131, 143, 145
COSIMA, Rosetta-Experiment
82, *82*, 98, 120, *121*, 123
Cowell, Philip Herbert 48
CRAF-Mission 103
Crommelin, Andrew 48
Crommelin, Komet 31

D'Arrest, Komet 94
Dactyl, Asteroidenmond 73, *73*
Damocloiden, Asteroiden 72
Dawn, Sonde 74, *74*, 75, *158*
DDS, Galileo-Experiment 82
Deep Impact, Sonde *29*, 91, 98,
99, *99*, *100*, *101*
Deep Space 1, Sonde 74, 93, *93*
DLR-Institut für
Planetenforschung 82, 85
DLR-Institut für
Raumsimulation 9, *9*, 89, *89*,
91, 103, 104, 105, 109, 110,
112, 124, 130, 138, *138*
Donati, Komet 16, *17*
Dörffel, Pastor 14
Dreikörperproblem 53, 72, 92
Du Toit-Hartley, Komet 62

EADS Astrium 112, 118
Edenhofer, Peter 88
Eisen 8, 88
Ekliptik 33, 35, *36*
Ellipse 34, *35*, 37, 38
Encke, Johann Franz 49
Encke, Komet 31, 49, 94
EPOXI-Mission *29*, 98, 100
EQM, elektrisches Qualifika-
tionsmodell von Philae 109,
110
Ercoli-Finzi, Amalia 130
Erdbahnkreuzer 71, *71*
Erde 72, 139, 140, *141*
Eriksson, Anders 120
Eros, Asteroid 73, *73*
ESA 8, 16, 43, 65, 79, 80, 81, 85,
87, 88, 91, *92*, 103, 104, 106,
109, 112, 117, 118, 132, 134,
134, 138, *158*
ESAC 134
ESO *19*, 51, *63*, *115*, *158*
ESOC *133*, 134, 146, *147*
ESTEC *111*, 112, *113*, *158*
Exzentrizität 33, 34, *35*

Fechtig, Hugo 81, 82, 87, 89,
103
Fernerkundungsinstrumente,
Rosetta 118, 120, 122
Festou, Michel C. 63
Feuerbacher, Berndt 89, 104,
108, 112
First Scientific Sequence, Philae
126, 129, 135
Fischer, Hans-Herbert 90
Flugmodell, Philae 110, *110*,
145
Fornaçon, Karl-Heinz 84
Frenzel, Reinhard *108*

Galileo, Sonde 51, *54*, 56, 57,
58, 73, *73*
Gambart, Adolphe 16
Ganymed, Jupitermond 53, *54*
Gaspra, Asteroid 73
Gauß, Carl Friedrich 14, 67
Geiss, Johannes 87, 103
Gentner, Wolfgang 87
Gerasimenko, Svetlana 65
Gezeitenkräfte 16, 22, 37, 39, 41,
43, 51, 53, 55, 61
Giacobini, Komet 62
Giaconini-Zinner, Komet 31,
79, 92
GIADA, Rosetta-Experiment
120, *121*, 123
Giotto di Bondone 16, *16*, 85
Giotto, Mission 16, 77, 83,
85–88, 89, 98
Giotto, Sonde 22, 30, 32, 39,
78, 79, 80, 81, 82, 85, *86*, *92*,
93, *158*
Glaßmeier, Karl-Heinz 84, 120
Glycin 97
Goesmann, Fred 130
Goldschmidt, Hermann Mayer
Salomon 142
Grigg-Skjellerup, Komet 31,
79, 88
Großer Komet von 1577 *12*, 14
Großer Komet von 1680 14,
15, 16
Großer Komet von 1811 23
Großer Komet von 1843 16
Großer Komet von 1881 *158*
Grote, Claus 83
Grün, Eberhard 82, 90, 103, 104
Gulkins, Samuel 120

Haerendel, Gerhard 105, *108*,
109
Hale-Bopp, Komet 13, 16, *25*, *32*,
59–61, *59*, *60*, *158*
Hale, Alan 59, 60
Halley-Armada 50, 77-79, *78*, 91
Halley, Edmond 14, 47
Halley, Komet 11, *11*, 13, 14, 15,
16, *16*, 22, 24, 26, 30, 31, 32,
39, 44, 45, 47-51, *48*, *49*, 51,
60, 77, *78*, 79, 82, 85, 87, *87*,
88, *92*, 93, 94, *158*
Hartley 2, Komet *29*, 101
Hartwig, Hermann 104
Hayabusa, Sonde 74, *74*
Helios, Sonden 87
Hemmerich, Peter 104, *108*
Herschel, Caroline 49
Herschel, Infrarot-Weltraum-
teleskop 99
Hevelius, Johannes 47
Hieroglyphen 9, 108
Hilchenbach, Martin 91, 120
Himmelsmechanik 14, 47, 48
HMC, Giotto-Kamera 85, *86*,
87, *87*, 88
Hoffmeister, Cuno 25
Holmes, Komet *23*, *26*, 27
Hooke, Robert 47
Horizon 2000, ESA-Programm
103, 117
Hsieh, Johnny 82

Hubble, Weltraumteleskop *21, 22, 52,* 53, 56, *56,* 57, *57, 64,* 65, 99
Huebner, Walter 103
Hughes, David W. 26
Hyakutake, Komet 16, 44
Hydroxyl 25
Hyperbel 34, 38, 39, 41

IABG, Ottobrunn 110, *110*
IAU 44, 59, 67, 69, *78,* 79, 92
Ida, Asteroid 73, *73*
Ikeya-Seki, Komet 55
Institut für Kosmosforschung (IKF), s. auch DLR-Institut für Planetenforschung 80, 82, 85
Institut für Weltraum-forschung (IKI) 80, 81, 83
Interkosmos-Programm 77, 80, 82
Interplanetarer Staub 80
Interstellarer Raum 34, 40, 41
Interstellarer Staub 94, 96, *96*
Inti, Staubteilchen 96, 97
IRAS-Araki-Alcock, Komet 31
ISON, Komet 16, *21*
Isotropie 23, 28, 40, 41, *92,* 93
Itokawa, Asteroid 74, *74*

Jessberger, Elmar 103
Jewitt, David 52
Johannes-Kepler-Sternwarte, Linz *25*
Juno, Asteroid 67
Jupiter 22, 33, 48, 51, 53, 55, 56, *56, 57,* 58, 61, 63, 67, 69, 70, 71, *71, 72,*
Jupiterfamilie 43, 51, 61–63, *63,* 65, 114

Kallisto, Jupitermond 53
Kaltgassystem, Philae 105, 109, 125, *126,* 127, *128*
Kalzium 88, 97
Karbonate 99
Kazimirchak-Polonskaya, Elena I. 63
Keller, Horst Uwe 87, 88, 103, 120
Kempe, Wolfgang *108*
Kepler, Johannes 14
Keplergleichung 37, 39
Keplerproblem 35
Keppler, Erhard 82
Kiehne, Norbert 104
Kirch, Gottfried 16
Kirchhoff, Gustav Robert 15
Kirkwood-Lücken 71, *72*
Kirkwood, Daniel 71
Kissel, Jochen 82, 98, 120
Klemm, Horst 83
Kletzkine, Philippe 112
Klingelhöfer, Göstar 130
Knuth, Robert 83
Kochan, Hermann 89, 90, 132
Kofman, Wlodek 120, 130
Kohlendioxid 15, 88, 122
Kohlenmonoxid 15, 88, 122
Kohlenstoff 31, 70, 88, 97, 122
Kohlenstoffmonosulfid 25
Kohlenwasserstoffe 88

Kölzer, Gabriele 90
Kometen 8, *8,* 11, 12, 13, 14, 18, *18, 67,* 103
aktive Gebiete 30, 61, 78, 79, 87, 88, 90, 94, 101
-aktivität 18, 21, 25, 26, 27, 28, 30, 31, 32, 39, 54, 117, 122, 123, 149
-bahnen 14, 15, 21, 33–43, *33, 41, 42,* 47, 48, *48,* 60, *60,* 61, 122, 147
-benennung 21, 44, 45
-entdeckung 16, 26, 44, 60
-erscheinung 19, 21, 47
-familien 43, 62
-gas 15, 19, 21, 23, 24, 25, 27, 28, 29, 30, 31, 32, 39, 65, 78, 79, 87, 88, 90, 93, 115, 117, 118, 122, 123, 128, 129, 134
-helligkeitsausbrüche 21, 22, *22, 23,* 24, 25, 27, 31, 51
-jets 28, *29,* 78, *84,* 87, *87,* 88, 94,101
-kerne 21, 22, 23, 24, 30, 39, 41, 43, 49, 50, 53, 54, 55, 58, 77, 78, 79, *84, 87,* 88, 105, 117, 122, 123, 123, 129, 132, 133, 149
-koma 19, 21, 23, *23,* 24, 26, 28, 29, 49, 77, 78, 87, *92,* 93, 122, 123, 128
-kopf 21
kurzperiodische 34, 39, 40, *40,* 42, 44, 45, 49, 62
langperiodische 7, 34, 39, 40, *40,* 41, *41,* 44, *45*
-oberflächen 22, 29, 30, 31, 32, 78, 79, *84,* 87, 88, 90, 91, 94, 95, 95, 99, *99,* 100, 101, 110, 115, 117, 122, 129, 131, 132, 148
periodische 34, 47
-schweif 15, 18, *19,* 21, 24, 49, 90
-sonden 77
-statistik 17
-staub 8, 19, 21, 22, 23, 24, 25, 26, 29, 30, 32, 65, 78, 79, 81, 82, *84,* 87, *87,* 88, 90, *90, 91,* 93, 94, 96, *96, 97, 98,* 99, 100, *101,* 105, 117, 118, 122, 123, 129, 132
-teilungen 22, *22,* 27, 28, 51, *52,* 53, 54, *54,* 55, *55, 56,* 57, *57,* 58, *62,* 62, 63, 101
Kommunikationssystem, Rosetta 109, 118, *118, 119,* 121, 124, *124,* 125, *126,* 146, 147
Kopff, Komet 31
KOSI-Experimente 27, 31, 77, 89–91, *91,* 103, 104
Krankowsky, Dieter 88
Kreutz-Gruppe, Kometen 43
Kreutz, Heinrich 43
Kristallines Material 27, 96
Kührt, Ekkehard 85, 90
Kuiper-Gürtel 42, *42,* 63, 72
Kupfer 8

Laasko, Harri 132
Lämmerzahl, Peter 90
Lamy, Phillippe *64*

Landegestell, Philae 109, 115, 125, 127, *127,* 128, *128,* 129
Lander-Software-Simulator, Philae 139
Landerstruktur, Philae 109, 124, 125
Landeszenario, Philae 7, 127, 128, *128,* 135, 149, *149*
LCC, Philae-Kontrollzentrum 134, *134, 135*
Leben, Entstehung 8, 18, 91, 95, 97, 117
Lebreton, Jean-Pierre 120
Lepaute, Nicole-Reine 47, 48
Levy, David 52
Lexell, Komet 61
Lithium 59
Long Term Science, Philae 126, 135
Lovejoy, Komet 43, *43, 158*
Lundin, Rickard 120
Lüst, Reimar 81, 87
Lutetia, Asteroid 74, 115, 137, 141, 142, *141,* 143, *143,* 145
Luu, Jane 52

Machholz, Komet 31
Magnesium 88
Maibaum, Michael *108*
Mars 67, 72, *71,* 139, 140, *140, 141,* 144,
Mars 96, Sonde 125
Marsbahnkreuzer 71, *71*
Marsden, Brian 34, 45, 56, 59
Mathilde, Asteroid 73
Max-Planck-Gesellschaft (MPG) *9,* 124
Max-Planck-Institut für Aeronomie (MPAe) 80, 82, 84, 85, 87, 91, 104, 105, 109, 110
Max-Planck-Institut für Extraterrestrische Physik (MPE) 105, 109, 130
Max-Planck-Institut für Kernphysik (MPIK) 80, 82, 87, 89, 98
Max-Planck-Institut für Sonnensystemforschung (MPS), s. auch Max-Planck-Institut für Aeronomie 129, 130
McNaught, Komet *19*
Méchain, Pierre 16, 49
Melosh, H. Jay 53
Messier, Charles 16, 44
Meteorit, 69, 72, 97
Chelyabinsk- *75*
chondritischer 70, 74, 142
Eisen- *70*
HED- 69
kohlig-chondritischer 59, 70, *70,* 99
Stein- *75*
MIDAS, Rosetta-Experiment 120, *121,* 123
MIRO, Rosetta-Experiment 120, *121,* 122
Möhlmann, Diedrich 54, 83, 90, 104, 105, *108,* 130, 132
Molybdän 97
Mottola, Stefano 130

Moura, Denis 109
Mugnuolo, Raffaele 109
MUPUS, Philae-Experiment 85, *107,* 130, *131,* 132, 144, 145
Muttermoleküle 24, 31, 122

Naherkundungsinstrumente, Rosetta 118, 120, 123, 129
NASA 43, 85, 88, 92, 93, 94, 98, 100, 103, 109, 109
Natrium 88, 99
Navigationskamera, Rosetta *119,* 149
NEAR-Shoemaker, Sonde 73, *73,* 74
Nemesis 61
Neptun 43, 48, 72
Neubauer, Fritz 87
Neujmin 1, Komet 31
Neujmin 3, Komet 62
Newton, Isaac 14, *15,* 37
Newton'sche Mechanik 14, 47, 48
Nicht gravitative Kräfte 39, 49
Nietner, Gerhard 112
Nilsson, Hans 120
Nutzerzentrum für Weltraumexperimente (MUSC) 104, 110, 134, *135*

OAO-2, Satellit 32
OGO-5, Satellit 32
Olbers, Heinrich Wilhelm 14, 67
Oort, Jan Hendrik 40
Oort'sche Wolke 40, 41, *42,* 61
Öpik, Ernst 40
Örtel, Dieter 83
OSIRIS, Rosetta-Kamera 120, 121, 122, *122, 139,* 142, *143,* 147, 149
Osmium 97

Palitzsch, Johann Georg 48
Pallas, Asteroid 67
Parabel 34, 38, 39
Pätzold, Martin 87, 120
Payload Checkout (PC) 143, 144, 146
Perihel 14, *36,* 38, 43, 44, 114
Philae, Nil-Insel 9, 106
Philae, Obelisk 9, 106, 108
Philae, Rosetta-Lander 7, 9, *9,* 64, 65, 91, 103, 106, *107, 110, 111, 114,* 117, 115, 118, *118,* 121, 122, 123, 124, *124,* 125, 126, *126,* 127, *128, 131, 134,* 135, 137, *138, 140,* 143, 144, 147, 148, *148,* 149, *149, 151,* 152, 153, *158*
Phobos, Mission 84
Photoklinometrie 149
PIA, Giotto-Experiment 87, 88
Piazzi, Giuseppe 67, *68*
Pillinger, Colin 130
Pinkau, Klaus 87
Planet 67
Planetensystem 8, 18, 70, 72
Planetensystem, Entstehung 18, 33, 43, 68, 94, 96, 97, 99, 103, 117

Planetesimale 69
Plasmaschweif 23, 24, 25, *25,
158*
Platin 97
Pons-Winnecke, Komet 31
Pons, Jean Louis 16, 49
Pontécoulant, Philippe Gustave
de 48
Principal Investigators (PIs)
112, 118, 120, 132
PROTON, Rakete 114
Pseudonukleus 21, *21*
Ptolemy, PHILAE-Experiment
126, 130, 131, 143, 144,
145
PUMA, VEGA-Experimente
82, 88

Refraktäres Material 32, 63, 70,
88, 96, 100
Regolith 55, 56, 63, 129, 142
Reisekonfiguration, PHILAE
123, *124*
RGS, ROSETTA Ground Segment
134
Richter, Lutz *108*
Richter, Nikolaus 26
Rieder, Rudolf 130
Riedler, Willibald 84, 120
RLGS, ROSETTA Lander Ground
Segment 134
RMOC, ROSETTA-
Kontrollzentrum 134, *134*
ROLAND, ROSETTA-Lander 105,
105, 106, 108, *108*, 109,
124
ROLIS, PHILAE-Kamera 85, 129,
130, 131, *131*, 132, 144
Roll, Reinhard 104
ROMAP, PHILAE-Experiment 84,
129, 130, *131*, 133, 140, 143,
144, 145
Rosenbauer, Helmut 104, 105,
108, 109, 129, 130
ROSETTA, Lander 90, 91, 104, *104*,
105, 106, 109, 112
ROSETTA, Mission 7, 9, 65, 77, 82,
84, 85, 91, 92, 103, 106, 112,
113, 115, *115*, 117, 134, 138,
141, *141*
ROSETTA, Orbiter 110, *111*, 112,
117, 118, 120, 123, 127, 133,
137, 139, 149, *151*, *158*
ROSETTA, Sonde 64, 74, 99, 113,
114, *114*, *118*, *119*, 128, 134,
134, 137, *137*, 139, *139*, 140,
140, 143, 146, 147, *148*, 148,
158, *158*
Rosetta, Stein von 8, *8*, 9, 108
ROSINA, ROSETTA-Experiment
120, 121, 123
Rössler, Kurt 90, 103
Rotundi, Allessandra 120

RPC, ROSETTA-Experiment 84,
120, *121*, 123
RSGS, ROSETTA-
Wissenschaftszentrum 134,
134
RSI, ROSETTA-Experiment 88,
120, *121*, 122
Rustenbach, Jürgen 84
Ruthenium 97

Sagdeev, Roald Zinnurovich
80, 81, 82, 83
SAKIGAKE, Sonde *78*, 79, 93
Sandbank-Modell 15, 77
Saturn 43, 48
Sauer, Konrad 84
Sauerstoff 31, 32, 88, 122, 131
Sawyer, Eric *108*
Schenk, Paul 53
Scheuerle, Hartmut 112
Schiewe, Berthold *108*
Schmelovsky, Karl-Heinz 83
Schmidt, H. P. *108*
Schmidt, Karl-Heinz 84
Schmidt, Walter 132
Schulze, Martin 82
Schütze, Rainer *108*
Schwassmann-Wachmann 1,
Komet 26
Schwassmann-Wachmann 3,
Komet *22*, 31, 94
Schwefel 122
Schwehm, Gerhard 103, 104
Schwingenschuh, Konrad 84
Schwungrad, PHILAE 106, 125,
126, 127, 128
Scotti, James V. 52, 53
SD², PHILAE-Experiment *126*,
129, 130, *131*, 145
Seidensticker, Klaus 90, 130,
132
Seiferlin, Karsten 90, *108*
SESAME, PHILAE-Experiment 85,
91, *126*, 130, *131*, 132, 144, 145
Shoemaker-Levy 9, Komet *22*,
51–59, *52*, 55, *56*, 57
Shoemaker, Caroline 51, 52
Shoemaker, Eugene 51, 73
Sierks, Holger 120
Signal, ROSETTA 146, *146*, 147, *147*
Silikate 96, 99
Silizium 88
Simpson, John 83
SOHO, Weltraum-
observatorium *18*,
32, 43, *43*, 103
Solargenerator, ROSETTA 105,
109, 117, *118*, 125, 126, 135,
138, 140, *140*, 145, 146
Solarzellen, ROSETTA *113*, 117,
124, 126
SONC, PHILAE Wissenschafts-
zentrum 134,*134*

Sonne 21, 23, 24, 25, 26, 27, 28,
31, *32*, 35, 37, 55, 63, 90, 103,
110, *158*
Sonnensystem 8, 33, 34, 40, 41,
42, 43, 63, 67, 95, 96, 117
Sonnenwind *18*, 21, 23, 24,
25, 78, 79, 87, 88, 92, 93, 103,
123, 140
Spektralanalyse 15
Spektroskopie 23, 24, 26, 31, 69,
74, 79, 142
SPITZER, Infrarot-Weltraum-
teleskop 99
Spohn, Tilman 90, 130
SREM, ROSETTA-Instrument 118
STARDUST-NEXT, Sonde 94, 98,
98, 100, *101*
STARDUST, Sonde 74, 94, 95, *95*,
96, *97*, *98*
Stättmayer, Peter *45*
Staubschweif 23, 25, *25*, 29,
158
Šteins, Asteroid 74, 115, 137,
141, *141*, 142, 145
Stern, Alan 120
Stickstoff 88, 97, 122, 131
Stiller, Heinz 83
STM, PHILAE-Struktur-Thermal-
Modell 109, 110
Stöcker, Jakob *108*
Stöffler, Johannes 103
Sublimation 18, 19
Sugano-Saigusa-Fujikawa,
Komet 31
SUISEI, Sonde *78*, *78*, 93
Sungrazer 16, 43, 63
Swift-Tuttle, Komet 31
Swift, Lewis 17
SWIFT, Satellit 99
Swing-by 92, 115, 139, *139*, 140,
140, *141*, 144
Swings, Polidore 24
Szemerey, Istvan *108*

Tago-Sato-Kosaka, Komet 32
Taylor, Komet 62
Tempel 1, Komet 31, 94, 98, *98*,
99, 100, *100*, *101*
Tempel 2, Komet 31, 44
Tempel, Ernst Wilhelm
Leberecht 44
Thermal-Vakuum-Kammer 89,
89, *90*, 98
Thermalsystem, PHILAE 109, 114,
124, 125, 137, 144, 145
Thiel, Klaus 90
Thomas, Nick 87
Titan 97
Titius-Bode-Regel 68, 69
Titius, Johann Daniel 68
Torkar, Klaus 120
Trefftz, Eleonore 31
Trendelenburg, Ernst 80

Trockeneis 19, 22, 27
Trojaner, Asteroiden *71*, 72
Trotignon, Jean-Gabriele 120
Trouvelot, Étienne Léopold
158
Turner, Ray *108*
Twain, Mark 11

Ulamec, Stephan 104, *108*,
109, 112
Uranus 43, 48

Van Biesbroeck, Komet 62
Vanadium 97
VEGA 1, Sonde 77, 78, *78*,
VEGA 2, Sonde 78, *78*, 79, *84*
VEGA, Missionen 22, 30, 32, 39,
77, 80–85, *81*, 88, 89, 93, 98
Vesta, Asteroid 67, 69, 74, *74*,
75, *158*
VIRTIS, ROSETTA-Experiment 85,
85, 120, 121, 122
Von Hoerner & Sulger GmbH
81, 98, 132

Wänke, Heinrich 103
Wäsch, Richard 82
Wasser 8, *8*, 15, 19, 21, 22, 24,
25, 27, 30, 31, 32, 58, 59, 88,
90, 96, 100, 122, 133
Wasserstoff 31, 32, *32*, 78, 88,
92, 93, 122
Weidenschilling, Stuart 54
Weiß, Edmund *17*, *62*
Weissmann, Paul 54
West, Komet *45*
Whipple, Fred 27, 30, 88
Widmannstätten'sches Muster
70
Wild 2, Komet 94, *95*, 96
Williams, Gareth 34, 45
Winterschlaf, ROSETTA 7, 117,
144, 146, *146*, 147, 158
Wirtanen, Komet 31, 64, 106,
113, 114, 115, 137
Wittmann, Klaus *108*, 109
Wolf, Max 48
Wolfram 97
Wright, Ian 130
Wurm, Johann Friedrich 68
Wurm, Karl 24

XMM-NEWTON, Röntgen-
Weltraumteleskop 99, 103

Young, Thomas 9, 108

Zach, Franz Xaver *68*
Zähringer, Josef 87
Zentauren, Asteroiden 63, 72
Zimmermann, Gerhard 83
Zweikörperproblem 35, 37, 54
Zwergplanet 43, 62, 67, 72, 75

Bildnachweis

Legenden zu den großen Bildern bei den Kapitelanfängen:

Seite 6:  Der Abwurf des Rosetta-Landers Philae auf den Kometen 67P/Churyumov-Gerasimenko in einer künstlerischen Darstellung aus dem Jahr 2013. Das Bild ist nicht maßstabsgerecht: Die Spannweite der Solarzellenflügel von Rosetta beträgt 32 Meter, die Größe des Kometen vier Kilometer.

Seite 10:  Der Große Komet von 1881 (offizielle Bezeichnung C/1881 K1) auf einer Zeichnung des französischen Astronomen und Illustrators Étienne Léopold Trouvelot. Sie zeigt den Kometen, wie er dem Zeichner in der Beobachtungsnacht vom 25. auf den 26. Juni 1881 erschien.

Seite 20:  Der Komet Hale Bopp (offizielle Bezeichnung C/1995 O1) auf einer Amateuraufnahme vom 31. März 1997. Der gelbliche Staub- und der bläuliche Plasmaschweif sind gut zu unterscheiden.

Seite 46:  Der „Weihnachtskomet" Lovejoy (offizielle Bezeichnung C/2011 W3), fotografiert Ende des Jahres 2011 in der Nähe der Stadt Santiago de Chile. Die Aufnahme stammt von einem offiziellen Fotobotschafter der Europäischen Südsternwarte (ESO).

Seite 66:  Künstlerische Darstellung der NASA-Raumsonde Dawn im Orbit um den großen Asteroiden Vesta. Die Abbildung von Vesta basiert auf Aufnahmen, die mit den Kameras der Sonde erzielt wurden.

Seite 76:  Künstlerische Darstellung der Raumsonde Giotto vor einer Aufnahme des Kometen Halley aus dem Jahr 1986. Das Foto wurde mit einem 40-Zentimeter-Refraktor der Europäischen Südsternwarte (ESO) erstellt.

Seite 102:  Die Raumsonde Rosetta im Jahr 2002 ohne Wärmeschutzverkleidung in der Vibrationstestanlage des ESA-Technologiezentrums ESTEC in Noordwijk, Niederlande.

Seite 116:  Der „Abstieg" des Rosetta-Landers Philae auf den Kometen 67P/Churyumov-Gerasimenko in einer weiteren künstlerischen Darstellung aus dem Jahr 2013. Wie der Landeplatz von Philae beschaffen sein wird, ist bisher noch unbekannt.

Seite 136: 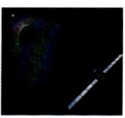 Die Raumsonde Rosetta ist bei der Annäherung an ihren Zielkometen 67P/Churyumov-Gerasimenko nach zweieinhalb Jahren im „Winterschlaf" wieder erwacht. Diese künstlerische Darstellung stammt aus dem Jahr 2002. Der schwache Leuchtpunkt in der Ferne ist die Sonne.

57 Farbfotos von Alex Alishevskikh (1): Seite 75; Centre Guillaume le Conquérant/Bayeux (1): 11; CIVA/Philae/ESA (1): 140; Daderot (1): 81; DLR (3): 108, 135 unten, 138; Sebastian Deiries/ESO (1): 19; ESA (8): 85, 86, 92, 102, 110 rechts, 114 unten, 133, 135 oben; ESA/Claude Berner, Walter Pinter-Krainer (1): 114 oben; ESA/ESO (1): 115; ESA-Anneke Le Floc'h (1): 113; ESA–Jürgen Mai (2): 146, 147; ESA/NASA/SOHO, SWAN, Dennis di Cicco (1): 32; ESA-Service Optique CSG (1): 111; ESO (1): 51; ESO/Yuri Beletsky (1): 46; ESO/C. Snodgrass (Max-Planck-Institut für Sonnensystemforschung, Deutschland) (1): 63; R. Evans, J. Trauger, H. Hammel und das HST Comet Science Team und NASA (1): 57 oben; Michael K. Fairbanks/DPM La Mesa/USA (1): 59; Martin Gertz, Sternwarte Welzheim/Planetarium Stuttgart (1): 20; Gil-Estel (1): 23; Giotto di Bondone/Capella Srovegni Padua (1): 16; Hubble Space Telescope Comet Team and NASA (1): 56; IABG Ottobrunn (1): 110 links; Interkosmos, IKF Berlin (1): 84; H. Kochan, DLR (3): 89, 90, 91; E. Kolmhofer, MPE (1): 82; MPS (2): 122, 153 unten; Mario Müller (1): 70 links; NASA (3): 96, 97 (beide); NASA/JPL (1): 73 unten; NASA/JPL-Caltech, G. Schulz (1): 95; NASA/JPL-Caltech/University of Maryland/Cornell (1): 101 unten; Opsoelder (1): 70 rechts; Pline (1): 107; H. Raab, Johannes-Kepler-Sternwarte Linz, Österreich (1): 25; SA/CNES/ARIANESPACE-Service Optique CSG, 2004 (1): 137; SOHO, ESA/NASA (2): 18, 43; P. Stättmayer/ESO (1): 45; Tomruen (1): 26; Dr. H. A. Weaver & T. E. Smith, STScI/NASA (2): 52, 55.

21 Schwarzweißfotos von E. E. Barnard – Yerkes Observatory (1): Seite 49; Courtesy of the British Museum (1): 8 unten; ESA (1): 139; ESA/MPS (1): 87; ESA/© 2008 MPS/OSIRIS (1): 142; ESA/© 2010 MPS/OSIRIS (1): 143; Galileo Project, Brown University, JPL, NASA (1): 54; H. Hammel, MIT und NASA (1): 57 unten; HST/NASA, ESA, Philippe Lamy (Laboratoire d'Astronomie Spatiale) (1): 64; JAXA (1): 74 oben; NASA (1): 98 oben; NASA, ESA, STScI/AURA (1): 21; NASA, ESA, H. Weaver (APL/JHU), M. Mutchler und Z. Levay (STScI) (1): 22; NASA/JPL (1): 93; NASA/JPL-Caltech/Cornell (1): 98 unten; NASA/JPL-Caltech/UCAL/MPS/DLR/IDA (1): 74 unten; NASA/JPL-Caltech/UMD (2): 29, 101 oben; NASA/JPL/JHUAPL (1): 73 oben; NASA/JPL_Caltech/UMD (1): 99; Franz Xaver von Zach (Hrsg)/ Monatliche Correspondenz zur Beförderung der Erd- und Himmels-Kunde (1): 68.

44 Illustrationen von Astrium – E. Viktor (1): Seite 150; Charles Scribner's Sons/Étienne Léopold Trouvelot/MLibrary Digital Collections (1): 10; ESA/AOES Medialab (3): 136, 148 unten, 149; ESA/ATG medialab (1): 9; ESA – C. Carreau/ATG medialab (1): 6; ESA/J.Huart (1): 118; ESA-J. Huart, 2013 (1): 116; ESO/ESA (1): 76; Martin Hilchenbach, MPS/Gunther Schulz (3): 152 unten, 153 oben, 153 Mitte; Georgium Jacobum von Datschitz/Zentralbibliothek Zürich (1): 12; NASA/Don Davis (1): 8 oben; NASA/JPL (1): 100; NASA/JPL-Caltech (1): 66; Isaac Newton, Philosophiae Naturalis Principia Mathematica/London (1): 15; Gunther Schulz (8): 33, 35, 36, 38, 42, 48, 60, 71; Gunther Schulz/DLR (6): 104, 124, 126, 127, 128, 131; Gunther Schulz/ESA (3): 119, 134, 141; Gunther Schulz/ESA/AOES Medialab (1): 121; Gunther Schulz/ESA/ESOC (1): 148 oben; Gunther Schulz/ESA/Jack Higgins (1): 78; Gunther Schulz/David W. Hughes (1): 40; Gunther Schulz/Lubor Kresak (1): 41; Gunther Schulz/NASA/Phocaea (1): 72; Gunther Schulz/ROLAND-Konsortium (1): 105; Edmund Weiß/Bilderatlas der Sternenwelt (2): 17, 62.

Impressum

Umschlaggestaltung von eStudio Calamar unter Verwendung einer Illustration von Gunther Schulz auf der Grundlage einer Abbildung des ESA/AOES Medialab und eines Schwarzweißfotos von NASA/JPL auf der Vorderseite sowie zweier Illustrationen des ESA/AOES Medialab auf der Rückseite und dem Buchrücken.

Mit 57 Farbfotos, 21 Schwarzweißfotos und 44 Farbzeichnungen

Unser gesamtes lieferbares Programm und viele weitere Informationen zu unseren Büchern, Spielen, Experimentierkästen, DVDs, Autoren und Aktivitäten finden Sie unter **kosmos.de**

Gedruckt auf chlorfrei gebleichtem Papier

© 2014, Franckh-Kosmos Verlags-GmbH & Co. KG, Stuttgart
Alle Rechte vorbehalten
ISBN 978-3-440-13083-4
Projektleitung: Sven Melchert
Redaktion: Justina Engelmann
Gestaltung und Satz: Martina Heitzmann-Schulz
Produktion: Ralf Paucke
Printed in Germany/Imprimé en Allemagne

KOSMOS.
Mehr wissen. Mehr erleben.

Zahlen, Daten, Fakten

Das „Kompendium der Astronomie" ist eine umfassende und zugleich verständliche Einführung in die Astronomie und Astrophysik. Es behandelt alle Gebiete der Astronomie und ist mit zahlreichen Tabellen und Illustrationen sowie Einheiten, Formeln und physikalischen Konstanten ein praktisches Lehrbuch und Nachschlagewerk für Lehrer, Schüler, Studenten und Amateurastronomen.

Hans-Ulrich Keller
Kompendium der Astronomie
272 S., 190 Abb., €/D 29,90

Der ganze Sternenhimmel

Der „Kosmos-Sternatlas kompakt" stellt den ganzen Sternenhimmel auf 80 handlichen Karten dar. Der Maßstab wurde dabei so gewählt, dass man zur Orientierung mit dem bloßen Auge die Sternbilder erkennen kann und zur Beobachtung mit Fernglas und Fernrohr genügend Sterne abgebildet sind. Über 30.000 Sterne bis 7,5 mag erleichtern die Orientierung.

Roger W. Sinnott
Kosmos Sternatlas kompakt
128 S., 90 Sternkarten, €/D 19,95

kosmos.de/astronomie